Patrick D. Cowden
Mein Boss, die Memm

Patrick D. Cowden

MEIN BOSS, DIE MEMME

Was läuft schief
in deutschen Chef-Etagen?

Econ

Econ ist ein Verlag der Ullstein Buchverlage GmbH

ISBN 978-3-430-20117-9

© Ullstein Buchverlage GmbH, Berlin 2012
Alle Rechte vorbehalten
Redaktion: Thorsten Karl
Gesetzt aus der Minion
Satz: LVD GmbH
Druck und Bindearbeiten: CPI – Clausen & Bosse, Leck
Printed in Germany

Inhalt

TEIL ZWEI
FREMDGESTEUERT: MEIN BOSS UND DAS SYSTEM

1. Im Kontrollwahn: Sklaven des Misstrauens

2. Im Excel-Gefängnis: die Zahlenfetischisten

3. Eingezwängt: mein Boss in seiner Welt

4. Fazit: mein Boss und das System 166

TEIL DREI
DIE GROSSE MUTLOSIGKEIT: MEIN BOSS UND
DIE FOLGEN

TEIL VIER
WEG MIT DEN MEMMEN

Prolog
The best Memmen in the world

Ich kenne sie gut. Ich sehe sie schon morgens auf dem Firmenparkplatz. In allen Varianten, Farben und Größen. Als gemütliche Familienwagen. Als sportliche Flitzer. Als Geländewagen ohne Geländedreck. Als schwere Luxuslimousinen. Oft sind sie von außen sehr nett anzuschauen. Aber wenn sich die Türen der kraftstrotzenden Karossen öffnen, dann erscheinen sie. Und spätestens, wenn sie im Büro ihre Arbeit beginnen, dann muss ich meinen Eindruck neu justieren.

Ihre Powerautos, sie scheinen etwas zu kompensieren, das ihnen als Führungskraft leider abgeht. Während die Motoren ihrer Wagen gefällig Gas geben, zucken sie jeden Tag zurück wie ein Porsche im Wildwechsel und schalten fünf Gänge runter. Ihre teuren Sportwagen begeistern mit mitreißendem Fahrspaß, während sie selber missmutig durch die Bürogänge streifen und die Mitarbeiter frustrieren. Das schnittige Design ihrer Limousinen präsentieren sie gern, während sie selbst sich am liebsten in die dunkle Höhle ihrer Büros zurückziehen.

Auf den Firmenparkplätzen in der ersten Reihe stehen tolle, komfortable, PS-starke Wagen. Der Führungsstil ihrer Besitzer aber ist zäh, langweilig, verzagt und mutlos. Und je größer und mächtiger eine Limousine ist, desto enttäuschender ist ihr Besitzer. Desto wahrscheinlicher hüpft ein Zwerg vom Fahrersitz, der bereit ist, sich aus jeglicher Verantwortung herauszureden.

Manchmal frage ich mich, wie sie mit diesen Widersprüchen klar kommen. Wie sie das nur selbst aushalten können.

Warum ich so wenig Nettes über sie sage?

Weil ich in den vergangenen 25 Jahren viel zu viel mit ihnen zu tun hatte. In knapp einem Dutzend verschiedener Firmen. Bei deutschen Mittelständlern ebenso wie in internationalen Konzernen, in unterschiedlichen Branchen. Seit ich damals als 19-jähriger US-Amerikaner beschloss nach Deutschland auszuwandern, um hier meine Karriere zu starten. Eine merkwürdige Idee, fliegen doch die meisten in die entgegengesetzte Richtung. Ich begann auf dem Frankfurter Flughafen Flugzeuge zu be- und entladen, bis ich auf dem Flugfeld beschloss, die Karriereleiter hochzuklettern. Und zwar ohne Studium, dafür aber mit starkem amerikanischem Akzent. Mit 29 Jahren wurde ich zum ersten Mal Geschäftsführer. Und flog wenig später zum ersten Mal hochkant aus einer Firma, weil ich einigen wichtigen Leuten auf den Schlips getreten war. Das war okay. Ich stand wieder auf. Meine Karriere ging weiter. Bis heute erfolgreicher denn je.

In all den Jahren sind die Memmen-Chefs meine obligatorischen Begleiter gewesen. Wo auch immer mich mein persönlicher Karriereweg hinbrachte: Sie waren schon da. Und machen selbst heute noch mir und meinen Mitarbeitern das Leben schwer. Manchmal bringen sie uns mit ihrer Mutlosigkeit zum Lachen, ein anderes Mal wollen wir vor Verzweiflung schreien. Ich finde, es ist an der Zeit, dass sich etwas ändert. Denn mal ehrlich: Am liebsten würde ich nicht über sie lachen, sondern mit ihnen. Denn so ernst es mir mit der Botschaft dieses Buches auch ist: Die verbliebenen 49,9 Prozent Amerikaner in mir finden die Konsequenz der deutschen Management-Memmen manchmal auch ziemlich unterhaltsam.

Die Deutschen müssen einfach alles konsequent durchziehen – kompromisslos im Guten wie im Schlechten. Deutsche Fahrer gewinnen die Formel 1 entweder gleich fünfmal hintereinander oder wenigstens vier Rennen vor Saisonende. Wenn ein Deutscher Papst wird, ist gleich ganz Deutschland

Papst. Die Deutsche Bahn kommt gründlich zu spät. Keine halben Sachen.

Diese Konsequenz macht auch vor dem Memmentum deutscher Manager nicht halt. Die »German Angst« – sie ist nicht nur in dem einen oder anderen Eck-Büro zu Hause, sondern zieht sich wie ein roter Faden durch das »Management Made in Germany«. Memmen-Bosse gibt es auch in anderen Ländern, aber nirgends wird so ängstlich geführt wie in deutschen Chefetagen. Wenn die Chefs selbst sich darüber im Klaren wären, würden sie wahrscheinlich einen Verein gründen. Das Vereinsmotto habe ich jedenfalls deutlich vor Augen:

»We're the best Memmen in the world!«

Einleitung
Unterwegs im Memmen-Land

Wie weit oben oder unten wir in einem Unternehmen auch stehen mögen, die meisten von uns teilen das gleiche Schicksal: Wir haben einen Chef. Und über den gibt es eine Menge zu erzählen.

Wenn ich mit meinen Freunden über ihre Erfahrungen spreche, dann fällt jedem von ihnen sofort mindestens eine Geschichte ein. Von karrieregeilen Sklaventreibern genauso wie von aufopferungsvollen Team-Muttis. Von ängstlichen Duckmäusern und beinharten Despoten, naiven Gutmenschen wie raffinierten Intriganten. Jeder Boss ein Unikat.

Doch je länger wir darüber sprechen, je mehr wir in die Details gehen, desto mehr wird uns bewusst: Diese Chefs haben etwas gemeinsam, das uns alle nervt. So unterschiedlich Führungskräfte auch sein mögen: Das, was uns Mitarbeiter am meisten belastet, ist ihre Schwäche.

Dass wir es mit einer Memme zu tun haben, wissen wir, wenn unser Boss

- ein Problem lieber aussitzt, anstatt es mutig anzupacken;
- über alles und jeden jammert, aber selbst nichts gebacken bekommt;
- die unangenehme Realität verdrängt, anstatt sich einem Konflikt zu stellen;
- das eigene Versagen leugnet, statt es sich selbst und anderen einzugestehen;
- vor der Verantwortung flüchtet, statt im schlimmsten Fall auch die Folgen zu tragen;

- vor Neuem zurückschreckt, statt das Risiko des Scheiterns zu wagen;
- sein wahres Ich hinter einer Chef-Maske versteckt, statt aufrichtig und authentisch zu sein;
- versucht sich jederzeit abzusichern, vor allem, wenn es um die Wahrung seines Status geht;
- alles kontrollieren muss, weil er Angst hat, wir würden unseren Job nicht auf die Reihe bekommen;
- sich einfach nicht traut, uns, seinen Mitarbeitern, zu vertrauen.

Um eines klar zu stellen: Nicht jeder Chef, der ab und an ein solches Verhalten an den Tag legt, ist eine Memme in unserem Sinne. Schwächen zeigen wir alle mal in unserem Arbeitsalltag. Das ist menschlich. Dass wir etwa einem Konflikt aus dem Weg gehen, den wir besser ausgetragen hätten. Dass wir unsere schlechten Leistungen auf irgendwelche Umstände abzuwälzen versuchen. Dass wir eine schwere Entscheidung mal nicht sofort treffen.

Das passiert jedem von uns. Mir etwa als junger Chef, als ich auf »Teufel komm raus« eine Geschäftsidee verfolgt habe und nicht akzeptieren wollte, dass die Zeit noch nicht reif ist und meine Mitarbeiter unter meinem Ehrgeiz leiden mussten, weil ich zu feige war, mir die Niederlage einzugestehen.

Oder vor noch nicht allzu langer Zeit meine vielen 80-Stunden-Wochen aus Angst zu scheitern und die Kontrolle zu verlieren. Keine Frage, ich war auch schon selbst eine Memme. Und manchmal bin ich es sicher auch heute noch.

Die Memmen aber, die in diesem Buch beschrieben werden, sind aus einem anderen Holz. Sie sind Hardcore-Memmen ohne Unterlass! So gut wie in jeder Situation. In jedem Moment, wenn sie mit Mitarbeitern, Kunden oder Vorgesetzten agieren. Sie zeigen ein fast durchgehendes Verhaltensmuster, bewegen sich immer in denselben Bahnen. Als könnten sie nicht ausbrechen aus ihrem Gefängnis.

Ihre Ängste – die zentralen, ursächlichen Probleme aller Feiglinge – verzerren ihren Blick auf die Welt und bestimmen ihr Handeln grundlegend.

Von Jammer-Memmen und Macho-Memmen

Um über Memmen in Chefsesseln reden zu können, möchte ich zwei Gattungen dieser Spezies unterscheiden. Zwei zugespitzte Typen von Memmen, wie sie sich für ihre Mitarbeiter nicht unterschiedlicher anfühlen könnten. Beide zehren an unseren Nerven, aber auf ganz unterschiedliche Weise.

Auf der einen Seite: die sogenannte Jammer-Memme.

Das ist ein Chef, der sich uns, den Mitarbeitern, anbiedert. Wenn er uns etwas verspricht, dann weil er möchte, dass sein Team ihn mag. Dennoch hält er seine Versprechen oft genug nicht. Weil er sich gegen etwaige Widerstände, sei es von Kundenseite oder von den eigenen Vorgesetzten, niemals durchsetzen kann.

Selten schaffen Jammer-Memmen es ganz nach oben. Sich im Haifischbecken der Chefs durchzubeißen, das liegt ihnen nicht. Umso beliebter sind sie häufig bei ihren Mitarbeitern, weil sie Mitgefühl und Verständnis nicht am Firmeneingang abgeben. Leider geht es unter so einem Chef immer wieder drunter und drüber und das Laissez-faire in Sachen Führung beschwört häufig ein Chaos herauf. So sehr sie auch mitfühlen, wenn wir als Mitarbeiter »von ganz oben« eins auf den Deckel bekommen: Für uns einsetzen werden sie sich nicht. Schließlich sind sie nicht einmal in der Lage, für sich selbst einzustehen.

Und wenn wir mit ihnen die Präsentation für die Vorstandssitzung durchgehen, dann können wir ihre Angst förmlich riechen. Wenn es Ärger gibt, winden sie sich aus der Verantwortung, und drücken sich um eine klare Antwort auf die Schuldfrage.

Einknicken, Nachgeben, Weglaufen – das sind ihre typischen Reaktionsmuster. Jammer-Memmen sind Fluchttiere.

Die Macho-Memme dagegen ist ein Boss, der uns alles verspricht, weil er von unseren Höchstleistungen profitieren will. Auch er hält seine Versprechen so gut wie nie, aber aus einem ganz anderen Grund als die Jammer-Memme: Wir, seine Mitarbeiter, sind ihm in Wahrheit völlig egal. Die Macho-Memme ist wie ein Vampir: Sie will unsere Arbeitskraft, aber nicht unser Potenzial, denn in ihrer Abteilung gilt: »Es kann nur einen geben.« Sie will, dass wir seine Vorgaben auf Gedeih und Verderb abwickeln, aber nicht, dass wir uns entwickeln.

Besonders tückisch an der Macho-Memme: Diese Chefs wirken mitunter stark und mächtig. Ihre Schwächen sehen wir bei oberflächlicher Betrachtung nicht, weil sie äußerst talentierte Schauspieler sind. Das müssen sie auch, wenn sie ihre wahre Persönlichkeit verbergen wollen – nämlich die eines zutiefst unsicheren und deshalb zugleich misstrauischen Menschen. Macho-Memmen haben genauso viel Angst wie Jammer-Memmen. Der Unterschied liegt darin, dass sie sie in Macho-Manier überspielen.

Leider sind sie es auch, die sich auf Kosten ihrer Mitarbeiter nach ganz oben durchboxen wollen und können. Weil ihnen in bestimmten Unternehmen jede Gelegenheit dazu geboten wird. Wenn von weiter oben der Verantwortliche für einen Fehler gesucht wird, haben sie keine Schwierigkeiten, den Schuldigen dingfest zu machen. Die Verantwortung selbst zu übernehmen kommt für sie nicht in Frage. Auch sie treten nie für uns ein, wohl aber sehr eloquent für sich selbst.

Ihre Angst riechen wir nicht – sie erreicht uns als Schlag ins Genick, ohne Vorwarnung. Größenwahn, Besserwisserei, Kontrollsucht – das sind ihre charakteristischen Eigenschaften. Für Macho-Memmen ist Angriff die beste Verteidigung.

Die Unterscheidung, welche Art von Memme wir als Vorgesetzten haben, ist von besonderer Bedeutung, wenn es um die persönliche Beziehung von Mitarbeiter und Chef geht. Wenn im ersten Teil »Mein Boss und ich« die Fragen nach Nähe und Distanz, Vertrauen, Ehrlichkeit und Authentizität gestellt werden.

Vorher aber möchte ich noch eine Abgrenzung vornehmen, die wichtig ist für die Einschätzung unserer Chefs: Die Macho-Memme kann für den oberflächlichen Beobachter schnell aussehen wie ein beinharter Typ. Ein fatales Missverständnis, dem wir nicht auf den Leim gehen dürfen. Denn sie meine ich in diesem Buch nicht: die echten harten Hunde des Managements. Sie bilden eine Spezies für sich – und zwar eine seltene, für die ich viel Respekt übrig habe.

Auch diese »Natural Born Leaders« mögen nicht für jeden Mitarbeiter tragbar sein, und ähnlich wie die Macho-Memme können sie es mit ihrem Führungsstil weit bringen. Auch sie sind begabte Selbstdarsteller, auch sie haben scheinbar immer Oberwasser, und auch sie greifen knallhart durch, wenn etwas nicht so läuft, wie sie es gern hätten.

Ein entscheidender Punkt aber trennt den »Natural Born Leader« von der Macho-Memme: Er hat kein Problem damit, die Verantwortung für seine Führungsarbeit zu übernehmen – denn er handelt aus Überzeugung, nicht aus Feigheit. Er weiß, wann Härte geboten ist; hat aber im Gegensatz zur Macho-Memme auch nicht vergessen, was Fairness bedeutet. Er hat es nicht nötig, jemanden klein zu halten, denn er kennt keine Angst. Wenn er angreift, dann von vorn. Seine Entscheidungen sind authentisch, denn er handelt aus einem gewinnorientierten, aber integren Gespür für Notwendigkeiten heraus, nicht wie ein Fähnlein im Wind. Weil er seine Mitarbeiter danach aussucht, ob sie seinen Geschäftssinn teilen, ist ihm auch Empathie nicht fremd, wenn mal etwas nicht geht oder nicht klappt – schließlich weiß er, dass seine Mitarbeiter die gleichen Ziele fürs Unternehmen verfolgen wie er. Und weil die Regeln und Grenzen in seinem Team klar sind, kann er offen kommunizieren und erwartet das auch von seinen Leuten.

Der »Natural Born Leader« ist ein harter, fordernder, effizienter Chef. Aber er ist ganz und gar keine Memme. Die hervorstechendste Eigenschaft jeder Memme ist ihm fremd: Feigheit.

Das Memmen-Biotop

Ich glaube nicht, dass Menschen als Memmen geboren werden. Sie werden vielmehr dazu gemacht. In Unternehmen, in denen nicht gute Führungseigenschaften wie Ehrlichkeit, Mut, Anteilnahme und Begeisterung belohnt werden, sondern in denen vor allem Macho-Memmen besonders schnell aufsteigen und von der Spitze herab regieren. Unternehmen, in denen selbst die talentiertesten Chefs irgendwann zu Memmen werden.

Im zweiten Teil »Mein Boss und das System« werden wir sehen, warum gerade große Unternehmen ein wahres Memmen-Biotop darstellen.

Große Unternehmen sind geprägt von hierarchischen Zwängen. Insbesondere das untere und mittlere Management wird in dieser Tretmühle in die Mangel genommen. Loyal nach oben sollen sie sein und zugleich ihren Mitarbeitern eng verbunden. Für viele Chefs ein Widerspruch, der sie überfordert. Nicht zuletzt, weil sie von den Oberbossen in der Führungsspitze der Unternehmen nicht die Unterstützung erhalten, die sie für ihre Führungsaufgabe brauchen.

Stattdessen werden Führungskräfte hineingepfercht in ein System, das von Misstrauen durchdrungen ist. Wo die Führungsspitze weder ihren eigenen Managern noch den Mitarbeitern wirklich Eigenständigkeit zubilligt, sondern auf Kontrolle setzt.

Die Furcht vor Kontrollverlust – sie zieht sich durch dieses Buch, wie sie sich durch viele Unternehmen zieht. Angefangen in der Unternehmensspitze wird der negative Geist von jeder Führungsebene der nächsttieferen Ebene vorgelebt. Ein Geist, der sich unter anderem in dem verengten und kurzsichtigen Blick auf Umsätze und Zahlen widerspiegelt.

Sich als Führungskraft unter diesen Umständen den eigenen Freiraum zum Entscheiden und Gestalten zu erkämpfen wird zur großen Herausforderung, sobald man mehr will als nur das eigene Team zu verwalten.

Der dritte Teil »Mein Boss und die Folgen« beschreibt die Konsequenzen des von Unternehmensseite geförderten Memmentums: Das Festkrallen am Status Quo, das Getriebensein und die Mutlosigkeit der Manager.

Wie sehr Mitarbeiter und Führungskräfte durch Jahre der Zugehörigkeit zu einem solchen System der Freiheitsberaubung entmündigt werden, erlebte ich vor einiger Zeit auf dem Kongress eines großen deutschen Unternehmens.

Das Schweigen der Memmen

In dem riesigen Saal nahmen mehrere hundert Führungskräfte Platz. Es waren fast nur Männer zwischen 30 und 50, die versuchten, es sich in den engen Stuhlreihen bequem zu machen – einige in schlecht sitzenden Sakkos von der Stange und mit ge-

öffneten Knöpfen an zu eng gewordenen Hosen, andere in teuren Anzügen von bekannten Modemarken. Sie lachten, sie flüsterten und sie warteten. Auf den jungen Vorstand. Einen Überflieger par excellence.

Abheben, durchstarten, aufsteigen – danach hatten sich irgendwann einmal alle auf diesem Kongress gesehnt. Bis auf wenige junge Manager, die gerade zum ersten Mal etwas Höhenluft schnupperten, lag diese Erfahrung allerdings für die meisten weit in der Vergangenheit. Vor Jahren oder sogar Jahrzehnten hatten sie begonnen, selbst Mitarbeiter zu führen. Vom einfachen Techniker waren sie zum Abteilungsleiter, vom Kundenbetreuer zum Servicemanager befördert worden. Für einige von ihnen ging es dann noch ein, zwei oder auch drei Ebenen höher. Bis der Aufstiegsleiter plötzlich die Sprossen ausgingen. Bis ihnen der tägliche Kampf an der Kundenfront, die überzogenen Vorgaben der Vorgesetzten und unzufriedene Mitarbeiter ihrem Dasein als Führungskraft eine Schwere verliehen, die ihnen mit der Zeit die Flügel stutzte.

Wenn man könnte, wie man wollte – das hatte ich oft gehört an diesem Tag. Manche von ihnen wollten, konnten aber nicht. Und viele von ihnen wollten ganz einfach gar nicht mehr.

In Scharen waren die Kunden weggelaufen, wurde in der Öffentlichkeit über den elenden Service ihres Unternehmens gelästert. Jetzt standen große Veränderungen bevor. Ihre Sparte des Unternehmens würde sich nicht nur einen neuen Namen geben. Das ahnte die vielköpfige Managerschar, die im Unternehmen weder ganz unten noch ganz oben war, sondern irgendwo zwischen allen Fronten feststeckte.

Während seine Begrüßungsworte trocken aus den Boxen knarrten, leuchtete die Glatze des Top-Managers wie ein Warnzeichen. In den nächsten Minuten – von denen es später auf Unternehmensseite heißen würde, dass diese ein deutliches Signal nach innen und außen waren – schossen die Sätze des Mannes auf der Bühne wie Kanonensalven in die Reihen der Manager. Auch wenn die Botschaft als schwer zu dechiffrierender Zahlenmix verkleidet war, traf sie doch mitten ins Ziel. Alle im Saal verstanden schnell, was ihnen ins Gesicht geknallt wurde.

Erstens: Es lag an ihnen, dass das Unternehmen nun schwer unter so vielen unzufriedenen Kunden litt.

Zweitens: Sie und ihre Mitarbeiter waren ein nicht länger vertretbarer Kostenfaktor.

Drittens: Beides würde man in Kürze ändern.

Die Temperatur in dem bis auf den letzten Platz besetzten Konferenzsaal schien von einem auf den anderen Moment in den Minusbereich zu stürzen. Um mich herum erstarrte das Publikum. Reihenweise fiel die verzweifelte Zuversicht aus den Gesichtern.

Als der Redner seinen Vortrag siegesgewiss beendete, applaudierten stoisch ein paar hundert Schafe dem Raubvogel, der über ihnen seine Kreise zog.

Nach oben zu nicken und Ja zu sagen, das erwartete man von ihnen. So hatte man es ihnen auf ihrem Weg durch das Unternehmen beigebracht, und sie taten es auch jetzt. Als die Managerschar missmutig den Saal verließ, schaute ich in die Gesichter der Menschen um mich herum.

Ich sah verbissen dreinblickende Führungskräfte, die ihre Unsicherheit, ihren Frust, ihr verletztes Ego an ihren Mitarbeitern auslassen würden. Ich sah Chefs, die sich leise empörten, aber dennoch vor ihren Mitarbeitern kein böses Wort über die eigene Führung verlieren sollten – aus Angst und falscher Loyalität nach oben. Ich sah Manager, die es gewohnt waren, dass man sie entmündigte, ihnen nicht vertraute, ihnen den Respekt verweigerte. Und die oft nicht wussten, wie sie selbst Mitarbeiter richtig führen sollten.

Dass auch ihr Vorstand eine Memme war, die sich hinter ihrer kühlen Sachlichkeit versteckte und nur Zahlen, nicht aber Menschen vertraute, das schien von den davoneilenden Managern niemand zu erkennen.

So überraschte es mich nicht, als man um mich herum begann, eine bekannte Melodie anzustimmen. Eine Art Singsang, den ich seit meiner Ankunft in Deutschland immer wieder in den Büros von Führungskräften vernommen hatte. Es war der monotone, jammervolle Sound des Selbstmitleids. Die Mittelmemmen um mich herum hatten ihren Kanon angestimmt: die Hymne der vielen kleinen und großen Memmen-Chefs in deutschen Unternehmen.

Zeit für Helden

Nicht alle Chefs summen mit bei diesem Lied. Wo die Umstände Menschen zu Memmen machen, gibt es immer wieder auch Helden. Solche, die versuchen, gegen alle Widerstände ihren eigenen Weg zu gehen. Die sich für ihre Mitarbeiter einsetzen. Die Rückgrat zeigen, Haltung an- und Verantwortung übernehmen.

Sie sind Helden, weil sie in einer Welt der Memmen hervorstechen. Die sich dagegen wehren, von ihren Chefs, von ihrem Unternehmen in das Memmen-Panoptikum eingereiht zu werden. Auch und gerade von diesen Helden, die mit vollem Risiko aufbegehren, handeln die folgenden Seiten.

Und es handelt von den Mitarbeitern, die ihre Memmen-Chefs weit besser kennen und entlarven, als die sich das vorstellen können oder wollen.

In den vergangenen Jahren ist vieles in der Welt der Wirtschaft in einen rasanten Wandel geraten. Eine technische Revolution jagt die nächste. In globalisierten Märkten verschärft sich der Wettbewerbsdruck. Unternehmenslenker reagieren hektisch mit immer neuen Ideen und dem Drang zur ständigen Veränderung.

Dabei haben sie es mit einer neuen, hochdynamischen Generation von Mitarbeitern zu tun, die jede Veränderung in ihren Anfängen erspürt. Wir, diese Mitarbeiter, sind bestens ausgebildet. Wir haben die neuen Zeiten verinnerlicht, wir kennen uns aus in der digitalen Welt. Wir kennen unseren Wert und gehen bestens informiert und mit wachen Augen durch die Unternehmen.

Mehr denn je durchschauen wir, was sich in unseren Büros und Produktionshallen abspielt. In den neuen sozialen Medien tauschen wir uns frei aus über das, was wir erleben. Wir können vergleichen und eins und eins zusammenzählen. Durch Machtspielereien oder Beschwichtigungen kann man uns kaum mehr täuschen.

Wir sind wahrscheinlich die mündigste und selbstbewussteste Mitarbeitergeneration, die je ihre Füße in die Unternehmenswelt gesetzt hat. Es ist auch unsere Aufgabe, dass unsere Chefs nicht zu Memmen werden – indem wir selbst zu Helden werden. Indem wir Mut beweisen, wo die Memmen Angst haben.

Treten wir den Memmen-Chefs entgegen!

TEIL EINS

Das Beziehungsdesaster: Mein Boss und ich

Meinen Boss und mich verbindet etwas. Arbeitsrechtler nennen es ein Arbeitsverhältnis. Ein räumlich und zeitlich festgelegtes Verhältnis also, das sich nur um die Arbeit dreht.

Nur um die Arbeit? Von wegen.

Selbst das kühlste, sachlichste Arbeitsverhältnis stellt eine Beziehung dar. Zwischen zwei Menschen, die mehr austauschen als lediglich geschäftsrelevante Informationen. Eine Beziehung, in der wir – gewollt oder nicht – negative wie positive Gefühle entwickeln.

Unser Boss muss nicht nur Zahlen managen, sondern auch Emotionen – unsere und die seinen. Den meisten Führungskräften wird das erst klar, wenn der Karren im Dreck steckt. Wenn die Leistungen nicht mehr stimmen, wenn die Stimmung im Team auf dem Tiefpunkt angekommen ist, wenn wir, die Mitarbeiter, drauf und dran sind zu kündigen.

Wir sind eben anspruchsvoll. Es muss einiges stimmen, um mit einem Menschen, der formal über uns bestimmen kann, in einer guten, vertrauensvollen Beziehung stehen zu können. Können wir es nicht, dann ist diese Beziehung deshalb nicht weniger intensiv, dafür aber ein ständiger Quell der Unzufriedenheit. Das war schon damals zu Schulzeiten nicht anders, oder?

Mit wie viel Frust oder Freude wir den halben Tag im Klassenzimmer verbrachten, das hing natürlich von unserer Beliebtheit bei den Jungs und Mädels um uns herum ab, und von unseren Noten. Aber auch maßgeblich von unseren Lehrern.

Wir akzeptierten es, wenn ein Lehrer streng, aber dafür gerecht war. Bei den Langweilern rauschte unsere Energie den Bach runter. Sie trauten sich einfach nichts, alles musste bei ihnen nach Lehrplan laufen. Die kuscheligen Menschenversteher, die sich über jedes unserer Problemchen mit uns unterhalten wollten, nahmen wir eher auf den Arm als ernst. Den fiesesten Herrschern und Spaßbremsen gehorchten wir vielleicht, aber wir hassten sie. Vielleicht, weil wir instinktiv spürten, wie viel Frust und Unsicherheit sich hinter ihrem Kontrollwahn verbargen.

Und dann gab es immer den einen Lehrer, den alle mochten, dem fast die ganze Klasse bedingungslos vertraute.

Ich erinnere mich bis heute daran, wie unser Lieblingslehrer den Klassenraum betrat. Das Gebrüll um ihn herum erst einmal ignorierte, um dann mit einem kurzen Nicken unsere ganze Aufmerksamkeit zu gewinnen. Wir liebten ihn geradezu. Und er uns. Da war sich meist die ganze Klasse einig. Lieblingslehrer, das waren diejenigen, die uns freundschaftlich auf Augenhöhe begegneten, die mal einen Spaß mitmachten ohne sich bei uns anbiedern zu wollen. Die sich dafür begeisterten, was sie uns lehrten. Wir respektierten sie – weil wir offen unsere Meinung sagen durften, ohne dafür bestraft zu werden. Dabei wussten sie, wann es galt, eine Grenze zu ziehen – und auch das war dann für uns okay. Für uns waren solche Lehrer Helden.

Memmen vor der Tafel akzeptierten wir nicht. Wir ignorierten sie. Oder machten ihnen die Hölle heiß.

Ob sich unsere Chefs sich das eingestehen wollen oder nicht: Es geht immer um mehr als nur ein Arbeitsverhältnis. Wenn wir mit einem Menschen zu tun haben, der uns in einem bestimmten Rahmen »übergeordnet« ist, dann spielen emotionale Aspekte eine Rolle, die sich offiziell in keiner Arbeitsplatzbeschreibung finden. Denn dieser Arbeitsplatz ist wie ein Topf voller heißer Zutaten, der vor Irrationalität überkocht.

Da steigen von tief unten Neid und Missgunst auf, kämpfen Zuneigung und Ablehnung gegeneinander, löst sich Unsicherheit in Bestätigung auf, brodeln Hass und Liebe wild durcheinander. Ja, es geht sogar um Liebe.

Es herrscht ein Wust an Gefühlen, die Mitarbeiter untereinander und mit ihrem Chef verbinden. In einem gegenseitigen, immer neu auszubalancierenden Beziehungsgeflecht. Und damit kann nicht jeder umgehen. Viele Mitarbeiter nicht. Aber auch nicht diejenigen in den Machtpositionen. Nicht jeder Lehrer und vor allem nicht jeder Chef.

Es gibt sie, die Chefs, die das können. Diejenigen, die uns beflügeln und begeistern und in einigen Unternehmen Großes leisten. Und dann, ja dann gibt es noch eine ganze Menge von den anderen. Den Memmen. Einige spezielle Typen der Memmen-Bosse möchte ich Ihnen im Folgenden vorstellen.

Bosse, die mit der Tatsache, dass sie mit uns mehr als ein Arbeitsverhältnis verbindet, nicht zurechtkommen oder dieses sogar missbrauchen. Bosse, die von Mitarbeitern schnell als das erkannt werden, was sie in Wahrheit sind: Memmen. Jammer-Memmen und Macho-Memmen, bemitleidenswerte wie hinterhältige Memmen, die eines gemeinsam haben: Sie frustrieren uns. Denn das, was uns mit ihnen verbindet, das ist kein Arbeitsverhältnis.

Das ist ein Beziehungsdesaster.

1. Auf Abstand: die Sozialallergiker

Sobald es auf der Karriereleiter für Euch aufwärts geht, müssen die neuen Frauen und die neuen Männer an der Spitze eines Teams, einer Abteilung, eines Bereichs – eine Frage für sich beantworten: Wie gehe ich damit um, dass ich nicht mehr auf der gleichen Stufe stehe wie die meisten anderen – wie flach die jeweilige Firmenhierarchie auch sein mag? Entferne ich mich ein Stück weit von meinen Mitarbeitern, meinen Kollegen? Oder muss ich jetzt erst recht nah dran sein? Bleibe ich auf Augenhöhe, oder blicke ich von nun an von oben auf die anderen herab?

Ein Großteil der deutschen Führungskräfte findet darauf eine Antwort. Leider ist es meist die falsche, wie ich oft genug selbst erleben musste. Zum Beispiel bei meinem Dienstantritt als Service Director eines großen deutschen Unternehmens:

Hello to everybody
Als man mich, den neuen Service Director, an meinem ersten Arbeitstag durch die Firma führte, machte ich mir die Freude, mich in allen Zimmern vorzustellen. Ich schüttelte an die 400 Hände – ja wirklich! Selbst für einen kontaktfreudigen US-Amerikaner eine beachtliche Zahl. Ich meinte es ernst mit dem persönlichen Draht. Ich wollte die Firma kennenlernen, und die bestand für mich aus allen Mitarbeitern. Natürlich war mir klar, dass es mit dem Händeschütteln nicht erledigt sein würde. Was mich aber erstaunte, war die Reaktion der anderen Führungskräfte.

Sie freuten sich zunächst darüber, dass ich mich jedem von ihnen persönlich vorstellte. Als ich aber ihren Sekretärinnen und Assistenten ebenfalls die Hand reichte und ein paar Worte mit ihnen wechselte, schauten die meisten ungläubig, fast beleidigt. Ihre Gedanken waren leicht zu erraten: Was soll das denn jetzt? Setzt uns der Neue mit den einfachen Mitarbeitern gleich?

Diejenigen, die das dachten, hatten damit auf jeden Fall Recht. Ich rede mit Chefs genauso gerne wie mit Mitarbeitern. Da gibt es für mich keinen Unterschied. Warum aber war das für diese Führungskräfte ein Problem?

Im alltäglichen Umgang fiel mir auf: Sie begrenzten ihre unmittelbaren Kontakte mit den Mitarbeitern auf das Nötigste. Da wurden Anweisungen ins Telefon genuschelt oder kurzerhand zwischen Tür und Angel in den Raum geraunzt. Manchmal musste auch ein bloßes Handzeichen reichen. Wenn in einem Aufzug zu viele Mitarbeiter mitfuhren, warteten die Führungskräfte auf den nächsten. Saßen mittags in einem Restaurant zu viele aus dem eigenen Team, suchten sie ein anderes Restaurant auf. Als würde jeder zu enge Kontakt, der keine soziale Abgrenzung ermöglichte, bei ihnen eine allergische Reaktion auslösen.

Eine Sozialallergie – gibt es eine solche Krankheit? Auf den Führungsetagen vieler Unternehmen jedenfalls scheint sie regelrecht zu grassieren.

Auch die Mitarbeiter zeigten nicht die geringste Sehnsucht nach einem intensiveren Austausch mit den eigenen Chefs. Dabei hätte es nicht geschadet, den einen oder anderen kontaktunwilligen Chef mal direkt anzugehen und wachzurütteln. Aber wer will schon Menschen zu nahetreten, die mit jedem Wort, jedem Blick und jeder Geste sagen:

»Abstand bitte! Wir beide sind nicht vom selben Stamm. Wir leben in un-

Die Sozialallergie unserer Bosse: eine Distanz des Unbehagens, die mit jeder Beförderung zuzunehmen scheint.

terschiedlichen Welten. Gebe ich dir meine Hand, dann ziehst du mich womöglich noch hinab in die Niederungen deiner Welt.«

Die Sozialallergie unserer Bosse: eine Distanz des Unbehagens, die mit jeder Beförderung zuzunehmen scheint.

Gefangen in der linken Gehirnhälfte

Zweifellos handelt es sich bei den sozialallergischen Chefs, die wort- und grußlos durch die Büroflure schleichen und uns dabei manchmal grenzautistisch vorkommen, sehr oft um hochintelligente, fachlich kompetente Experten. Schließlich hieven wir in Deutschland gerne die besten Fachleute in Führungspositionen.

Der beste Programmierer wird ebenso zur Führungskraft wie die zuverlässigste Buchhalterin zur Teamleiterin und der fähigste Tüftler zum Chef der Entwicklungsabteilung. Wir wollen ja auch, dass unser Chef Ahnung hat von dem, was er uns erzählt. In unserem traditionsreichen Ingenieursland hat man damit gute Erfahrungen gemacht. Ein Chef eines Autobauers, der weiß, wie ein Auto gebaut wird, trifft wahrscheinlich die besseren Entscheidungen, wenn es um die Entwicklung eines neuen Modells geht. Wir vertrauen gerne in die Kompetenz des eigenen Vorgesetzten.

Nur eines vergessen wir darüber viel zu oft: Wer weiß, wie ein Motor funktioniert, der weiß deshalb noch längst nicht, wie Menschen funktionieren.

> Wer weiß, wie ein Motor funktioniert, der weiß deshalb noch längst nicht, wie Menschen funktionieren.

Genau das aber sollte jeder wissen, der Menschen führen will. Denn da kommt es auf ganz andere Fähigkeiten an als bei der Konstruktion eines Automotors. Auf Menschen zuzugehen und einzugehen, miteinander zu reden und sich gegenseitig zuzuhören. Sich auszutauschen. Das können viele nicht – oder glauben sogar, es gar nicht nötig zu haben.

So meinten in der »Akademie-Studie 2008 – Führung beim Wort nehmen. Wie kommunizieren deutsche Manager?« der Akademie für Führungskräfte der Wirtschaft nur 16,5 Prozent der Befragten, dass ihre Chefs gut zuhören können. Dagegen bescheinigten 36,5 Prozent ihren Chefs, sehr schnell Informationen aufnehmen und verarbeiten zu können.

Denken ja, kommunizieren nein?

Auffallend viele Führungskräfte in deutschen Unternehmen zeigen ein besonderes Merkmal: Sie nutzen im Vergleich zum Durchschnitt der Bevölkerung häufiger ihre linke Gehirnhälfte als ihre rechte. Während die linke Gehirnhälfte für unser logisches Denken zuständig ist, für die analytischen und quantitativen Funktionen, lenkt die rechte unsere Intuition, erzeugt die Bilder in unserem Kopf und lässt uns ganzheitlich an eine Sache herangehen.

Chefs, die sowohl Meister im Berechnen ihrer Umsatzzahlen sind als auch kreative Ideen entwickeln und sich gut in ihre Mitmenschen hineinversetzen können, beanspruchen beide Gehirnhälften gleichermaßen. Links und rechts in vernünftiger Balance – das ist ein Chef-Typ, der in Deutschland leider nicht oft genug vorkommt.

Um diese Defizite auszugleichen, müsste sich vor allem in der Ausbildung potenzieller Führungskräfte einiges ändern. Leider stehen Soft Skills jedoch nicht oben auf den Lehrplänen der Universitäten. Weder bei Ingenieuren und Juristen noch bei Betriebswirtschaftlern, die das Gros der deutschen Führungsriege stellen, wird der Umgang mit Mitarbeitern – das Verstehen und Mitteilen, das Motivieren und Begeistern – systematisch gelehrt.

Die deutsche Führungsmisere ist, an ihren Wurzeln, auch eine Ausbildungsmisere.

Welche grotesken Züge das annehmen kann zeigt sich an folgendem Beispiel, in dem der Mitarbeiter eines Telekommunikationsunternehmens von der Sozialallergie seines Chefs berichtet:

Unser introvertierter Boss

»Wenn ich meinem Chef auf dem Gang begegne, schaut er mir nie in die Augen. Auch nicht im direkten Gespräch. Er ist kein unhöflicher Typ, aber Menschen behagen ihm nicht so. Seine Bürotür ist immer geschlossen. Auf Firmenpartys erscheint er entweder gar nicht, oder er steht wie versteinert in der Ecke und hält sich an seinem Glas fest. Fachlich kann man ihm nichts nachsagen: Mit den technischen Seiten unseres Jobs ist er bestens vertraut. Eine Idee oder ein Projekt dann aber vor versammelter Mannschaft rüberzubringen, das ist für ihn eine Tortur – und ebenso für uns. Mich erinnert er dann immer an ein Reh im Scheinwerferlicht.«

Thomas N., Online-Sparte eines
Telekommunikationsunternehmens

Die mangelhafte soziale Kompetenz hat schwerwiegende Folgen. Auch für den Chef selbst. Wer sich mit seinen Mitarbeitern nicht wohl fühlt, der zieht sich zurück. Unsicherheit und Versagensangst führen direkt in die unfreiwillige Isolation – wenn es keine mutigen Mitarbeiter gibt, die solchen Chefs eine Brücke bauen.

> Mit zwischenmenschlichen Angelegenheiten überforderte Chefs sind schwache Chefs.

Verharren die Mitarbeiter ebenfalls in ihrer Position, dann wird die Kernaufgabe von Führungskräften – sich mit Mitarbeitern zu verständigen, sie zu motivieren – für solche Manager zur unlösbaren Herausforderung. Mit zwischenmenschlichen Angelegenheiten überforderte Chefs sind schwache Chefs.

Wie oft habe ich solche – nennen wir sie ruhig mal herzensgute – Memmen vor ihren Teams erlebt. Wenn sie steif da stehen und mit hängenden Armen versuchen, ihre Mitarbeiter für ein neues Projekt zu entflammen. Meistens geht das schief. Ihre formelhafte, unpersönliche Sprache macht es schier unmöglich, nicht sofort wegzudämmern.

Je nach akademischem Hintergrund klingen ihre Motivationsversuche entweder zu sehr nach Gesetzbuch, nach Beamtenlatein, nach Technikerkauderwelsch oder nach BWLer-Baukasten. Da will kein Funke überspringen. Niemals. Aber was ist das für eine Beziehung zwischen Arbeitskollegen, ohne einen Funken der Begeisterung?

Es ist eine mude, schleppende Beziehung in einem faden, langweiligen Arbeitsalltag. Ohne Leuchten am Horizont und in den Augen. Eine Beziehung, vor der nicht nur den Mitarbeitern, sondern auch vielen Chefs graut. Vor allem, weil sie bei letzteren ein Gefühl der Überforderung auslöst. Als Angestellter schafft man sich dann eben seine eigenen Highlights: ausgedehnte Kaffeepausen, Firmentratsch, Chef-Lästereien.

Schutzraum Chefbüro

Ein Bekannter erzählte mir die folgende Anekdote. Ein Vorstandsvorsitzender wollte einer seiner Fabriken einen Besuch abstatten. Wie das Schicksal es wollte, ging auf dem Weg dorthin jedoch einiges schief, und der Boss kam nicht mit seiner S-Klasse samt Chauffeur vorgefahren, sondern hinter dem Steuer eines kleinen Golfs. Dazu erschien er auch nicht wie üblich im Maßanzug. Es kam, wie es kommen musste:

Der Pförtner erkannte den verschwitzten, etwas lädiert aussehenden älteren Mann einfach nicht. Trotz vieler Beteuerungen des Chefs, der Chef zu sein, ließ ihn der Pförtner nicht auf das Firmengelände. Der Kaiser war nackt. Seiner Insignien beraubt und auf den eigentlichen Kern seiner Persönlichkeit zurückgeworfen, konnte sich der mächtige Boss nicht gegen den pflichtbewussten Pförtner durchsetzen. Versagte in einer Situation, in der er sich auf Augenhöhe mit dem Mann an der Pforte bewegen musste, für den er sonst vielleicht nicht mal einen Gruß übrig hatte.

Die mangelhafte Kompetenz im Umgang mit ihren Untergebenen bringt viele Chefs dazu, sich mit der Zeit abzukapseln. Ein eigenes Büro und eine Chefkantine dienen vielen deshalb nicht nur als Statussymbol, sondern auch als Schutzraum. Ein Bollwerk gegen die Zumutungen der Mitarbeiter – ihr Bedürfnis nach Kommunikation und Austausch, ihre ehrliche und oft nicht angenehme Meinung.

Es ist für Führungskräfte schwer, sie sich einzugestehen: die Angst, zentraler Teil eines komplizierten Beziehungsgefüges zu sein, das ein Team von Mitarbeitern und Chef eben darstellt. Die Herausforderung, sich als Boss auf vielfältige Emotionen und Erwartungen einzulassen und sich darin möglicherweise heillos zu verstricken, erfordert Mut und Charakter.

> Die Herausforderung, sich als Boss auf vielfältige Emotionen und Erwartungen einzulassen und sich darin möglicherweise heillos zu verstricken, erfordert Mut und Charakter.

Das Verlangen, sich räumlich oder durch Symbole zu distanzieren, entspricht einer tiefen Furcht vor der Komplexität des ungeordneten, zwischenmenschlichen Chaos. Wer seinen Mitarbeitern nicht zu nahe kommt, behält Kontrolle und Überblick. So zumindest die Hoffnung vieler Chefs, die auch in der folgenden Erzählung eines Ingenieurs zum Ausdruck kommt:

Doppelter Kater

»*Ich war vier Monate im Unternehmen, da kam die erste Weihnachtsfeier. Es wurde eine ausgelassene Party. Zu später Stunde, wir waren alle längst nicht mehr nüchtern, taute auch unser Boss auf. Im Alltag ist er ein sehr wortkarger, spröder Typ, mit dem keiner richtig warm wird. In dieser Nacht aber stieß er mit jedem an, beteiligte sich lebhaft an den Unterhaltungen und gab lustige Anekdoten zum Besten. Sogar über seine Frau erfuhr ich etwas mehr, als mir lieb war. Er war kaum wiederzuerkennen. Kurz vor Ende der Feier lobte er mit glasigem Blick und schwerer Zunge uns, seine Jungs, für unseren Job – es war überhaupt das erste Mal. Meinen zwei Kollegen und mir (den letzten, die so lange durchgehalten hatten) bot er das Du an. Gerne nahm ich an.*

Der Kater am nächsten Morgen war hart. Aber ich war bestens gelaunt. Schien sich doch das, was mich an meinem neuen Job gestört hatte – das angespannte Verhältnis zu meinem Boss – schlagartig verbessert zu haben. Wir begegneten uns im Aufzug. Es waren noch ein paar Stockwerke, und ich wollte den Morgen nicht so wortlos beginnen. Also schwärmte ich von der gestrigen Feier. Dabei duzte ich ihn. Aber ihm war der Kater offenbar schwer aufs Gemüt geschlagen: Ein kurzes Aha, mehr erwiderte er nicht. Wir verließen den Aufzug – er zuerst, geradezu fluchtartig. Dann blieb er ruckartig stehen, drehte sich zu mir um und forderte mich auf, ihm die Unterlagen für ein Projekt noch heute vorbeizubringen. Dabei sprach er mich sehr bestimmt wieder mit »Sie« an. Was sollte das denn, dachte ich bei mir. Als hätte er eine gespaltene Persönlichkeit – gestern noch der kumpelhafte Partyhengst, heute wieder der distanzierte Chef, der er vorher war.

Irritiert erzählte ich meinen Kollegen davon. Die lachten nur. Ich solle seine lockere Laune auf der Feier bloß nicht ernst nehmen. Das kannten sie schon von früheren Gelegenheiten.

Der Kontakt zu meinem Boss wurde mir jetzt erst recht un-

angenehm. Ich hatte sogar das Gefühl, als hätte er seitdem ein Auge auf mich. Als hätte ich mir mit meinem Duzen im Aufzug zu viel herausgenommen. Das lastete in den nächsten Tagen auf mir wie ein zweiter, schwerer Kater.«

Sven M., Ingenieur in einem
Maschinenbau-Unternehmen

Die zwei Seiten dieses Chefs verwundern mich nicht. Viele deutsche Unternehmen, als Orte emotionaler Kontrolle, fordern solch widersprüchliches Verhalten geradezu heraus. Gefühle lassen sich aber nicht verhindern, nur unterdrücken.

»Dienst ist Dienst, Schnaps ist Schnaps« wird sich der Chef im besagten Beispiel gedacht haben, bis sich unter dem Einfluss des Schnaps ungewollt eine andere Seite von ihm offenbarte, die weit mehr über ihn aussagte, als ihm lieb war. Sie verriet sein Bedürfnis nach emotionaler Nähe und Verbrüderung – den Wunsch, Teil einer Gemeinschaft zu sein.

Wer weiß, vielleicht ist er zuhause ein lustiger, lockerer Typ, in seinem Sportverein sogar die Spaßkanone. Sobald er jedoch durch die Eingangstür der Firma tritt, ist davon nichts mehr zu spüren. Wie schade!

Im Büro fehlt ihm, wie so vielen deutschen Chef-Kollegen, der Mut, er selbst zu sein. Stattdessen verkriecht er sich hinter seiner Chef-Rolle und einem starren, nicht lesbaren Chef-Gesicht. Das distanzierte Verhalten ist seine Art, mit dem so unberechenbaren Wirrwarr an Gefühlen und Erwartungen umzugehen – denen seiner Mitarbeiter und seinen eigenen.

Die unpersönliche Chef-Maske gibt solchen Memmen die Sicherheit, ja die Zuflucht, die sie brauchen, um die Zügel in der Hand zu behalten. Nichts von sich preisgeben müssen, um nicht angreifbar zu werden. Seine Furcht im Aufzug war offensichtlich zum Greifen spürbar – wäre der junge Mitarbeiter nicht so sehr mit seiner eigenen Gemütslage beschäftigt gewesen. Was wäre wohl passiert, wenn der Mitarbeiter trotzig beim Du geblieben wäre?

Die Entfremdung auf dem Weg nach oben

Vorgesetzte, die sich aus Unbehagen vor ihrem Team in ihrem Büro verschanzen und auch sonst jede Gelegenheit verstreichen lassen, sich persönlich zu involvieren, zahlen für ihren Rückzug einen hohen Preis: Sie entfremden sich mit der Zeit von ihren Mitarbeitern.

Diese Entfremdung ist nicht nur einem linkslastig arbeitenden Gehirn und einem schwach ausgeprägten Kommunikationstalent geschuldet. In großen Unternehmen mit vielen Hierarchiestufen geht das Erklimmen der Karriereleiter einher mit dem stufenweisen Abschied von den Menschen an der Basis eines Unternehmens.

Große Unternehmen sind so komplex wie die Gesellschaft, in der wir leben. Konzerne wie Daimler oder Siemens bestehen aus unterschiedlichen Unternehmensbereichen mit mehr als zehn Hierarchieebenen. Das zu definieren, was die Menschen auf diesen Ebenen zusammenhält, was den Vorstand mit dem Mechaniker in der Produktion verbindet, wird immer schwerer. Je loser das gemeinsame Band, je komplexer und dadurch anonymer ein Unternehmen, desto mehr empfinden Menschen es als wichtig, die eigene Stellung deutlich erkennbar nach außen zu repräsentieren.

Je höher auf der Leiter der Chef, desto ausgeprägter das Ausscheren aus der Masse, desto leichter zu erkennen die Statusinsignien. Da gibt es separate Aufzüge und Kantinen, mit denen sich die Wahrscheinlichkeit spontaner Aufeinandertreffen minimieren lassen. Da schirmen Bodyguards, Fahrer und spitzzüngige Chef-Sekretärinnen ihre Vorstands-bosse ab vor unliebsamen, überraschenden Kontakten mit der Basis. Die herausragende Stellung – sie manifestiert sich im Alltag in räumlicher und körperlicher Distanz. Und das bleibt nicht ohne Folgen.

Wer im Firmenaufzug schon einmal zufällig dem Vor-stand eines großen Konzerns über den Weg gelaufen ist, der weiß, wie schwer ein normales Gespräch sein kann – für beide Seiten. Worüber soll man reden? Über das Wetter, über Fußball? Nun, eigentlich schon. Aber die Entfremdung verhindert das.

Da stelle ich mir doch die Frage: Wie gut kann man Men-schen führen, denen man fremd geworden ist?

Kurz nachdem Wolfgang Zetsche Vorstandsvorsitzender bei Daimler-Chrysler geworden war, ging das folgende Bild von ihm durch die Presse: Bei einer Firmenfeier in Stuttgart zapfte er hinter dem Bierausschank höchstpersönlich für seine Mitarbeiter. Seine Botschaft: Ich bin auf dem Boden ge-blieben, ich bin einer von euch. Bei mehr als 200 000 Mit-arbeitern mehr ein symbolischer Akt. Vor allem aber ein Hinweis an die Führungskräfte des Großkonzerns: »Entfernt euch nicht zu weit von euren Mitarbeitern! Redet miteinan-der!«

In dieser Zeit ließ Zetsche die vielen Bildschirme für die virtuellen Konferenzen wieder abmontieren. Die Leute soll-ten sich öfter gegenübersitzen.

Für die Sozialallergiker unter den Chefs kein leichtes Unter-fangen – scheint doch die eigene, separate Chef-Welt für viele das eigentliche Ziel ihrer Karriere zu sein.

Distanz als Waffe

Wer aufsteigt, will als Erstes sein eigenes Büro. Dazu ein Schreibtisch in angemessener Größe. Man beruft sich dabei gern auf das Einhalten diverser Verordnungen, in denen etwa die Tischbreite auf den Zentimeter genau festgelegt ist.

Und ist endlich das Büro bezogen, dann gilt für die gnädig empfangenen Besucher: Die Tür beim Hinausgehen bitte wieder fest schließen, so viel Zeit muss sein! Und den nächsten Gesprächstermin bitte nur nach Vereinbarung!

Körperliche wie räumliche Entfernung ist nicht nur Ausdruck einer in Arroganz gekleideten Menschenscheu, sondern für manche sozialallergische Memme sogar eine Waffe. Sie sind den Mitarbeitern völlig entfremdete, auf die Sicherung des eigenen Status bedachte Bosse, die auf diese Art ihre abgehobene Position vehement nach unten verteidigen. Als junger Aufsteiger hatte ich davon keine Ahnung, bis mich zum ersten Mal die Chef-Keule richtig traf:

Eine Lektion in Unternehmenspolitik

Mit Ende 20 war ich Geschäftsführer einer neu gegründeten Internet-Firma, die das Tochterunternehmen einer großen Landesbank war. Das Ziel der Unternehmung war es, im vielversprechenden Telekommunikationsmarkt Fuß zu fassen. Nur waren wir mit diesem Vorhaben nicht allein – der noch junge Markt boomte, und die Konkurrenz um die begehrten Aufträge war groß.

Mit einem jungen Team ging ich verdammt ehrgeizig ans Werk. Wir versuchten, schneller und besser zu sein als unsere Mitbewerber. Und das gelang uns auch: Viele wichtigen Aufträge gingen an unsere kleine Firma, was unseren Konkurrenten natürlich gar nicht gefiel. Unglücklicherweise waren viele von ihnen zugleich Kunden der Landesbank, unserer Mutterfirma. Schon nach unseren ersten Erfolgen am Markt lud mich deshalb einer der Landesbank-Vorstände vor.

Sein Büro strahlte all das aus, was man von einem hohen Tier so erwartet. Ich sah den weichen Teppich unter mir, ein altes Gemälde vor mir und vor allem: einen mächtigen Mahagoni-Tisch zwischen uns. Das Monstrum füllte den Raum zwischen uns so effektiv aus, dass von einer persönlichen Begegnung schon beinahe keine Rede mehr sein konnte. Der Tisch hielt mich auf Abstand – wie jeden, der hier vorgeladen wurde.

Um mir die Hand zu geben, hätte der Ober-Boss mit dem strengen, weißen Scheitel aufstehen und mir seine goldenen Manschettenknöpfe mit einer halben Verbeugung entgegenstrecken müssen, so breit war das Mahagoni-Gebirge. Aber er machte ohnehin keine Anstalten, mir näher kommen zu wollen. Stattdessen blieb er bequem zurückgelehnt in seinem breiten Sessel sitzen. Mir bot er keinen Platz an. Wie einen Schuljungen ließ er mich vor sich stehen, um mir von seinem Thron aus seine eloquent verpackten Befehle zu verkünden.

Das Fazit der Ansprache: Meine Aktivitäten würden seine Kunden doch sehr stören, und ich solle mich ab jetzt bitte zurückhalten. Dass seine Kunden meine Wettbewerber waren, kümmerte ihn nicht. Dass wir eigentlich an einem Strang hätten ziehen müssen, weil mein Gewinn letztlich auch der Gewinn seiner Bank war, schien ihm nicht in den Sinn zu kommen. Dass der Erfolg meines – unseres! – Unternehmens seine Kunden verärgerte, machte ihm offensichtlich mehr Sorgen als die Wahrung des fairen Wettbewerbs. Er hatte Angst, seine Kunden könnten ihm weglaufen, weil seine eigenen Leute ihre Arbeit machten.

Offiziell konnte er mir nichts, er war kein Gesellschafter der Internet-Firma. Und hatte offensichtlich keine Ahnung, wie er mir die Botschaft auf einer kollegialen Ebene hätte beibringen können. Also versuchte er es, ganz nach der Gewohnheit eines alten Patriarchen, über ein machtvolles Auftreten.

Mein Job aber war es, meine Firma zum Erfolg zu führen. Dass die Karten in diesem Spiel gezinkt waren, durchschaute ich damals noch nicht. Ich wies sein Anliegen brüsk zurück und

ihn darauf hin, dass er mir nichts zu sagen hatte. No, Sir. Punkt.
Und einen schönen Tag noch. Ich fühlte mich gut, als ich die
Vorstandsfestung verließ.

Dass er am Ende durch seine Machtposition Mittel und Wege
finden würde, sich durchzusetzen, ahnte ich aus Unerfahren-
heit nicht.

Für mich war der Mann ein Feigling. Seine Angst vor einem
Konflikt mit den Kunden behielt die Oberhand gegen seine
Integrität als Führungskraft und seinen Geschäftssinn. Seinen Kunden bot er nicht die Stirn. Mir gegenüber fühlte er
sich dagegen stark genug – unangreifbar verschanzt hinter
seinem Ehrfurcht gebietenden Tisch. Hätte sich der große
Boss in diesem Moment getraut, zu mir herabzusteigen, um
auf Augenhöhe mit mir zu sprechen, hätte er mir sein Anliegen in einer persönlichen Form näher gebracht, von Mensch
zu Mensch, sich nach meinem Wohlergehen erkundigt und
mir dabei vielleicht auch noch einen Platz und etwas zum
Trinken angeboten – ich hätte definitiv aufgeschlossener und
freundlicher reagiert. Aber es war nicht nur der Durchmesser
seines Tisches, der einen freundlichen Handschlag unmöglich machte. Die in Wahrheit zu überbrückende emotionale
Distanz fühlte sich an wie ein Grand Canyon.

Diese Schlucht hat er über Jahrzehnte ausgehoben. Mit jedem größeren und exquisiter ausgestatteten Büro, mit jedem
neuen Symbol der Macht in seinem Zimmer, mit jeder Sekre-
tärin, die er immer besser darauf drillte, ungebetene Gäste
abzuwimmeln. Bis er für seine Mitarbeiter zu einem uner-
reichbaren Planeten wurde.

Nur: Auch für ihn selbst gab es, hätte er es überhaupt noch
gewollt, keinen Weg mehr zurück zu den Menschen, die für
ihn arbeiteten. Die Schlucht war viel zu tief geworden.

Es sind nicht immer Grand Canyons, die Mitarbeiter von ihren Chefs trennen. Aber es sind die unzähligen kleinen Gräben, die memmenhafte Führungskräfte aller Ebenen aus Angst vor ihren Mitarbeitern und deren Bedürfnissen ausheben, die irgendwann zwangsläufig zur Entfremdung führen.

Ein kurzes Gedankenspiel verdeutlicht den Entfremdungseffekt: Stellen Sie sich einmal bitte einen solchen Schreibtisch-Täter in einer anderen Umgebung vor. Nehmen wir zum Beispiel das absolut andere Extrem zu einem klassischen Vorstandszimmer: eine offene, einladende, weitläufige Bürolandschaft. Mit weißen, leeren Tischen, die immer dem gehören, der gerade daran arbeitet. Mit diversen Sitzgelegenheiten, kleinen Erfrischungszonen, flexiblen Möbeln. Eine Art Marktplatz, wo sich immer neue Kleingruppen von Mitarbeitern aller Ebenen überall und jederzeit zusammensetzen und austauschen können. Wo man nicht auf den ersten Blick erkennt, wer hier eigentlich was zu sagen hat. Ein Ort also, wo ein territorialer Machtanspruch nur lächerlich wirken würde. Wo Führungskräfte zu einem verfügbaren, immer in Kommunikation befindlichen Bestandteil dynamischer Austauschprozesse werden.

Könnte der oben genannte Banker dann überhaupt noch Chef sein, sich durchsetzen und andere maßregeln, wie es ihm passt? Und was wäre mit Ihrem Chef? Über wie viel Autorität würde er in diesem Umfeld noch verfügen?

Gefühlt auf Augenhöhe

Es gibt Untersuchungen, deren Ergebnisse einen Eindruck davon vermitteln, wie nah sich Mitarbeiter und ihre Führungskräfte im Alltag stehen. Zum Beispiel der internationale Gallup Engagement Index, der den Grad der emotionalen Bindung von Mitarbeitern zu ihren Unternehmen wiedergibt. In Deutschland, so die Studie, empfinden lediglich 13 Prozent der befragten Arbeitnehmer eine hohe emotionale Bindung zu ihrem Unternehmen. Damit landet Deutschland im Mittelfeld der Studie – davor fast alle anderen westlichen Länder, dahinter fast nur osteuropäische und asiatische Länder.

Mit großem Abstand auf dem ersten Platz liegen die USA. 28 Prozent der Mitarbeiter fühlen sich dort ihrem Unternehmen eng verbunden. Ein erstaunliches Ergebnis, bedenkt man die *Hire-and-fire*-Mentalität vieler amerikanischer Unternehmen.

Mitarbeiter emotional zu binden, das ist in erster Linie eine Aufgabe der Führungskräfte. Menschen zu führen, das bedeutet in den USA vor allem eines: Begeistere deine Mitarbeiter. Und das geht weder von oben herab noch aus der Entfernung, sondern nur von Angesicht zu Angesicht.

Nach meinen ersten Jahren in Deutschland führte mich mein Job für kurze Zeit zurück in die USA. Und da erwischte mich zu meiner Überraschung ein umgekehrter, sagen wir, Unternehmenskulturschock:

Mein Kumpel, der Vorstandsvorsitzende

Ich war ein einfacher Techniker, als ich nach wenigen Monaten in der deutschen Filiale zum ersten Mal den amerikanischen Hauptsitz in Boston besuchten durfte. Zuhause in Frankfurt sprachen meine Chefs nicht viel mit mir. Deshalb staunte ich nicht schlecht, als ich auf den Bostoner Bürofluren zufällig auf den amerikanischen Firmenchef traf und dieser ohne zu zögern locker drauflosplauderte.

Er, der Firmenchef und Inhaber, der das Unternehmen später zu einem der erfolgreichsten der 90er-Jahre an der New Yorker Börse machen sollte, fragte mich, den Berufseinsteiger, wer ich sei, woher ich käme und wie es mir ginge. Es war, als würde ich mich mit einem Kumpel unterhalten. Meine Meinung jedenfalls interessierte ihn. Später an diesem Tag wunderte es mich fast nicht mehr, als mich der Chef-Entwickler von ganz oben ebenfalls persönlich einlud, ihn bei seiner Arbeit an einem innovativen Produkt zu unterstützen. Hierarchische Gräben gab es in dieser Firma einfach nicht.

Die kurze, interessierte Aufmerksamkeit des Firmenchefs und die ebenso offenen Gespräche mit vielen anderen Kollegen reichten jedenfalls, um meine in vielen Überstunden geleerte Batterie für mein deutsches Zuhause wieder aufzuladen.

Viele meiner deutschen Gesprächspartner erzählen mir, dem gebürtigen US-Amerikaner, immer wieder gern, wie froh sie sind, dass die sozialen Unterschiede in Deutschland nicht so groß seien wie in den USA. In Deutschland gebe es weniger Ausschläge nach oben und nach unten, die Gehaltsunterschiede klaffen weit weniger auseinander. Gleichheit als Wert habe hier mehr Gewicht als in den mehr auf individuelle Freiheit und harten Wettbewerb fokussierten USA.

Ehrlich gesagt: im Alltag, im Umgang miteinander, erlebe ich wenig davon.

Mein Eindruck nach 25 Jahren in Deutschland ist folgender: Wer aufsteigt, der legt im gleichen Zug mehr Wert auf Distinktion, insbesondere am Arbeitsplatz. Niemand wedelt in Deutschland protzig mit Geldscheinen, was in den USA durchaus passieren kann. Nein, in Deutschland sind die Mittel, die den feinen Unterschied betonen sollen, wesentlich subtiler. Und dennoch wirkungsvoll: Je mehr Hierarchiestufen Menschen voneinander trennen, desto angespannter das Miteinander in deutschen Büros.

Anders in den USA. Wer dort viel Geld verdient, zeigt das ungeniert. Im persönlichen Umgang aber spielen Statusunterschiede weit weniger eine Rolle. Klar, im Englischen wird nicht gesiezt. Aber auch sonst hat selbst ein Vorstand kaum

Berührungsängste. Smalltalk funktioniert quer über alle Hierarchiestufen hinweg. Auch im Aufzug und auf den Bürofluren.

Vielleicht liegt das daran, dass der einfache Mitarbeiter seinem Chef das exorbitante Gehalt nicht neidet, sondern als dessen gutes Recht ansieht, das ihm selbst irgendwann einmal zu Teil werden könnte. Im Zuge der aktuellen Krise könnte dieser Glaube an den amerikanischen Traum vielleicht verloren gehen – ich hoffe inständig, dass es nicht so weit kommt.

Aber noch wichtiger als das: Es gibt immer eine gemeinsame Ebene der Kommunikation. Das Gespräch als Moment der Gleichheit, der Identifikation und der Versicherung gemeinsamer Ziele. Gepaart mit der unerschütterlichen amerikanischen Lockerheit, umstandslos auf andere Menschen zuzugehen.

Als der amerikanische Präsident John F. Kennedy einmal die Raumfahrtzentrale Cape Canaveral besuchte, soll er dort auf eine Reinigungskraft getroffen sein, die einen Hangar kehrte. Auf die Frage des Präsidenten, was genau seine Aufgabe sei, sagte der Mann mit dem Besen in der Hand entspannt: *»I'm sending a man to the moon, Sir.«*

Wo es keine Berührungsängste gibt, springt der Funke der Begeisterung leichter auf jeden Menschen über.

Wo es keine Berührungsängste gibt, springt der Funke der Begeisterung leichter auf jeden Menschen über.

Das Beziehungsende

Ob aus einem Arbeitsverhältnis über die Zeit hinweg eine belastbare, aufrichtige Beziehung geworden ist, zeigt sich spätestens an dessen Ende. Wenn es darum geht, einen Mitarbeiter zu entlassen.

Die Sozialallergiker retten sich auch da wieder ins Formelhafte, als wäre die Trennung von einem Mitarbeiter dasselbe wie die Ablehnung eines Urlaubsantrags. Sich jetzt nur keine Blöße geben, keine Diskussionen aufkommen lassen, kurz fassen. Die eigene Unsicherheit verbergen, die Augen auf den Unterlagen behalten, sich nicht durch unbedachte Äußerungen anfechtbar machen. Sich nicht von den Gefühlen des anderen berühren lassen. Die Kontrolle behalten. Die Feigheit, die Unsicherheit des Memmen-Chefs tritt in dieser Situation so deutlich zu Tage wie bei kaum einer anderen Gelegenheit. Hier ist die Beziehungsebene eines Arbeitsverhältnisses unausweichlich, die emotionale Reaktion des Mitarbeiters zum Greifen nahe. Wer selbst eine simple Dienstanweisung nicht persönlich kommunizieren kann, für den ist ein Kündigungsgespräch ein Martyrium. So rational die Kündigungsgründe auch sein mögen: Für den Geschassten ist der Rauswurf immer etwas Persönliches. Sogar die Sozialallergiker-Memme weiß das. Und deshalb ist die Stimmung im Raum beiderseitig angstgeschwängert. Abfedern lässt sich das nur durch einfühlende Kommunikation.

Genau deshalb traut mancher Sozialallergiker sich das nicht zu – und überlässt es lieber gleich der Personalabteilung. Für den geschassten Mitarbeiter der finale Akt der Entfremdung, die Entsorgung auf dem Dienstweg. Ein Vorgang, so unpersönlich und vorhersehbar wie das Heraustragen des Büromülls. Nur gut, wenn man nicht selbst dieser Müll ist. Ich weiß, wie sich das anfühlt:

Mein erster Rauswurf
Meine Zeit bei der neuen Internetfirma der Landesbank endete, nachdem ich mich mit den großen Chefs angelegt hatte, unrühmlich.

Mittwochmorgen. Acht Uhr. Ich holte mir wie immer einen schwarzen Kaffee aus der Küche und schaute, was der Termin-

kalender für mich bereithielt. Den Leiter der Personalabteilung, der sich scheinbar geübt angeschlichen hatte, hörte ich erst, als er mein Büro betrat. Ich drehte mich um und spürte sofort: Irgendetwas war anders.

»Patrick, Du bist draußen.«

Was er meinte, wusste ich sofort. Verstehen konnte ich es allerdings ganz und gar nicht. Gekündigt? Was? Warum? Ich konnte es nicht glauben.

Es war, als krachte eine Faust mit maximaler Geschwindigkeit auf meine Brust. Ich wollte etwas sagen. Aber der leitende Personaler und ein vor der Bürotür wartender Mann vom Sicherheitsdienst signalisierten mir mit ihrer Haltung, dass es keinen Gesprächsbedarf gab. Sie warteten schweigend vor meinem Schreibtisch. Mein Gehirn fühlte sich taub an. Wo war der, der mir das erklären würde? Warum war hier keiner, der diese Entscheidung verantwortete?

Wie in Trance begann ich meine wenigen persönlichen Habseligkeiten in einen Karton zu packen. Fünf Minuten später ging ich das letzte Mal durch meine Bürotür, den Karton in beiden Armen, durch die Gänge vorbei an meinen Mitarbeitern, die mich fragend bis fassungslos anstarrten. Ich blieb nicht stehen, konnte nicht stehen bleiben. Meine beiden Begleiter blieben konsequent hinter mir. Als die Eingangstür hinter uns zuklappte, übergab ich wortlos meine Schlüssel. Das war's.

Eine extreme Situation. Aber, wie stelle ich mir die ideale Entlassung vor, auch wenn es die eigentlich nie geben kann?

Das Ende einer Beziehung sagt viel darüber aus, wie Chef und Mitarbeiter bisher miteinander ausgekommen sind. Je intensiver zuvor die Bindung war, umso schmerzhafter für beide Seiten, aber auch aufrichtiger und fairer kann das Ende sein. Dafür muss ich als Chef meinem Mitarbeiter gegenüber so ehrlich und offen sein wie vor der Kündigung: Ich muss meinem Mitarbeiter in die Augen sehen und ihm die wahren

Gründe seiner Entlassung mitteilen. Ich muss ihn zu Wort kommen lassen, seinen Frust annehmen, mich seiner Enttäuschung bedingungslos aussetzen, auch wenn es mich belastet, mir alle Kraft nimmt. Das bin ich meinem Mitarbeiter schuldig. Denn was uns verbindet, das ist niemals nur ein Arbeitsverhältnis.

Es gibt immer nur Beziehungen zwischen Menschen. Mit all den damit verbundenen Höhen genauso wie mit den kleinen und großen Dramen. Wer sich als Chef dieser nicht immer angenehmen Wahrheit verweigert, aus Arroganz oder aus Angst vor zu viel menschlicher Nähe, der ist als Führungskraft ungeeignet. Wer vor den zwischenmenschlichen Zumutungen hinter seine Bürotür flüchtet, der ist eine Memme. Schlimm genug für ihn oder sie, noch viel schlimmer für alle anderen.

Raus aus der Isolationsfalle

Zu einer distanzierten Beziehung gehören immer zwei: ein sozialallergischer Chef genauso wie Mitarbeiter, die sich in ihr Schicksal ergeben.

Für bindungsscheue Chefs gilt: Jeder von ihnen kann sich aus seiner Isolation befreien. Und sei es mit Hilfe eines Coachs.

Aber auch die Mitarbeiter können dafür etwas tun. Versucht, die Mauer von Eurer Seite aus zu durchbrechen. Denn für Euch gilt ebenfalls: Seid keine Memmen! Selbst wenn es Zurückweisungen gibt: Jeder Sozialallergiker hat seine Chance verdient. Also ruhig einmal mehr und laut vernehmlich an die Tür des Chefbüros klopfen. Druck von unten muss sein auf dem Weg zum Glück. Fordert das ein, was Ihr von Euren Chefs erwartet. Sagt Ihnen ehrlich ins Gesicht, was Euch nicht passt.

Für so manchen distanzierten Chef könnte das am Ende sogar eine Erlösung sein: herausgeholt zu werden aus dem eigenen Gefängnis. Und dann zu erleben, was kleine Veränderungen im eigenen Verhalten bewirken können. Wenn die eigene Präsenz vor den Mitarbeitern nicht mehr Unsicherheit auslöst, sondern zu einer wahren Motivationsspritze wird. Wenn eine zufällige Begegnung auf dem Flur keine Verlegenheit auslöst, sondern gute Laune – so wie meine Erlebnisse mit den hohen Tieren auf den Bostoner Bürofluren bei mir für einen nachhaltigen Energieschub sorgten.

Was für einen Unterschied würde das ausmachen für das Wohlbefinden des ganzen Teams, inklusive des Chefs?

Wie schon kleine Veränderungen die Teamdynamik beeinflussen können, zeigt folgender Bericht des Mitarbeiters einer Personalabteilung. Er beschreibt, wie sogar eine von geradezu grotesker Distanziertheit geprägte Abteilung sich wandeln kann, wenn Mitarbeiter auf ihren scheinbar abgehobenen Gebieter zugehen und Chefs vom Führungsolymp heruntersteigen:

Ende der Eiszeit

»Ich arbeite im Personalmanagement eines internationalen Konzerns, der die Führungskräfte seiner regionalen Niederlassungen alle drei Jahre an andere Standorte wechseln lässt.

Als wir an unserem deutschen Standort vor drei Jahren einen neuen Boss bekamen, waren meine Kollegen und ich uns sicher: Wir hatten definitiv ein schlechtes Los gezogen. Der neue Managing Director hatte nichts Besseres zu tun, als sich sofort hinter einem Berg von Akten zu vergraben. Keine Begrüßungsrede, keine persönliche Ansprache. Der Neue war vom ersten Tag an ein Phantom, das keiner einschätzen konnte: Wäre er uns nicht angekündigt worden, hätten wir erst einmal gar nicht mitbekommen, dass wir einen neuen Chef hatten.

Die erste Order di Mufti erreichte unsere Bildschirme wie

eine jenseitige Botschaft aus dem Äther: Als eine Kollegin ein paar niedliche Katzenbilder an alle verschickte, untersagte er solche E-Mails. Per E-Mail. Zuerst wussten wir also, was wir nicht durften: Nicht nur sollten wir uns von dieser Gottheit keine Bilder machen, sie duldete auch keine Bildnisse anderer Fabelwesen in ihrem Reich.

Im Laufe der ersten zwölf Monate schien sich unser neuer Chef nur in seinem Zimmer aufzuhalten. Die Spannung stieg. Gerüchte über einen körperlosen, über einem Aktenberg schwebenden Kopf der Abteilung machten die Runde. Aber irgendwann merkten wir, dass der geheimnisvolle Herrscher Großes vorhatte. Das Reich wurde umstrukturiert, einige Kollegen mussten den Hut nehmen. Aber all das geschah, ohne dass er seine Ziele an uns kommunizierte. Im Team herrschte große Ungewissheit. Ich fragte mich immer wieder selbst: Wo stehe ich in diesen Plänen? Habe ich einen Platz in dieser Geschichte, oder wohne ich ihr bei wie einer Fabel mit ungewissem Ausgang?

Als wir nach einem Jahr die erste gemeinsame Weihnachtsfeier hatten, war er noch immer so wie am ersten Tag: steif, reserviert, ohne ein persönliches Wort. Der Herrscher zeigte sich schließlich seinen Untergebenen, doch seine Miene blieb ausdruckslos, seine Motive undurchsichtig. Was meinen Kollegen und mir fehlte, war eine Vorstellung von seiner Persönlichkeit, ein Anknüpfungspunkt für den Umgang mit der Majestät, die unser Vertrauen in seine Herrschaft gerechtfertigt hätte. Und eine Vorstellung davon, was seine geheimnisvolle Mission in unserem Reich wohl sein mochte.

Das einzige Plus, dass er in unseren Augen besaß: seine fachliche Kompetenz, die uns in den wenigen, aber durchaus konstruktiven Gesprächen überzeugte. Davor hatten wir Respekt.

Und dieser Respekt wuchs. Denn im zweiten Jahr trugen die Veränderungen Früchte. Für uns, die Mitarbeiter, war es, als würden wir endlich seinen großen Herrschaftsplan, den er uns nie erklärt hatte und dem wir artig folgen mussten, durchschauen.

Im selben Maße, wie sich unser Geschäft positiv entwickelte, veränderte sich fast unmerklich auch die Beziehung zu unserem Chef. Wenn meine Kollegen in der Pause über ihn sprachen, gab es immer häufiger anerkennende Worte. Es fiel uns auf, dass das wenige, was er uns als persönliches Feedback gab, immer Hand und Fuß hatte. Er war zwar zurückhaltend, hörte aber genau zu, war ehrlich und direkt. Und am Ende eines Gesprächs hatte man das Gefühl, selbst auf die Idee gekommen zu sein. Der Herrscher war ganz offensichtlich kein Menschenfeind. Er war nur unsicher im Umgang mit dem Volk.

Doch auch das wandelte sich nach und nach. Nun, als er das Reich nach seinen Vorstellungen gestaltet hatte, taute er langsam auf. Sein Bürotempel war nicht mehr von einem metaphysischen Zaun umgeben. Er wurde zugänglicher in dem Maße, wie er spürte, dass wir begannen, auf ihn zuzugehen, weil wir ihm endlich vertrauten und den Menschen hinter der herrschaftlichen Chef-Maske sahen. Und den fanden wir immer sympathischer.

Als er nach drei Jahren zur nächsten Stelle im Großreich des Unternehmens wechseln sollte, war jeder im Team traurig. Zum Abschied umarmten wir ihn und er uns. Zu Beginn seiner Ägide hätte sich das keiner vorstellen können. Er war einer der besten Chefs, die wir je hatten. Der Herrscher war zum Mann des Volkes geworden.«

Dieter F., Personalmanagement

Ein Happy End wie in diesem wahren Märchen einer wundersamen Chef-Wandlung könnte viele Teams und Abteilungen in deutschen Unternehmen von Grund auf verändern. Die entscheidende Botschaft für uns Mitarbeiter ist: Selbst Sozialallergiker sind nicht aus Stein. Die meisten von ihnen reagieren durchaus auf Mitarbeiter, die offen auf sie zugehen und ihnen dabei helfen, ihre Angst vor einem persönlicheren Umgang zu überwinden.

Mitarbeiter wollen nicht alle persönlichen Details über ihren Boss wissen. Aber sie brauchen und verdienen eine ausreichende Vorstellung davon, mit wem sie es zu tun haben. Ein gewisses Maß an Offenheit und Authentizität sind für eine Führungskraft unerlässlich. Sozialallergikern bleibt letztlich nichts anderes übrig, als die Hemmschwelle zu überwinden und sie für andere so niedrig wie möglich zu halten. Wir Mitarbeiter werden es ihnen danken – mit offener Kommunikation und steigender Motivation.

Halten wir fest: Die Memme vom Typ Sozialallergiker kann sich und ihren Mitarbeitern das Leben gehörig schwer machen. Ein solcher Boss scheint unfähig zu dem, was die Arbeitsbeziehung zwischen Chef und Mitarbeiter prägt: Kommunikation, offener Austausch, Empathie. Um seine Angst vor dem persönlichen Umgang mit seinen Mitarbeitern zu vertuschen, versteckt er sich vor ihnen. Bei den Mitarbeitern kommt das oft als Arroganz an: Der Sozialallergiker kapselt sich ab und führt aus dem Verborgenen. Seinen Untergebenen ist es deshalb unmöglich, seine Motive einzuschätzen.

Genau da jedoch sind wir als Mitarbeiter gefragt: Nicht jeder Sozialallergiker plant Böses. Manchen von ihnen fehlt einfach nur die Fähigkeit, ihre Entscheidungen zu kommunizieren, um die Zuneigung ihrer Mitarbeiter zu erreichen. Daran sollte, daran darf ein Team nicht scheitern. Der einzige Weg ist die gegenseitige Annäherung: Nirgendwo steht geschrieben, dass die nicht von den Mitarbeitern ausgehen darf. Vom Sozialallergiker selbst kommt sie in den seltensten Fällen. Also ist es an uns, das Eis zu brechen!

Aber was, wenn ein Chef genau ins andere Extrem geht? Was, wenn mein Boss um alles in der Welt meine Nähe will und braucht?

2. Bitte loslassen: die Kuschel-Junkies

Ich möchte Sie vorwarnen: Die folgende Chef-Geschichte ist eine Fiktion, eine famose Übertreibung. Aber wie das so ist mit erfundenen Geschichten, der Wahrheit kommen sie manchmal doch sehr nahe.

Stellen Sie sich also eine kleine Firma vor, genauer gesagt ein IT-Startup mit etwa zwanzig Mitarbeitern. Der Boss sieht nicht nur aus wie ein wahrer Kuschelbär, er verhält sich auch so – ein gutmütiger, durch und durch liebenswerter Typ, der für seine Mitarbeiter nur eines sein will: ein lieber Freund.

Ab und an verkündet dieser Kuschel-Chef schweren Herzens aber auch Unangenehmes. Ein neuer PC wird nicht bewilligt, eine Gehaltserhöhung verweigert, ein Projekt entzogen. Niemand nimmt ihm das übel. Schließlich weiß jeder im Team: Er ist nur das Sprachrohr für den großen Ober-Boss im fernen Amerika, mit dem, außer dem Kuschel-Chef selbst, kein Mitarbeiter je gesprochen hat.

Was jedoch keiner der Mitarbeiter weiß: Dieser Ober-Boss existiert überhaupt nicht. Er ist eine Erfindung des Kuschel-Chefs, der in Wahrheit der Inhaber der Firma ist und Angst davor hat, seine Mitarbeitern könnten ihm die eine oder andere Entscheidung krumm nehmen.

Wie es weitergeht? Das sei an dieser Stelle nicht verraten.

Die schräge Geschichte trägt den Titel »The Boss of It All« und ist eine bissige Filmkomödie. Der Regisseur Lars von Trier schießt damit gegen das vermeintliche Harmoniebedürfnis seiner dänischen Landsleute. Auch wenn die Geschichte nur erfunden ist: Ihre Kernhandlung – ein liebesbedürftiger Chef und seine Sehnsucht nach absoluter Harmonie – wird in deutschen Unternehmen jeden Tag aufs Neue aufgeführt.

Es ist ja nichts Verwerfliches: Wer als Chef mit unterschiedlichen Menschen und Erwartungen konfrontiert wird, sehnt sich nach einem stressfreien Miteinander. Danach, von seinen Mitarbeiter gemocht zu werden. Ein Traum, der für alle Beteiligten zum Alptraum werden kann, wenn die Führungskraft über das Ziel hinausschießt. So geschehen in folgendem Tatsachenbericht von einer Vertriebsassistentin, die mir die Nackenhaare senkrecht stehen ließ:

Vom Paradies ins Chaos

»Den neuen Teamleiter mochte das ganze Team. Nach dem Choleriker, den wir davor ertragen mussten, war der Neue eine echte Wohltat. Fast jeden Tag trafen wir uns mit ihm vor der Arbeit zum Frühstück. Was im Team sofort auffiel: Der neue Boss vergaß keinen Geburtstag, und auch nicht das passende Geschenk. Die Atmosphäre verbesserte sich ungemein. Richtig familiär hier, meinte einer. Unser Arbeitsplatz wurde zu einer Kommune der bezahlten Glückseligkeit: Und das war ganz klar ein Verdienst des neuen Chefs.

Arbeitsgespräche mit diesem Vorgesetzten waren äußerst angenehm: Er befahl nicht, sondern bat, wenn er etwas von uns wollte. Es kam fast das Gefühl auf, dass alles, was man tat, eine freiwillige Gefälligkeit sei: Walldorf-Schule mit Arbeitsunterbrechungen.

Das sahen wohl einige so. Irgendwann blieben die ersten den wöchentlichen Teammeetings fern. Unser Chef lächelte darüber hinweg, als sei nichts passiert. Aber es blieb nicht bei Einzelfällen, sondern wurde zur Gewohnheit. Die gefühlte Freiwilligkeit wurde zum Selbstläufer. Und selbst in einer Kommune bricht irgendwann das Chaos aus, wenn die Arbeitsteilung nicht mehr funktioniert.

Genau so kam es: Die Leute kamen und gingen, wann sie

wollten. Die Zahl der Krankmeldungen nahm auffällig zu. Die Disziplin ging komplett den Bach runter. Und damit bei einigen auch die Leistung. Es gab ja keine Konsequenzen für schlechte Performance, so wie es in der Walldorf-Schule keine Noten gibt. Das war nicht gut für unsere nette kleine Familie. Das Team begann sich zu spalten, als ein Teil von uns wieder Zug reinbringen wollte. Die Grüppchenbildung verselbstständigte sich, und die Parteien begannen sich gegenseitig zu mobben. Und der Chef? Der tat, als wäre nichts. Bloß keinen Unfrieden – wir haben uns doch alle lieb in unserer Kommune.

Als es um die Urlaubsplanung ging, hielt er sich vollkommen raus und überließ uns die Abstimmung untereinander. Das Resultat: alle wollten zur gleichen Zeit frei machen. Da gab es richtigen Zoff. Das Chaos war perfekt. Im August saß unser Chef dann fast alleine beim familiären Frühstück.«

*Martina Z., Vertriebsassistentin in
einem Textilunternehmen*

Dieser Bericht ist haarsträubend, aber typisch für Teams unter der Führung von Kuschel-Junkies: Meist fängt die Zusammenarbeit mit ihnen grandios an. Endlich Freiheit. Endlich das Gefühl, selbst bestimmen zu können. Endlich ein Vorgesetzter, der einen schätzt und respektiert. Ein Chef, der uns Mitarbeitern vertraut. Gut so!

Was diese gutmütigen Chefs aber nicht verstehen: Mitarbeitern Vertrauen zu schenken, bedeutet nicht, die Gruppe völlig sich selbst zu überlassen.

Denn Teams sind nie so homogen, wie sich die Chefs das wünschen. In jedem Team treffen höchst unterschiedliche Charaktere und Temperamente aufeinander. Menschen, die es vielleicht außerhalb des Büros keine fünf Minuten miteinander aushalten würden. Im schlimmsten Fall entwickelt sich ein Brutplatz ungehemmter Egoismen. Wenn die Kollegen dann beginnen, die neue Freiheit auf unterschiedliche

Art zu interpretieren und auszutesten, wird aus einem Klima des gemeinsamen Aufbruchs schnell eine Zerreißprobe für das professionelle wie das menschliche Miteinander.

Für den Teamgeist und die Produktivität des Unternehmens kann das katastrophale Folgen haben – wie in der Fortsetzung des Berichts von Martina Z.:

Wie unser Chef sich runterhandeln ließ

»Kurz nachdem die Urlaubsplanung so schiefgelaufen war, ging es an die Zielvorgaben für das nächste Quartal. Und da wurde es richtig heiter. Unser Team hatte von der Geschäftsführung fünf Millionen Euro Umsatz vorgegeben bekommen. Da musste jeder seinen Beitrag leisten. Aber dieser Beitrag ist auch Verhandlungssache mit dem direkten Vorgesetzten.

Einer meiner Kollegen handelte unseren soften Chef richtig runter. Er würde eben nicht mehr schaffen können. Basta. Und unser Chef knickte ein.

Für den Rest des Teams bedeutete das: Jeder musste eine Performance von mehr als 100 Prozent abliefern, um die Differenz auszugleichen. Die Zeiten des bezahlten Urlaubs mit Arbeitsunterbrechungen waren damit endgültig vorbei. Die Kommune sollte sich damit in bester Sozialromantik einfach abfinden. Das hoffte unser lieber Chef mit flehentlichen Augen. Wir seien ja so ein tolles Team, oder? Nein, nicht mehr. Unsere Motivation war am Nullpunkt.«

Kuschel-Junkies können ihr Team richtig aus der Balance bringen. Das Kleinbeigeben gegenüber Einzelnen führt am Ende zur Benachteiligung aller anderen und zu einer Kultur der Ungerechtigkeit in der Gruppe.

Spätestens, wenn die Einzelinteressen sich frei entfalten und die Oberhand über den Teamgeist gewinnen, zeigen sich die ersten Auflösungserscheinungen. Auch das Beschwören von Zusammenhalt und guter Laune wirkt dann nicht mehr.

Für die Mitarbeiter fühlt sich das nur noch wie ein fauler, längst entlarvter Voodoo-Zauber an.

Die Schäfchen lassen sich so nicht mehr zusammenzuhalten. Die Fliehkräfte eines einmal entfesselten, immer schneller um sich selbst kreisenden Teams von Egoisten werden zu stark. Am Ende, durch interne Kämpfe in seine Einzelteile zerlegt, muss sich ein solches Team erst wieder neu erfinden.

Chefs in der Angstfalle

Ohne einen ominösen »Boss of It All«, der für alles Unangenehme zuständig ist, bedeutet Führung für Kuschel-Junkies ein hartes Stück Arbeit. Ihre größte Angst: Die Zuneigung, die sie geben und zurückbekommen, wird ihnen entzogen, wenn sie unangenehme Wahrheiten aussprechen.

Die Vorstellung, die Mitarbeiter könnten sich im Konfliktfall von ihnen abwenden, verunsichert manche Chefs mehr als schlechte Geschäftszahlen oder ein gescheitertes Projekt. Die Angst des Kuschel-Junkies ist, im Gegensatz zum Versteckspiel des Sozialallergikers, für alle offenkundig. Und manche Mitarbeiter sind gut darin, das auszunutzen. Wie in folgendem Beispiel, dass mir eine Beraterin aus ihrem Einsatz bei einer Werbeagentur erzählen konnte:

> Die Vorstellung, die Mitarbeiter könnten sich im Konfliktfall von ihnen abwenden, verunsichert manche Chefs mehr als schlechte Geschäftszahlen oder ein gescheitertes Projekt.

Unsere Chefin kann nicht Nein sagen
»Für ein anstehendes Großprojekt war das gesamte Team gefordert. Auch eine Mitarbeiterin, die kurz vorher eine Broschüre fertig gestaltet hatte und nun gerne noch den nächsten Schritt in der Druckerei begleiten wollte, auch wenn ihre Anwesenheit

dort nicht erforderlich war. Zwischen der Chef-Designerin, also ihrer direkten Vorgesetzten, der Mitarbeiterin und mir, der zuständigen Beraterin, kam es zu folgendem Telefongespräch, bei dem ich mit der Chef-Designerin an einem Tisch saß.

Chef-Designerin: »Hallo Agnes, die Broschüre hast du ja toll gemacht. Das freut mich.«

Mitarbeiterin: »Ja, nicht wahr, die ist mir gut gelungen. Und morgen geht's in den Druck. Da freu ich mich schon drauf.«

Chef-Designerin: »Äh, ja, weißt du, bei uns ist gerade Land unter. Wir arbeiten an dieser Wettbewerbspräsentation. Von der habe ich dir erzählt, letztens, weißt du noch?«

Mitarbeiterin: »Ja, stimmt. Würde ich euch ja gern helfen. Aber da bin ich ja bei der Druckabnahme, sorry.«

Chef-Designerin: »Klar, verstehe ich. Das hast du ja auch echt toll gemacht.«

Mitarbeiterin: »Ja, ne!«

Ich wurde langsam ungeduldig und gab der Führungskraft ein aufforderndes Zeichen, endlich Klartext zu sprechen.

Chef-Designerin: »Weißt du, Agnes, bei der Broschüre im nächsten Monat bist du ja wieder dabei. Da könntest du natürlich auch zur Druckabnahme.«

Mitarbeiterin: »Aber ich habe mich so auf den Termin morgen gefreut. Ich möchte lieber morgen gehen.«

Chef-Designerin: »Oh, das ist aber schade.«

Ich schaute die Chef-Designerin entgeistert an.

Chef-Designerin: »Meinst du, du könntest dir das noch mal überlegen?«

Schweigen in der Leitung.

Mitarbeiterin (jetzt im genervten Ton): »Also, wenn du willst, dass ich morgen nicht zur Druckannahme gehe, um euch bei der Präsentation zu helfen, dann musst du mir das schon sagen! Du bist die Chefin!«

Simone E., Beraterin in einer Werbeagentur

Siehe da. Nachdem die sogenannte Chefin zum Jagen getragen werden musste, streichelte sie ihre genervte Angestellte zur Mitarbeit. Und machen wir uns das noch mal klar: Nicht nur die Chefin brauchte die Mitarbeiterin, sondern das gesamte Team, das zu diesem Zeitpunkt unter hohem Druck stand.

Keine Frage, hier haben wir es mit einer nicht minder nervenden, stark Energie ziehenden Memme zu tun. Einer, die bei der Mehrheit der deutschen Mitarbeiter eben nicht auf die heißersehnte Gegenliebe stoßen würde, folgt man den Ergebnissen der aktuellen »Internationalen Mitarbeiterbefragung« des Geva-Instituts.

80 Prozent der deutschen Mitarbeiter schätzen laut dieser Studie bei ihren Führungskräften Souveränität, Entscheidungsfreude und Durchsetzungskraft. Immerhin noch 41 Prozent der Befragten stimmten der Aussage zu, dass sich Führungskräfte in ihrem Handeln nicht von abweichenden Vorstellungen oder äußeren Veränderungen beeinflussen lassen sollten. Eine solche Führungshaltung ist das Gegenteil der Nachgiebigkeit von Kuschel-Junkies. Mit ihrer Streichelstrategie erreichen sie vielmehr das Gegenteil: Statt Zuneigung bekommen sie auf lange Sicht die Unzufriedenheit und den fehlenden Respekt ihrer Mitarbeiter zu spüren.

Mitarbeiter wollen als Führungskraft kein besser bezahltes Weichei, das sich weigert, Entscheidungen zu treffen. Dann nämlich geschieht das, was Mitarbeitern jegliches Vertrauen, und auch jeglichen Respekt vor ihrer Führung nehmen kann: Sie fangen angesichts der Zauderei ihres Vorgesetzten bei Entscheidungen an zu glauben, dass sie den Chef-Job selbst besser machen könnten. Und beginnen mal mehr, mal weniger bewusst damit, genau das zu tun und die Chef-Memme zu übergehen. Chaos: vorprogrammiert.

In unserem Beispiel erwartete selbst die starrköpfige Mitarbeiterin, dass ein Machtwort gesprochen wird, dazu forderte sie ihre Chefin geradezu heraus. So gut es auch gemeint ist: Mitarbeiter, auch und gerade die Selbstbewussten, erwarten, dass ein Chef auch Grenzen zieht. Denn das gibt Orientierung.

Als erwachsener Mensch erwarte ich, dass man sich mir gegenüber verständlich äußert. Was ich nicht will, ist in einem seichten Sumpf aus netten, aber unklaren Worten umherzuirren, auf der Suche nach Orientierung und festem Grund.

Grenzenloses Laissez-faire macht vielleicht die ersten vier Wochen Spaß, danach aber ist der Candyshop leergegessen. Und dann hätten wir doch bitte gerne ein bisschen Struktur in unserem Arbeitsalltag. Jeder braucht ein paar Spielregeln, innerhalb derer man sich im Team bewegen und wohlfühlen kann. Wenn ich die überschreite, sollte mich mein Chef ermahnen – bevor das die genervten Kollegen übernehmen müssen.

Chefs, die ihre Weisungsbefugnis nicht nutzen, weil sie den Liebesentzug ihrer Mitarbeiter fürchten, lügen sich selbst und ihrem Team etwas vor. Sie verdrängen die Realität zugunsten einer trügerischen Scheinidylle. Das geht solange gut, bis die Idylle erste Risse bekommt, weil aus dem »es jedem recht machen« eine große Ungerechtigkeit für alle wird, die auf Dauer das gesamte Gefüge destabilisiert.

> Chefs, die ihre Weisungsbefugnis nicht nutzen, weil sie den Liebesentzug ihrer Mitarbeiter fürchten, lügen sich selbst und ihrem Team etwas vor.

Frühzeitig Grenzen auszuhandeln gehört zu einer guten Beziehung, ob am Arbeitsplatz oder in einer Liebespartnerschaft. Nichts davon funktioniert im Dauerkonsens, im schmerzfreien Konjunktiv von »könntest du vielleicht« und auch nicht mit endlosem Reden um den heißen Brei. Eine Beziehung wird zu einer gelungenen Partnerschaft, wenn ein ehrlicher und fairer Meinungsaustausch die Wertschätzung für den jeweils anderen nicht verringert, sondern stärkt.

Klar ist aber auch, dass bei wichtigen und zugleich strittigen Fragen am Ende jemand die Entscheidung treffen muss. Und das kann eben nicht der Mitarbeiter, sondern nur die Führungskraft – weil sie mehr als jeder Mitarbeiter dem Teaminteresse verpflichtet ist.

Fürsorge als Grenzübertretung

Manche Chefs wollen so viel Nähe, dass kein Blatt mehr zwischen sie und ihr Team passt. Eine echte Herausforderung für Mitarbeiter, die keine Lust verspüren, selbst zu Memmen zu werden. So wie hier der kaufmännische Assistent im folgenden Beispiel, der sich doch an der Kuschelsucht seiner Chefin stört:

Nicht ohne Umarmung

»Stellen Sie sich vor, unsere Vorgesetzte begrüßte uns jeden Morgen mit einer innigen Umarmung – begleitet von der in tiefem Ernst ausgesprochenen Frage: ›Wie geht es dir?‹, der ein tiefer Blick aus treusorgenden Augen folgte.

Alle in unserem kleinen Team mochten die Frau. Am Anfang fanden einige von uns sogar den morgendlichen Ringelpiez mit Anfassen noch irgendwie nett. Aber so viel aufrichtige Nonstop-Teilnahme nervt irgendwann. Auch wenn sie es nie forderte, hatte ich das Gefühl, alles über mich erzählen zu müssen. Aber mal ehrlich: Wenn ich bemuttert werden will, dann fahre ich meine Eltern besuchen. Was gehen meine Chefin etwa meine Eheprobleme an?«

Sebastian L., Kaufmännischer Assistent

Nichts gegen eine gelegentliche, herzliche Umarmung. Wenn man Geburtstag feiert. Wenn Herausragendes geleistet wurde. Und wenn die Beziehung zwischen Chef und Mitarbeiter für beide Seiten den Körperkontakt ganz selbstverständlich macht.

Aber hier wird Anteilnahme zu einer Grenzübertretung, ja zur Belästigung, wie wir schon am zunehmend genervten Ton des Mitarbeiters erkennen können:

»Irgendwann reichte unserer Chefin die gezeigte Fürsorge nicht mehr. Für noch mehr Nähe zog sie aus ihrem Büro in das Großraumbüro des Teams. Ja, tatsächlich. Um mitten unter ihren heiß geliebten Schäfchen sein zu dürfen. Einige von uns zeigten sich bereits leicht irritiert. Über nichts konnte man jetzt noch offen reden. Fluchte man aus belanglosem Grund, gab es sofort eine Aufmerksamkeitswelle. Für manche von uns war es wohl eher ein Betroffenheitstsunami. Fehlten nur noch eine Krabbelkiste in der Mitte des Raums und eine Mikrowelle, um mittags die Fläschchen aufzuwärmen.

Mit der Zeit wurden wir Mitarbeiter richtiggehend kirre. Vor allem, weil die Chefin viele Aufgaben auf ihrem Tisch hortete. Wir hätten ja sowieso so viel zu tun, wir Armen. Als wir ihr das nicht dankten, sondern uns beschwerten, zog sie ein beleidigtes Gesicht. Sie wolle ja nur unser Bestes. Ja, leider, antwortete ich eines Tages – unfähig, meinen Ärger länger zurückzuhalten.«

Hier ist die Chefin eine Memme im wahrsten Sinne des Wortes. Kommt das Wort Memme doch schließlich von der althochdeutschen »Mamme«, was so viel bedeutet wie Mutterbrust. Am liebsten hätte diese Memme jeden ihrer Mitarbeiter an die Brust gelegt, voller Fürsorge und Mutterliebe – und in vollster liebesbedürftiger Abhängigkeit.

Dass die Chefin zudem gern ihre Mitarbeiter von jeder

noch so geringen Anstrengung bewahrt, versteht sich von selbst. Die treu sorgende Oberglucke nimmt lieber alles auf die eigenen Schultern, um die lieben Kleinen vor der schrecklichen Realität zu schützen. Die Kuschel-Süchtige will am liebsten ein Team von kleinen Memmen. Das kann anstrengend werden, für selbständig denkende Menschen die pure Hölle.

Jede Mutter will für ihre Fürsorge immer auch ein Stück Zuneigung zurück, will ihrerseits gedrückt werden, will spüren, dass die lieben Kleinen sie auch lieb haben. Schließlich bringt die Mutter Opfer. Bleibt aber der Dank aus, dann Vorsicht! Wer pampig oder unwillig reagiert, muss mit Strafe rechnen. Und sei es nur das abermalige, intensivierte Nachfragen, ob denn wirklich alles okay sei.

Die Mutter-Memme, Mann wie Frau, reagiert weinerlich, trotzig, vielleicht sogar zickig. Im schlimmsten Fall wird sie zu einem Liebestyrann. Einer, der seine Untergebenen langsam weichkocht.

Die Gefühlsachterbahn

Etwas, das mir als US-Amerikaner in deutschen Unternehmen schnell auffiel und sensiblere Cheftypen wohl schnell das Gruseln lehrt, ist die Neigung der selbstbewussten Mitarbeiterschaft, ihre Meinung offen zu äußern.

Laut der aktuellen »Internationalen Mitarbeiterbefragung« des Geva-Instituts erwarten 62 Prozent der deutschen Arbeitnehmer von ihrem Vorgesetzten Toleranz gegenüber anderen Meinungen. 55 Prozent geben an, dass Chefs bereit sein sollen, Kritik zu akzeptieren.

Ungünstige Bedingungen für empfindliche Führungskräfte, denen jedes harte Wort Schmerzen bereitet, für die jede zwischenmenschliche Dissonanz eine schwer zu ertragende Vertrauenskrise bedeutet, die Konflikte am liebsten unter den Teppich kehren. Feindliche Lebensbedingungen ganz besonders für den Kuschel-Junkie, der diesen Dialekt nach Kräften auszurotten versucht, sobald er seinen Posten antritt.

Wer sich als Mitarbeiter dennoch nicht den Mund von Keksen und Nettigkeiten verstopfen lässt, den erwartet häufig eine emotionale Berg- und Talfahrt der heftigeren Art. So wie die Verkäuferin und ihre Kollegen in folgendem Beispiel, in dem ihr Chef zur schlagkräftigsten Waffe der Kuschel-Junkies greift – nämlich dem Liebesentzug für sein Team:

Die Rache des Gekränkten

»Unser Filialleiter strahlt immer. Ein richtiges Honigkuchenpferd. Die Sache ist nur, dass unser Team nicht nur aus Dauergrinsern besteht, sondern auch aus ein paar härteren Kalibern, die auch mal deutlich ihre Meinung sagen.

Als uns der Chef letztens eine von ihm entwickelte Idee vorstellte, fragten einige Kollegen genauer nach. Nicht unfreundlich, aber bestimmt. Wir wollten schließlich wissen, wie der Plan genau funktionieren sollte. Am Ende der Diskussion blieb von dem Konzept nicht viel übrig. Unser Chef war richtig eingeschnappt, und plötzlich wurde die Unterhaltung von seiner Seite aus persönlich, fast beleidigend. Er reagierte wie eine resolute Mutter, deren undankbaren Kindern das liebevoll gekochte, aber leider versalzene Essen nicht schmeckt. Als müssten wir es entgegen aller Vernunft schlucken, weil wir es ihm schuldig waren. Es war so irrational, dass meine Kollegen nur den Kopf schüttelten. Am liebsten hätte ich meinen Chef vor sich selbst gerettet.

Am nächsten Tag kam er dann und fragte nur: »Wieder Freunde, ja?«

Klar, wir kannten es ja schon und keiner konnte ihm länger

böse sein. Manchmal, wenn er offen über seine Situation redete,
gab er ja zu, dass ihn der Job eigentlich überforderte.
   Bei der nächsten Meinungsverschiedenheit beschloss er dann
allerdings mal Konsequenzen zu ziehen. Das hieß in seiner
Welt: nicht mehr mit uns Mittagessen zu gehen. Das hielt er
dann immerhin drei Tage lang durch.«

Susanne P., Verkäuferin

Eine beleidigte Memme der Extraklasse. Ihr Problem: Die
Beziehung zu ihren Mitarbeitern ist immer hochemotional –
wenn die Stimmung gut ist, aber eben auch wenn es Mei-
nungsverschiedenheiten gibt. Und so ist der Boss einmal
trunken vor Glück, das andere Mal kocht er über vor Wut
und Enttäuschung. Durch seinen Rückzug in den Schmoll-
winkel sollen seine Mitarbeiter bestraft werden. Liebesentzug
als Antwort auf eine vermeintliche Zurückweisung; in Wirklichkeit aber ein Ausdruck seiner tiefen Verunsicherung.

Nun muss ich ehrlicherweise gestehen, dass ich zunächst mit
der kritischen Haltung meiner deutschen Kollegen ebenfalls
ein erhebliches Problem hatte. Als ich nach Deutschland gekommen war, hatte ich schnell gelernt, dass ich neben
Deutsch noch eine weitere Fremdsprache lernen musste, die
die Deutschen offenbar in die Wiege gelegt bekommen: das
Jammern. Was mich in meinen ersten Jahren als Chef dann
aber noch mehr verblüffte, war eine besonders tückische
Mundart dieser Sprache: die unverblümte Kritik. Und die
wird an deutschen Arbeitsplätzen fließend gesprochen.
   Wenn ich als junger Chef mit Anfang Dreißig eine neue
Idee verkünden wollte, sprang ich oft wie der typische ame-
rikanische Business-Prediger vor meinen Mitarbeitern um-
her. Was ich erwartete, war eine euphorische Gefolgschaft.
Was ich oft genug erntete, waren kritische Nachfragen.
   Jede Entscheidung der Führungsetage, so schien es mir,

wurde gnadenlos hinterfragt, bis ins letzte Detail. Ich wünschte mir damals, meine Kollegen würden einfach mal durchstarten, ohne alles zu zerreden. Ich hatte eine amerikanische Vorstellung von Führung: Der Chef hisst die Fahne, die anderen steigen begeistert auf die Pferde und galoppieren hinterher.

Offene, in großer Runde geäußerte Kritik an der Entscheidung oder Meinung eines Chefs, das gibt es in den USA so gut wie nie. Es wäre nicht nur eine Respektlosigkeit gegenüber dem eigenen Chef, sondern auch ein Anschlag auf die gute Stimmung im Team. Und so verunsicherte mich die Skepsis meiner Kollegen, weil ich es persönlich nahm. Ihr mögt meine Ideen nicht, also mögt ihr auch mich nicht.

Was für ein Schwachsinn!

Erst einige Jahre später begriff ich, dass es die kritische Auseinandersetzung mit meinen Mitarbeitern braucht, um alle auf ein Ziel einzuschwören. Erst dann kann sich jeder von ihnen damit identifizieren. Und erst dann sind wir als Team wirklich stark. Die vermeintlich nervtötende und lähmende deutsche Kritik- und Detailverliebtheit erlebe ich heute als Stärke. Und oft genug auch als einen zwischenmenschlichen Vertrauensbeweis gegenüber mir, dem Vorgesetzten.

Wer aber als mimosenhafter Chef seine Mitarbeiter bei der leisesten Kritik auf eine emotionale Achterbahn aus Nähe und Distanz, aus Liebenswürdigkeit und Antipathie schickt, der beschädigt mit seinem unreifen Verhalten jede partnerschaftliche Beziehung.

Wenn die Mitarbeiter solcher Kuschel-Junkies im Nachgang mit Zickereien belohnt werden, überlegen sie es sich zukünftig zweimal, ob sie ehrlich ihre Meinung äußern oder auf Missstände deutlich und aufrichtig hinweisen.

Mein Rat an diese Mitarbeiter: Bleibt offen, sagt weiterhin, was Ihr denkt. Chefs brauchen unsere Kritik. Ich könnte jetzt sagen, diese Kritik sollte nie persönlich, sondern immer sachlich ausfallen. Aber das wäre Quatsch. Kritik ist immer persönlich, immer subjektiv. Und Kritik kann und darf wehtun, solange Würde und Respekt gewahrt bleiben. Ich kann zu einem Kollegen sagen, dass er verdammt noch mal großen Mist gebaut hat. Deswegen muss ich ihn als Menschen nicht weniger schätzen. Ehrliche und authentische Kritik ist oft sogar ein Beweis für eine intakte Beziehung.

Chefs müssen lernen, mit der Kritik vonseiten der Mitarbeiter umzugehen. Wenn sie die Meinung ihrer Leute nicht zulassen wollen, dann besteht die Gefahr, dass der Druckkessel »Team« am Ende der Achterbahnfahrt hochgeht. Und ein Mitarbeiter, der schweigt, um den Kuschel-Chef nicht zu verletzen, macht sich selbst zur Memme.

Im Tandem zum Erfolg

In ihrer emotionalen Hilflosigkeit können manche Chefs richtig deprimierend sein. Vor lauter Mitleid möchte man ihnen geradezu helfen. Oft ist das gar keine schlechte Idee, wie die folgende Erzählung eines Sachbearbeiters zeigt:

Der Alpha-Assistent

»Am Anfang bekam unser Chef, der fachlich ja sehr kompetent ist, wenig auf die Reihe. Weil bei uns vieles diskutiert wird und er dazu neigt, zu schnell nachzugeben. Das änderte sich erst, als er eins unserer Alpha-Männchen zu seinem Assistenten machte. Der bringt jetzt richtig Zug rein. Läuft mal etwas nicht, wie es soll, dann spricht er es direkt an. Der eigentliche Chef sorgt dagegen wie bisher für die gute Stimmung. Und fällt letztlich die Entscheidungen, für die sein Assistent ihm den Weg ebnet.«

Philip K., Sachbearbeiter bei einer Versicherung

Doch nicht immer braucht es einen Assistenten. Die unterstützende Funktion kann auch ein Team übernehmen, das zu schätzen weiß, was es an einem netten, liebenswerten Chef hat und gleichzeitig genug Selbstverantwortung entwickelt, um ihm oder ihr immer mal wieder den Spiegel vorzuhalten und klar zu machen, was die Lage erfordert. Dann kann aus einem Kuschel-Chef ein guter Motivator werden, der geeignet ist, ein verantwortungsvolles Team zur Entfaltung seines geballten Potenzials zu führen.

Die heftigste Herausforderung ist für den Kuschel-Junkie selbstverständlich das Aussprechen einer Kündigung. Für diesen Ernstfall braucht er oder sie unbedingt eine kompetente Personalabteilung an seiner Seite.

Es ist typisch für die Liebesabhängigen unter den Führungskräften, dass sie nicht die Kraft aufbringen, sich von einem Mitarbeiter zu trennen. Denn eine Kündigung ist ein Beziehungsende. Wer das als Chef ausspricht, muss mit Trauer, Wut, Hass oder kalter Ablehnung rechnen. Damit, dass die Gefühle des betroffenen Mitarbeiters plötzlich umschlagen und wie ein aus der Kontrolle geratenes Feuerwerk drohen, alles in Brand zu stecken.

Viele Memmen neigen daher dazu, sich selbst von den schlimmsten Querulanten nicht trennen zu können. Selbst dann nicht, wenn diese das Team terrorisieren.

»Vielleicht ändert er sich ja noch«, ist eine geläufige Entschuldigung für das Nicht-Handeln. Es klingt wie eine Ehefrau, die den schlagenden Ehemann fortwährend verteidigt. Denn eigentlich sei er ja ein Guter.

Personalabteilung, bitte hilf!

Tragische Helden

Ein empathischer, herzlicher Chef, der die Nähe seiner Mitarbeiter sucht. Der zugleich im Laufe seiner Karriere gelernt hat, nicht von ihrer Zuneigung abhängig zu sein und Konflikte auszuhalten. Das ist das Beste, was Mitarbeitern passieren kann. Denn so einer Führungskraft sind ihre Leute niemals egal. Sie setzt sich für sie ein, weil sie gar nicht anders kann. Es ist ihr ein Anliegen, ein tiefes Bedürfnis. Solche Chefs werden leider oft zu tragischen Helden. Ein Mitarbeiter eines Logistik-Unternehmens hat mir eine solche Tragödie erzählt:

Wie unser guter Chef unter die Räder kam

»Ich kenne meinen Teamleiter schon eine ganze Weile. In den ersten Jahren wollte er es immer allen Recht machen. Das ging natürlich des Öfteren in die Hose. Aber der Mann lernte aus seinen Erfahrungen. Er wurde konsequenter, ging seinen eigenen Weg. Zugleich aber war er immer bereit sich für uns, seine Leute, beherzt einzusetzen. Auch gegenüber der Geschäftsleitung. Ob es nun um überlange Arbeitszeiten ging oder wenn mal wieder eine Weihnachtsfeier gestrichen werden sollte. Das sprach er an. Die Geschäftsleitung respektierte das, solange es um seine Mitarbeiter ging.

Als er von Mitarbeitern eines anderen Teams erfuhr, dass ihr Chef sie unglaublich schlecht behandelte, oftmals beleidigte und anschrie, sprach er auch das bei einem Treffen der Geschäftsleitung offen an. Wohlgemerkt, nachdem er den betreffenden Teamleiter zuvor in einem Vieraugengespräch darauf angesprochen, sich dann aber nichts verändert hatte.

Das offene Wort hatte Folgen. Sich auf die Seite der Mitarbeiter und gegen die eigenen Chef-Kollegen zu stellen, das verziehen ihm einige der anderen Teamleiter nicht. Er hatte gegen die ungeschriebenen Gesetze der Memmen-Kaste verstoßen und

sich vermeintlich mit dem Pöbel verbündet. Ab diesem Zeit-
punkt stand er unter Feuer.«

Martin S., Logistikunternehmen

Chefs, die sich ihren Mitarbeitern verbunden fühlen und bereit sind, sich selbstlos für sie einzusetzen – für uns sind sie
ein wahrer Traum. Für so manchen Ober-Boss oder Kollegen auf der gleichen Führungsebene dagegen ein wahrer
Alptraum. Vor allem für Führungskräfte, die alles andere im
Sinn haben als die Bedürfnisse ihrer Mitarbeiter. Einen Typ
Boss, den wir im nächsten Kapitel kennenlernen.

3. Von Beruf neurotisch: die Ego-Shooter

Es gibt Chefs, die befremden oder nerven uns nicht einfach nur. Sondern sie stellen für jeden Mitarbeiter eine echte Bedrohung dar. Sie sind der Prototyp der Macho-Memme: Beherrscht von tiefliegenden Ängsten kompensieren sie diese mit aller Kraft durch einen gnadenlosen Aufstieg ohne Rücksicht auf Verluste.

Solche Bosse haben viel mit den frustrierten Waschlappen gemeinsam, die tagein, tagaus vor ihrem PC hocken und die sogenannten Ego-Shooter-Games zocken. In denen geht es letzten Endes darum, auf brutalste Weise so viele Leute wie möglich niederzumetzeln. Wer die fiesesten Tricks beherrscht und die meisten fiktiven Feinde plattmacht, dem wird in der Liga der Möchtegern-Rambos gehuldigt. Es ist kein Zufall, dass die extremen Exemplare dieses Typs Zocker sich in ihren Gamer-Höhlen verkriechen und mehr von der virtuellen als von der realen Welt sehen: Ihre Egos sind meist nicht größer als der Prozessor in ihren Rechnern. Das kompensieren sie, indem sie am Bildschirm alles abknallen, was sich ihnen in den Weg stellt. Das verleiht ihnen ein Gefühl von Stärke. Draußen, innerhalb des sozialen Regelwerks der realen Welt, kriegen sie nämlich meist nicht viel hin.

Die Ego-Shooter unter den Bossen betreiben ihre Karriere aus einer ähnlichen Motivation heraus – und mit ähnlichen Mitteln. Auch sie wenden alle perfiden Tricks an, weil sie an der Mitgliedschaft in einer gesunden Gemeinschaft mit humanen Umgangsformen nicht interessiert sind. Nur sind ihre Opfer leider real statt virtuell. Der Ego-Shooter macht Jagd auf Mitarbeiter. Besonders auf die guten. Die könnten sich ja zu

Konkurrenten mausern, wenn er sie nicht klein hält. Nach oben dagegen kuscht er: Dort sitzen schließlich die erfolgreichen Ego-Shooter, die mit dem High-Score, und deren Protektion braucht er für seine Machtspielchen. So lange, bis er sie auf der Rangliste der Mistkerle überholt hat. Sein Denkschema ist schwarz-weiß und eigentlich zutiefst bedauernswert: Für ihn gibt es nur Täter und Opfer. Und er möchte um jeden Preis zu den Tätern gehören. Die tragische Psyche des Ego-Shooters: An das Gute im Menschen glaubt er kein Stück. Deshalb glaubt er auch nicht an Fairness und Kollegialität. Arbeit ist für ihn ein ständiger Existenzkampf: Survival of the Fittest. Deshalb fühlt er sich ständig bedroht, und hat die Waffe immer im Anschlag. Der Ego-Shooter ist, evolutionär betrachtet, auf der Stufe des Neandertalers stehengeblieben.

Im Arbeitsalltag äußert sich das für uns Mitarbeiter durch verschiedene kampftaugliche Verhaltensmuster, die alle darauf ausgelegt sind, der permanent gefühlten Bedrohung zu begegnen: 30 Prozent aller Chefs, so legen Untersuchungen nahe, zeigen ein neurotisches Verhalten, das ihren Mitarbeitern auf vielerlei Art die Arbeit zur Hölle macht. Da gibt es:
- manipulative und größenwahnsinnige Narzissten, die Unterwerfung und Bewunderung verlangen, nur Ja-Sager dulden und auf Erfolge anderer mit blankem Neid reagieren;
- überreagierende Paranoide, die vermeintliche Angreifer entlarven, bestrafen und jeden Kritiker unterdrücken;
- aggressive, unbarmherzig kontrollierende Autoritäre, die Angst verbreiten und als Wolf im Schafspelz gern auch mal eine freundliche Maske tragen.

Wenig verwunderlich, dass uns die besonders gewissenlosen unter den Ego-Shootern oft als gierige Chefs großer Unternehmen in den Schlagzeilen begegnen. Einer wie Klaus

Zumwinkel zum Beispiel, ehemaliger Vorstandschef der Deutschen Post, der für seine Steuerhinterziehung verurteilt wurde, aber vor dem Gericht arrogant und selbstgerecht auf seinen außergewöhnlichen Status als globaler Konzernlenker verwies. Um danach wie eine wahre Memme über die Ungerechtigkeit der deutschen Justiz zu jammern.

Oder der ehemalige Arcandor-Chef Thomas Middelhoff, der zum Abschied neben seinem Grundgehalt von 1,2 Millionen Euro noch 2,2 Millionen Euro an Bonus und Tantiemen deklarierte, obwohl er dem Konzern 2008 Verluste in dreistelliger Millionenhöhe beschert und Arcandor damit letztlich in die Insolvenz geführt hatte.

Ego-Shooter, die uns täglich bei der Arbeit begegnen, sind Chefs, die ausschließlich an sich denken, und die um jeden Preis den Weg nach oben gehen. Selbst wenn wir, ihre Mitarbeiter, furchtbar darunter zu leiden haben. Chefs, bei denen man sich nur auf eines verlassen kann: ihre Unberechenbarkeit. Denn das wichtigste Erfolgsgeheimnis intrigierender Ego-Shooter ist ihr Rollenrepertoire: eine Mixtur aus gespielter Zuneigung und abfälliger Distanz.

Fütter mein Ego

Egogesteuerte Chefs sind vor allem eines: gierig auf alles, was ihrem Ruhm und ihrer Anerkennung dient. Der Berater, der mir vom folgenden Exemplar eines Ego-Shooters berichtete, konnte ein Lied davon singen:

Wie sich mein Chef meine Lorbeeren schnappte
»Mein Boss erwartet von seinen Mitarbeitern eigentlich nur eines: dass wir ihn für den Besten halten. Mehr nicht. Aber das auf Teufel komm' raus. Er ist eine richtige Rampensau: Bleiben

die Komplimente aus, bekommt er schlechte Laune. Wehe, man huldigt ihm nicht, dem Star der Business-Bühne. Aber auch die größten Schleimbolzen unter meinen Kollegen müssen damit leben, dass sie, wie alle anderen, nie ein Lob zurücker- halten. Was wir selbstständig machen, ist in seinen Augen nie gut genug: Für ihn sind unsere Leistungen letztlich nur akzep- tabel, wenn er persönlich Hand anlegt. Wenn es nicht seine Duftmarke trägt, kann es nicht gut sein. Und sei es nur ein Komma, nur ein Wort auf einer Folie, ein halber Satz in einem Konzept. Dann heißt es: »Jetzt passt es.« Weil er es passend ge- macht hat. Vorher ist alles Müll, darauf weist er gern hin. Und viele von uns nicken pflichtschuldig.

Als er einmal ein ernsthaftes Problem mit der Schulung der Vertriebsleute hatte, setzte er mich darauf an. Ich fand eine Lö- sung. Das sah auch er ein, nachdem mein Schulungsprogramm erfolgreich getestet wurde. Daraufhin wollte er das Konzept der Bereichsleitung präsentieren. Ich sollte dabei sein, falls Fragen kämen. Er sei ja nicht in allen Details drin. Sieh an, dachte ich mir, das ist ja fast ein Lob.

Das Konzept kam hervorragend an. Ich war begeistert. So- lange, bis er auf die Frage des Bereichsleiters, wer diese Idee denn entwickelt habe, ohne mit der Wimper zu zucken antwor- tete:

»Das hab ich am Wochenende so ausgearbeitet«. Dabei schien er um ein paar Zentimeter zu wachsen: Seine Schultern strafften sich, seine Nase hob sich noch ein Stück weiter gen Himmel, und er fixierte sein Publikum wie ein Tenor, der ge- rade die finale Arie in die Weite des Opernhauses geschmettert hat und darauf wartet, dass der Applaus aufbrandet.

Mir stockte der Atem. Er reklamierte alles für sich, ohne etwas beigetragen zu haben. Und das ohne einen Anflug von Scham. Ich schwieg betreten, obwohl ich am liebsten aufgeschrien hätte. Als wir später allein waren, stellte ich ihn zur Rede.

Der Mann fühlte sich ertappt. Er stammelte, dass er unbe-

dingt bei seinem Chef punkten müsse. Demnächst hätte er ein Personalgespräch. Es täte ihm leid, aber der nächste Bonus sei ihm ungemein wichtig. Wegen persönlicher Verpflichtungen. Und so weiter. Was für eine jämmerliche Mitleidstour, dachte ich mir nur, aber ich lenkte ein. Es war das erste Mal, dass ich mir dachte: Mein Gott, vor mir sitzt auch nur ein Mensch. Und zwar ein ziemlich kleiner. Abseits der Bühne, hinter den Kulissen, sah er gar nicht mehr aus wie ein Star.

Ich hoffte, dass er es wieder gut machen, sich in Zukunft freundlicher verhalten würde. Da täuschte ich mich gewaltig. Wenige Tage später war seine Unsicherheit verflogen. Seitdem geht es weiter wie bisher.«

Axel R., Vertriebsmarketing-Berater

Empfinden Sie irgendeine Art Verständnis für diesen Chef? Ich nicht. An diesem Typ lässt sich nur schwerlich ein gutes Haar finden.

Er ist fies.

Er ist intrigant.

Er nutzt seine Mitarbeiter für die eigenen Ziele aus.

Und was tun wir Mitarbeiter? Wir suchen nach dem Notausgang.

Oder machen uns klar, dass dieser Ego-Shooter in Wahrheit eine Memme ist.

Was ihn dazu macht? Sein unstillbares Verlangen nach Anerkennung.

Hinter diesem Verlangen steht ein latentes Gefühl der Minderwertigkeit. Wie so vieles, das bei Menschen schief läuft, entsteht das bereits in der Kindheit. Durch Eltern etwa, die ihren Kindern nicht die Liebe geben, die Aufmerksamkeit und Anerkennung, die sie brauchen, und damit eben auch nicht das Selbstwertgefühl. Hier könnten wir in die Tiefe gehen. Aber wollen wir das? Wollen wir am Ende für das fiese

Verhalten dieser Typen auch noch eine individuelle Erklärung finden, die ihr Verhalten entschuldigt? Ich will es nicht.

Jeder von uns muss sein Päckchen tragen, ohne dass wir andere darunter leiden lassen.

Der Ego-Shooter aber tut genau das.

Stellen Sie sich diesen Menschen als jemanden vor, der ununterbrochen Nahrung zu sich nehmen muss, ohne jemals ein Gefühl der Sättigung erreichen zu können. Würde er nicht mit unserer Unterwürfigkeit und Anerkennung gefüttert werden, sein schwaches Ego würde bald qualvoll verhungern. So merkwürdig es auf den ersten Blick erscheinen mag, in Wirklichkeit hängt dieser Mensch am Tropf seiner Mitarbeiter und saugt sie aus. Für uns, die wir ihn erdulden müssen, lässt ihn das meist aber alles andere als schwach erscheinen. Im Gegenteil. Er wirkt auf den ersten Blick stark und selbstbewusst.

Dabei ist seine Schwäche auch seine Motivation, uns vor sich herzutreiben. Die Ego-Memmen holen sich die Anerkennung, wenn sie nicht von selbst kommt – von ihren Mitarbeitern und ebenso von ihren Vorgesetzten. Von den Mitarbeitern, um sich deren Loyalität zu versichern. Von den Vorgesetzten, um sich als Mitglied der richtigen Kaste zu fühlen.

Dass sie ihre Mitarbeiter mit ihrem Verhalten nicht nur benachteiligen, sondern auch kränken und beleidigen, kommt ihnen nicht in den Sinn. Oder aber es ist ihnen egal. Es gibt schließlich eine Priorität: das eigene Wohlbefinden.

Um das zu erreichen, flieht die Memme die Karriereleiter hinauf. Dorthin, wo Chef-Mythen zufolge die Erlösung warten soll – in Form von Status und äußerlicher Macht.

Man denke an Napoleon, den kleinen Kaiser, und den Effekt, der nach ihm benannt ist. Übertragen auf die Unternehmenswelt: Die innerlich so kleine Memme flieht vor ihrer eigenen Schwäche nach oben.

Doch wo sie auf der Karriereleiter auch anlangt: Nie reicht der Erfolg, das Ausmaß an Anerkennung, um die tiefe innere Unsicherheit auszugleichen. Ihr Hunger ist unstillbar.

Die Angst, in den Augen der Umwelt und vor allem der eigenen Chefs nicht gut genug zu sein, sitzt dem Ego-Shooter gnadenlos im Nacken. Dagegen kämpft er an und boxt nach allen Seiten, um mit dem Kopf über Wasser zu bleiben.

Für Außenstehende schwer zu verstehen, denn: Er oder sie ist doch erfolgreich, scheint immer zu den Gewinnern zu gehören. Das würde die Memme auch jederzeit stolz bejahen.

> Die Angst, in den Augen der Umwelt und vor allem der eigenen Chefs nicht gut genug zu sein, sitzt dem Ego-Shooter gnadenlos im Nacken.

Um zugleich im tiefsten Inneren die Furcht aufsteigen zu spüren, dass morgen alles wieder vorbei sein könnte. Aber Selbstzweifel offen zugeben? Niemals.

Ihr Weltbild kennt nur die beiden Pole: Oben sein oder gar nichts sein – dazwischen gibt es nichts. Wenn sie nicht jederzeit das Gefühl hat, über ihren Mitarbeitern zu stehen, dann bedeutet das für diese Art von Memme im Umkehrschluss: Ich bin ein Verlierer.

In Momenten der Schwäche, wenn Härte sie nicht weiterbringt, scheinen sie sich ihren Mitarbeitern zu offenbaren. Dann werden diese Führungskräfte plötzlich nahbar. Eine gezielte Illusion, aufgebaut aus vermeintlicher Notwehr heraus, wenn der eigene Status bedroht scheint. Sobald sie wieder in Kampfstellung sind, und das heißt unangefochten oben, kommt ihr wahres Gesicht wieder zum Vorschein. Kein Respekt, keine Fairness. Für ihre Mitarbeiter eine Beziehungshölle.

Nähe und Distanz – für den neurotischen Maskenmann sind es nur zwei Seiten eines diabolischen Schauspiels als Chef.

Einfühlsame Schauspieler

Sollte bei Ihnen nun der Eindruck entstanden sein, solche Führungskräfte können unmöglich über Einfühlungsvermögen verfügen, denn sonst müssten sie ja schon allein deswegen anders handeln, dann ist das ein Irrtum. Leider handelt es sich um Menschen, die sehr schnell erkennen, wie ihr Gegenüber im Inneren tickt. Das lernt ein wahrer Krieger zuerst. So wie die Chefin im folgenden Beispiel, das mir ein Bank-Consultant aus eigener leidvoller Erfahrung erzählte:

Wie mir die neue Chefin eine Falle stellte

»Ich arbeitete seit etwa drei Jahren als Consultant für eine große Bank, als eine neue Vorgesetzte unsere Abteilung übernahm. Alles halb so schlimm, dachte ich mir zuerst. Die Neue suchte sofort das Gespräch und lud mich zu einem gemeinsamen Mittagessen ein. Sie zeigte sich sehr offen und interessiert. Sie wolle gemeinsam mit uns neue Wege gehen, erklärte sie mir in mitreißendem Ton. Ich kam mir vor wie bei einem Motivationscoaching. Und ich fiel auf die Masche herein.

Offen berichtete ich ihr von mir und von meiner Arbeit. Ein Fehler. Nachdem sie ihr neues Terrain ausgekundschaftet hatte, begann sie unverzüglich mit eisernem Besen zu kehren.

Bei mir fing es mit der Ankündigung an, einige Dinge an meinem Produkt zu ändern. Auf meine Nachfrage hin sagte sie nicht viel. Mit der Offenheit des ersten Gesprächs war es plötzlich vorbei. Sie ging auf Distanz und legte eine unterkühlte Attitüde auf. Als hätten wir das Gespräch zu Beginn der Zusammenarbeit nie geführt. Damit gab ich mich nicht zufrieden und hakte nach. Zu spät erkannte ich, dass es ihr eigentlich gar nicht um die Sache an sich ging. Sie wollte mich provozieren. Sie hatte aus den ersten Gesprächen erfahren, dass ich ein Typ war, der für seinen Standpunkt eintrat. Wie sich zeigen sollte, war das bei ihr nicht erwünscht.

Eines Abends gab sie mir eine Präsentation zurück, die unter anderen Umständen ohne Beanstandung durchgegangen wäre, mit der Aufforderung, sie sofort zu verbessern. Auf die Frage hin, ob dies nicht bis morgen Zeit habe, antwortete sie nur: »Darüber zu befinden, was wichtig ist, mein Herr, das mache noch immer ich. Wenn es morgen früh nicht fertig ist, haben wir beide ein Problem.«

Mit einem Mal zeigte sie ein anderes, wohl ihr wahres Gesicht.

Ich arbeitete bis spät in die Nacht. Und das war erst der Anfang. Über Wochen forderte sie mich heraus. Sie wollte, dass ich die Beherrschung verlor. Ich riss mich zusammen und machte eine Überstunde nach der anderen. Bis zur völligen Erschöpfung.

Andere im Team, die ihr nach dem Mund sprachen, stützte sie. Das tat ich nicht. Sie musste schon bei unseren ersten Gesprächen beschlossen haben, mich loszuwerden. Sie hatte es mich nur nicht sofort spüren lassen, sondern wie eine Schlange in aller Ruhe gewartet, um dann im richtigen Moment zuzubeißen.

Ich war von ihrem hinterhältigen Verhalten unendlich verletzt. Warum bestellte sie mich nicht zu einem offenen Gespräch ein? Warum hatte sie mir nicht von Anfang an erklärt, was sie von mir erwartete und was ihr an meiner Arbeitsweise nicht gefiel? Warum ließ sie mich feige ins offene Messer laufen, anstatt für ihren Standpunkt einzutreten?«

Max N., Consultant einer Bank

Achtung Falle! Diese Art von Memme ist ein echter Menschenkenner. Sie wittert ihre Opfer genauso gut wie eventuelle Gefahrenquellen. Sie bemerkt mit Wohlgefallen persönliche Schwächen, registriert angsterfüllt echte Stärken ihrer Mitarbeiter. Das ist ihre Grundlage für ein erfolgreiches Vorgehen. Sobald sie sich ein Bild davon gemacht hat, wer für sie gefährlich werden könnte, wird aufgeräumt.

Was die Ego-Shooter für Mitarbeiter besonders gefährlich

macht: Bösartige Macho-Memmen verfügen über ein größeres Rollenrepertoire als so mancher Hollywood-Star. Eine ganze Palette von Gesichtern, mit deren Hilfe sie ihre Mitarbeiter im eigenen Sinne beeinflussen können – von freundlich bis eiskalt, von berechnend bis einfühlsam. Nach oben der schillernde Star der Abteilung. Nach unten die rücksichtslose Rampensau.

Was die Ego-Shooter für Mitarbeiter besonders gefährlich macht: Sie verfügen über ein größeres Rollenrepertoire als so mancher Hollywood-Star.

Zu Anfang eine zuckersüße Versuchung, kann uns die Ego-Memme schon bald die schlimmsten Bauchschmerzen verursachen. Da entsteht der Eindruck, als sei man im Schoß der allerfreundlichsten Führungskraft gelandet. Der Teamgedanke wird groß geschrieben, den Mitarbeitern das Höchste vom Himmel versprochen.

So plötzlich wie ein kalter Regenschauer, werden andere Seiten aufgezogen. Meist erst, wenn sich die Memme sicher genug fühlt. Wenn sie glaubt, über das nötige fachliche und vor allem intime Wissen über uns zu verfügen. Wenn sie meint, fest im Sattel zu sitzen, gibt sie ihren Mitarbeitern die Sporen. Dann ist sie ohne Umstände jederzeit bereit, die Peitsche zu schwingen, wenn es ihr hilft.

Im Gegensatz etwa zum Kuschel-Junkie ist der Ego-Shooter kein Fluchttier. Er greift an. Allerdings immer von hinten. Von vorn wäre es zu gefährlich. Die offene Konfrontation könnte ins Auge gehen, und der mühsam nach oben gewahrte Schein könnte auffliegen. In einem offen ausgetragenen Kampf nämlich müsste die Memme mit fairen Mitteln kämpfen. Dazu ist sie nicht in der Lage. Einen solchen Schlagabtausch würde sie jämmerlich verlieren.

Daran erkennen Sie auch, ob Sie es mit einem Ego-Shooter oder mit einem »Natural Born Leader« zu tun haben: Letzterer wird ebenfalls mit eisernem Besen kehren, wenn er es für nötig hält. Aber er wird es offen tun, und er wird ihnen seine Meinung ins Gesicht sagen. Wenn er mit Ihrem Verhalten unzufrieden ist, dann werden Sie es ungefiltert von ihm erfahren. Und wenn er Sie für überflüssig hält, dann wird er Ihnen direkt sagen, warum.

Nicht so der Ego-Shooter. Er wird feige von hinten aus der Deckung heraus schießen, bevor Sie wissen, wie Ihnen geschieht.

Als Mitarbeiter fühlen wir uns dabei auf einmal im falschen Film. Ist das noch derselbe Mensch, dem wir gestern ohne Skepsis begegnet sind? Ja, ist er. Und wer sich nicht schnell darauf einstellt, kommt unter die Räder.

Dann drohen unwilligen Mitarbeitern härteste Konsequenzen. Von »Es ist mir egal, wann du ins Bett kommst: Das wird noch heute erledigt«, über »Den nächsten Urlaub kannst du dir abschminken« bis »Du hast hier keine Zukunft mehr.«

Fruchten weder Drohgebärden noch Schmeichelei, steht bei mancher Ego-Memme auch einem cholerischen Anfall nichts mehr im Wege. Es wird gebrüllt und beleidigt. Für manchen Chef die Ultima Ratio, für andere die einzige Basis für eine Beziehung zu ihren Mitarbeitern. Momente der Wahrheit in der Maskerade intriganter Ego-Memmen? Genau die wird man erkennen, wenn man die Zeichen zu lesen weiß. Im hysterischen Gebrüll nämlich zeigt sich die Angst vor dem Kontrollverlust.

Erfolg um jeden Preis

Nach außen jedenfalls, gegenüber den eigenen Vorgesetzten und gleich gestellten Kollegen, gelingt es der Memme immer, ihr Team gut zu verkaufen. Die Zahlen sind, anders als bei guten Memmen, meist sehr in Ordnung. Oder sogar mehr als das. Wie bei folgendem Chef, den ein Verkäufer eines Software-Unternehmens erdulden musste:

Der Lügen-Boss

»Wir, die Hardware-Verkäufer eines großen amerikanischen Konzerns, hatten monatelang richtig rangeklotzt. Die Umsatzvorgaben, die unser Chef für das Team gemacht hatte, erfüllten wir am Ende trotzdem nicht. Schlecht für uns, da unser Einkommen erfolgsabhängig ist und die sonst übliche Provision ausfiel. Im Durchschnitt hatte jeder im Team nur 93 Prozent der avisierten Summe erreicht. Ich erinnere mich, wie der Chef ins Telefon brüllte wie ein Pavian, als er die Zahlen hörte, uns beschimpfte und aufs Unflätigste runterputzte. Wir fühlten uns wie Versager.

Der eigentliche Schock aber kam erst ein halbes Jahr später. Auf einer Präsentation vor europäischen Verantwortlichen hörte ich auf einmal einen Redner flöten, dass das Team Deutschland, also wir, ein exzellentes Jahr hingelegt hätte.

Es hieß, wir hätten die Erwartungen übertroffen und 115 Prozent erreicht: ein super Wachstum. Ich traute meinen Ohren nicht. Das war das Jahr, indem wir angeblich so schmählich versagt hatten! Perplex beobachtete ich, wie unser Chef ganz selbstverständlich die Glückwünsche entgegennahm.

Auf perfide Art war es tatsächlich sein Verdienst: Die Vorgabe, die er uns gemacht hatte, war deutlich höher als die, die er seinerseits von der europäischen Führung bekommen hatte. Mit unserem erreichten Umsatz hatte er sein eigenes Ziel klar übertroffen. Die Folge: Er bekam als Chef einen fetten Bonus und setzte seinen Pavianhintern fortan auf den Ledersitz einer noch fetteren Limousine. Wir dagegen schauten in die Röhre, weil wir unsere mit ihm vereinbarten Ziele verfehlt hatten. Er hatte uns glatt belogen und schamlos davon profitiert.

Als ich ihn darauf ansprach, meinte er nur:

»Darüber diskutiere ich nicht.« Er war sogar zu feige, sich zu rechtfertigen.

Ob er damit gut fuhr? Ja, sehr gut. Innerhalb von vier Jahren stieg er dreimal auf. Heute ist er in der Geschäftsführung eines anderen Unternehmens.«

Ingo A., Verkäufer in einem amerikanischen Hardware-Unternehmen

Mal ehrlich, kann man diesen Typ nicht einfach absetzen lassen?

Zum Beispiel, indem die Mitarbeiter in den nächsten Fahrstuhl steigen und etliche Etagen nach oben fahren, um die Geschäftsleitung über diese Frechheit zu informieren? Einfach mal die Fakten auf den Tisch knallen. Klingt so selbstverständlich, ist es aber leider nicht.

Schwierig ist so ein Aufbegehren vor allem in vertriebsgeleiteten, zahlenorientierten Unternehmen. Dort ist dieses falsche Spiel sogar die klassische Herangehensweise der Führungsspitze, um Ergebnisse zu erzielen, welche die Börsen positiv überraschen und die eigenen Boni in die Höhe treiben. Oftmals das einzige, was die Unternehmensspitze interessiert, wie wir im zweiten Teil dieses Buches noch feststellen werden. Es ist ein Taschenspielertrick auf Kosten der Mitarbeiter, der immer funktioniert.

Wer sich als Mitarbeiter dagegen wehrt, riskiert viel, wenn nicht sogar alles. Also Vorsicht!

Wenn die Ergebnisse stimmen, wird über Mängel in der Personalführung geflissentlich hinweggesehen. Denn am Ende passt ja die Bilanz – wen kümmern da die Kollateralschäden.

Was die Chefs ganz oben gern übersehen: Solche Ego-Bosse hinterlassen verbrannte Erde. Seine Mitarbeiter so hinters

Licht zu führen geht vielleicht eine Zeit lang gut. Wer jedoch als Mitarbeiter diesen Trick einmal durchschaut hat, der lässt sich auf diese Weise kein zweites Mal wie dummes Vieh vorwärts treiben.

So erschafft man Mitarbeiter, die nicht mehr die geringste Lust verspüren, mehr als Dienst nach Vorschrift zu leisten. Und oft nicht einmal mehr das. Sabotage durch die eigenen Leute? Mitarbeiter, die sich von ihren Chefs verraten und verkauft fühlen, sind dazu sicherlich im Stande. Und tun dies auch – bewusst oder unbewusst. Beschweren sich doch mal ein paar von ihnen und die Angelegenheit wird von der Unternehmensführung untersucht, verändert sich dadurch selten etwas. Denn die neurotischen Ego-Shooter sichern sich auch für diesen Fall ab: Sie behandeln nicht alle Mitarbeiter gleich schlecht.

Beschweren sich diejenigen, die besonders schlecht behandelt werden, so gibt es immer einige andere Mitarbeiter, die glaubhaft machen, dass alles nicht so schlimm sei. Unter ihnen die Memmen-Chefs der Zukunft, die darauf hoffen, von der Gunst ihres Gebieters zu profitieren. Und noch entscheidender: die große, aus Angst schweigende Mehrheit.

Für die Oberbosse also kein Grund zum Eingreifen. Das ermittelte Bild ist schließlich uneindeutig.

Geklont im Memmen-Biotop

Es ist kein Zufall, dass sich eine ganze Reihe solcher Ego-Shooter in den Chefsesseln bestimmter Unternehmen tummeln. Während manche Unternehmen so gut wie frei sind von dieser Plage, treten sie anderswo in Scharen auf. Vor allem in traditionell hierarchisch strukturierten Großunternehmen finden diese Memmen das geeignete Biotop.

Stark hierarchische Systeme sind wie geschaffen für diese

Sorte Chef. Dort, wo strikt von oben nach unten regiert wird. Wo es Karriereleitern mit einer riesigen Anzahl von Sprossen gibt. Das bietet Karrieristen die Chance, schnell und immer aufs Neue aufzusteigen. Hier stehen genügend Mitarbeiter bereit, die man als Treppenstufen nach oben missbrauchen kann. Drauftreten und weiter hoch klettern – das einzig wirksame Doping für das schwache, so sehr nach Anerkennung und Erfolg lechzende Ego.

Und läuft tatsächlich mal etwas aus dem Ruder und es gibt eine kleine, nicht wirklich ernst gemeinte Rüge von ganz oben, dann geht es eben nach einer Versetzung in einen anderen Bereich des Unternehmens weiter wie bisher.

Anders als in kleinen, eher überschaubaren Firmen lässt sich das eigene Fehlverhalten in der Anonymität eines gesichtslosen Konzerns besser verheimlichen. Aber das ist nicht mal immer notwendig.

Es ist ein erstaunliches Phänomen: In einigen Unternehmen finden sich Ego-Shooter über alle Führungsebenen hinweg. Im Vorstand ein Chef, der keinen Deut besser ist als die kleine neurotische Ego-Memme etliche Stufen darunter. Es handelt sich um Ober-Bosse, die selbst mal kleine Memmen waren, und nun im Becken mit den großen Fischen um die Wette schwimmen. Die ihre Mitarbeiter, und seien diese selbst Chefs riesiger Bereiche, ganz nach ihrem Gusto benutzen und mal herablassend, mal gönnerhaft behandeln. Karrieristen, die in einem solchen Betriebsklima aufsteigen, zeigen meist ein auffälliges Profil: das ihrer eigenen Chefs.

Als einfacher Mitarbeiter fragt man sich schnell: Gibt es irgendwo hinter den sieben Bergen eine geheime Manager-Fabrik, wo diese Karrieristen-Zwerge am Fließband produziert, verpackt, abgeschickt und direkt ans Firmentor geliefert werden? Keineswegs, so viel Aufwand braucht es gar nicht. Die Produzenten sitzen praktischerweise schon vor Ort, nämlich in den Chef-Sesseln selbst.

Die Ober-Boss-Memmen klonen sich ihre eigenen, kleinen Zwerg-Boss-Memmen. Wahrscheinlich eher unbewusst als bei klarem Verstand. Aber doch nach logischen Kriterien. Denn wer nach unten tritt, der will dort keinen Aufstand. Der karrieregeile Ego-Shooter würde solch einen Aufstand nie wagen, sich nie gegen seinen fiesen Chef wehren. Gegenüber dem eigenen Chef trägt dieser Typ von Memme eine Maske, hinter der sich ihre herrischen Züge verbergen. Man weiß sich zu benehmen, es könnte ja sonst den ehrgeizigen Karriereplänen schaden.

> Die Ober-Boss-Memmen klonen sich ihre eigenen, kleinen Zwerg-Boss-Memmen.

Den eigenen König zu ermorden, das trauen sich selbst die bösartigsten Memmen nur im Ausnahmefall, nämlich wenn der Erfolg sicher und ohne eigene Verletzungen möglich ist.

Nur nach unten, dorthin schießen Ego-Shooter unentwegt. Dass sie sich ihre Mitarbeiter zu Feinden machen, ist ihnen egal. Nach oben wird dagegen gebuckelt bis zur Schmerzgrenze. Die Schießeisen bleiben im Halfter stecken. Ober-Memmen wissen das zu schätzen und fördern ihre Günstlinge, die ihnen gerne den Steigbügel halten, um beim steilen Aufstieg mit nach oben gezogen zu werden.

So entsteht ein System, in dem die Schaltstellen im Unternehmen besetzt sind von sich gegenseitig argwöhnisch beäugenden, aber sich ebenso protegierenden Memmen.

Achtung, Verrat!

Von oben droht also keine Gefahr. Von unten aber schon. Der wahre Feind, er sitzt zu Füßen des fragilen Herrschers: der Mitarbeiter. Es sind die besonders erfolgreichen unter seinen Leuten, denen der Ego-Shooter das Schlimmste zutraut. Sie gilt es klein zu halten. Denn für den memmenhaften Chef lauert hinter jeder Bürotür Gefahr: Ehrgeizlinge, die es auf seinen Thron abgesehen haben. Das glaubt er ganz fest. Und mit dieser gepachteten Wahrheit im Gepäck geht er ans Werk.

Ich arbeitete seit zwei Jahren als Bereichsleiter für den Großkundenbereich eines amerikanischen Computerherstellers, als ein neuer Geschäftsführer die Leitung übernahm und bereits nach kurzer Zeit versuchte, mir das Leben zur Hölle zu machen:

Der Sonnenkönig, Teil 1: der Unruheherd

Gegen die anderen Bereichsleiter und Direktoren hatte der neue Geschäftsführer nichts einzuwenden. Warum auch? Sie traten, so hart sie konnten, nach unten und zur Seite. Nach oben aber waren sie handzahm. Sie belästigten unseren Ober-Boss nicht mit neuen Ansätzen, hatten keinen Ehrgeiz, der über ihren eigenen Bereich hinauswies. Wie ein Sonnenkönig schwebte mein Boss über uns Mitarbeitern. Der einzige Unruheherd in seinen Augen war ich.

Mein Vergehen: Ich wollte tatsächlich, dass sich das gesamte Unternehmen weiterentwickelte. Und das sagte ich auch noch laut. Dazu führte ich mein Team auf eine Art und Weise, die in der Firma alles andere als üblich war – sehr partnerschaftlich, mit viel Freiraum und Selbstständigkeit für meine Mitarbeiter. Für meinen autoritären, geltungssüchtigen Geschäftsführer und die anderen Bereichsleiter war mein Stil die pure Provokation. Dass auch noch unsere Umsatzzahlen immer überzeugender wurden, erzeugte bei ihm ein Verhalten, das mir immer bedrückender erschien und das er mich bei jedem Treffen deutlicher spüren ließ, nämlich Neid, Missgunst und den Reflex zur Selbstverteidigung. Es war mir spätestens dann klar, als mein Chef hinter meinem Rücken begann, meine Mitarbeiter über mich auszuhorchen.

Erfolgreiche, selbstständig denkende und handelnde Mitarbeiter sind die größten Erfolgsgaranten für ein Unternehmen. Und doch haben sie bei einem neurotischen Ego-Shooter einen besonders schweren Stand. Nehmen unsichere Chefs doch jede Eigenständigkeit ihrer Mitarbeiter, die zugleich mit Erfolg einhergeht, als Bedrohung wahr. Starke Konkurrenz zu ihren Füßen verabscheut diese Macho-Memme wie der Vampir das Sonnenlicht, könnte doch der helle Glanz eines anderen ihren Chefstatus vielleicht zu Staub werden lassen.

Vor allem Kollegen, deren Erfolg auf Ehrlichkeit und Menschlichkeit beruht, gelten als gefährlich – lassen sie doch das Wirken des egozentrischen Chefs in einem gänzlich anderen, sehr viel klareren Licht erscheinen.

Bei der Memme leuchten in solch einem Fall alle Warnsignale auf: Achtung, man will mich von meinem Thron stürzen!

Dabei müssen die vermeintlichen Konkurrenten keinesfalls die Position des Memmen-Chefs selbst angreifen, um diese Angst auszulösen. Es ist vielmehr eine eingebildete Gefahr. Die Memme fühlt sich in ihrer Einzigartigkeit, in ihrer Eitelkeit verletzt. Wird ihr schwaches, auf verzweifelter Selbstüberhöhung aufgebautes Ego durch den Erfolg des anderen doch untergraben.

In ihrer Vorstellung, und sei sie noch so wahnhaft und verrückt, ist es durchaus realistisch, dass sie ihren Job los sein könnte, weil sie – egal wie gut die Karriere bisher verlief – endlich entlarvt wird.

Gefahr ist immer eine Frage der Wahrnehmung. Und solche Memmen wittern hinter jeder Ecke Verschwörung und Verrat. Sie glauben dafür ein feines Näschen, ein untrügliches Gespür zu haben. Da werden Mitarbeiter auf dem Flur abgefangen und über Kollegen ausgefragt. Hat der Meier nicht letztens das und jenes gesagt oder getan? Selbst, wenn die Spur keine Indizien ergibt, setzt sich der Gedanke fest: Hier ist Gefahr im Verzug!

Dabei ist es allein ihr Verfolgungswahn, in dem sich die Konsequenzen ihres negativen Tuns spiegeln, der wie eine beständig warnende Stimme der Memme einflüstert: »Trau ihm nicht. Bedenke, er könnte sich an dir rächen wollen. Ekel ihn raus, untergrabe ihn, bevor er dir Schlimmes antut!«

Hat die Memme solch einen angeblichen Herausforderer in den Reihen ihres Teams entdeckt, tritt sie umgehend in Aktion. Armeen zu dirigieren, ein Team zu spalten und gegeneinander auszuspielen, das ist für sie Chefsache.

Es beginnt mit der Stärkung der für sie ungefährlicheren im Team. Als Mitarbeiter wundern wir uns dann: Warum lobt mich der Chef auf einmal, so toll war meine Leistung ja nun auch wieder nicht? Der Sommerurlaub genehmigt, jetzt schon?

Auf der anderen Seite werden falsche Gerüchte gestreut. Da wird zum Beispiel dem erfolgreichsten Verkäufer auf einmal unterstellt, ein arroganter Egoist zu sein, der nichts für das Team leistet. Der vermeintliche Konkurrent wird zum Blitzableiter für alles Negative. Die Hetzjagd kann beginnen. So wie damals in meinem Fall:

Sonnenkönig, Teil 2: unter Beschuss
Die Meetings der deutschen Geschäftsleitung entwickelten sich immer mehr zu einem Kampfplatz. Auf der einen Seite ich, auf der Gegenseite die anderen Bereichsleiter. Und über allem thronend der neue Geschäftsführer – der merkwürdigerweise nicht

eingriff. Ungerührt beobachtete und kommentierte er die Scharmützel. Manchmal spitzzüngig, manchmal schweigsam nahm er zur Kenntnis, wie man versuchte, mich zu attackieren. Von allen Seiten gab es »Friendly fire« von meinen sogenannten Kollegen. Der Geschäftsführer ließ sie gewähren. Immer klarer wurde mir: Er hatte mich zum Abschuss freigegeben.

Eine Waffe namens Respektlosigkeit

Ein zentraler Teil jeder Beziehung ist der gegenseitige Respekt. Eine banale Weisheit, im Arbeitsalltag aber manchmal durchaus eine Herausforderung. Sich gegenseitig offen zu kritisieren, dabei aber nicht über das Ziel hinauszuschießen, erfordert Achtung vor dem anderen. Auch ein Dank oder Lob für erbrachte Leistungen ist ein Zeichen des Respekts.

Nicht für die Ego-Memme.

Konkurrenten schlecht zu machen, sich an ihren Leistungen zu mästen, sie für ihre Zwecke auszusaugen und ihnen dabei jeden Respekt zu verweigern, das ist eine Standard-Strategie der Ego-Memmen.

Sonnenkönig, Teil 3: die kleine Rache
Mein Team erzielte an der Geschäftskundenfront exorbitant hohe Umsätze. Das war ein Grund, warum der neue Geschäftsführer bereits nach ein paar Monaten zum Vice President befördert wurde. Wir, die Bereichsleiter, waren alle anwesend, als er zur Feier des Tages eine Rede hielt. Dem Anlass entsprechend wollte er ein paar Worte verlieren. Darunter auch Worte des Dankes.

Ich war angespannt wie selten. Bisher hatte ich von ihm schließlich kaum ein gutes Wort über meine Arbeit gehört – trotz exzellenter Zahlen und einem schon ungesunden persönlichen Einsatz. Stattdessen hatte er die Geschäftsleitung gegen mich aufgehetzt. Ich erwartete eigentlich nichts mehr von ihm. Trotzdem hoffte ich, ein bisschen, hier und jetzt.

Der neue Vice President ließ sich Zeit. Beschrieb seinen bisherigen Werdegang. Beschrieb die Bemühungen der Consumer- und der Mittelstands-Sparte, dankte unseren ausgegliederten Serviceeinheiten in Indien und Marokko, den Vice Presidents der anderen europäischen Länder, die es ermöglicht hätten, dass er hier stehe.

Als er zum Ende seiner Rede kam, gab es keinen Zweifel mehr. Die außergewöhnlichen Leistungen meines Teams im Großkundengeschäft, meine 80-Stunden-Wochen über ein Jahr hinweg, all das, was ihn erst zum Vice President gemacht hatte – er würde es mit keiner Silbe würdigen.

Erschüttert saß ich auf meinem Stuhl und fiel in ein tiefes emotionales Loch. Auch wenn ich es mir nicht eingestehen wollte: Er hatte es geschafft. Kein Dank. Keine Aufmerksamkeit. Kein Respekt. Nichts. Er hatte einen direkten, persönlichen Treffer gelandet.

Eitle Memmen beherrschen diese Form der Erniedrigung meisterhaft: die punktgenaue Verletzung von engagierten, für sie unerträglich erfolgreichen Mitarbeitern. Ganz nebenbei, ohne großen Aufwand. Eine Nichtbeachtung im Moment des Erfolges, eine Respektlosigkeit eingeflochten in eine harmlose Bemerkung – das sind ihre elegant geführten Waffen. So bleibt selbst beim erfolgreichsten Mitarbeiter das Gefühl zurück, dass alles, was er leistet, keinen Wert besitzt. Die gefühlte Gewissheit, dass alle seine Leistungen nicht gesehen werden. Da liegt jedoch der Hase im Pfeffer: Gesehen werden sie durchaus. Genau das ist das Problem. Eben weil sie wahrgenommen werden, muss der Ego-Shooter sie ignorieren und notfalls auch leugnen.

Erst recht im Zeichen des eigenen, absoluten Erfolgs handeln Memmen-Chefs auf diese Weise, wenn vom eigenen

Ruhm nichts abgegeben oder geteilt werden soll. Vor allem nicht mit denen, die die Leistung in Wirklichkeit erbracht haben – und damit die Scheinwelt der Memme ernsthaft gefährden.

Königsdisziplin Todesstoß

Auf die effektivste Waffe dieser Memmen im Arbeitsalltag – ein unbarmherziges, lückenloses System der Kontrolle – werde ich im nächsten Kapitel eingehen.

Zuvor möchte ich jedoch noch die Lieblingsdisziplin der neurotischen Memme vorstellen: den finalen Todesstoß inklusive Verleumdung – ausgeführt mit heißem Herz und kühlem Kopf.

Dem Sozialallergiker ist eine Entlassung äußerst unangenehm, aber er ist in der Lage, sie beherrscht hinter sich zu bringen. Der Kuschel-Junkie bedauert alles und hält diese schwere Last kaum aus.

Den soziopathischen, von Angst und Ehrgeiz zerfressenen Neurotiker unter den Chefs dagegen berührt eine Entlassung entweder rein gar nicht, oder er genießt sie in vollen Zügen. Vor allem, wenn die Attacke von vornherein mit komplexer Trickserei eigenhändig eingefädelt, inszeniert und mit allem Nachdruck durchgesetzt wurde.

Sonnenkönig, Teil 4: das Ende
Mein Team hatte ein Rekordergebnis eingefahren. So viele PCs und Services waren noch nie zuvor in einem Quartal an Großkunden verkauft worden. Unser Geschäftsmodell war trotz der Kritik meines Chefs, dem Geschäftsführer und neu ernannten Vice-President, erfolgreich. Davon, also auch von meiner Arbeitsweise, war mittlerweile scheinbar auch der Firmenchef in Übersee überzeugt. Eine unangenehme, sich zur Bedrohung

entwickelnde Situation für meinen Sonnenkönig in Deutschland.

Mein Rauswurf überraschte mich dennoch. Als eine Mitarbeiterin aus meinem Team einen Herzinfarkt erlitt, setzte er mich auf die Anklagebank. Ich trage die Schuld, sagte er. Mein Erfolg beruhe auf meinen brutalen Methoden.

Ich konnte es nicht fassen.

Bei der Beschuldigung blieb es nicht. Nicht nur ich, sondern auch mein Führungsteam wurde umgehend suspendiert. Eine Gegenwehr war erst einmal unmöglich. Ein Schock auch für meine Mitarbeiter. Die beschwerten sich bei der amerikanischen Unternehmensleitung. Mit einem gemeinsamen, von allen unterschriebenen Brief und der Forderung, die Ober-Bosse mögen eingreifen. Damit hatte mein Chef nicht gerechnet. Die schnell eingeleitete interne Untersuchung der unternehmenseigenen Ethik-Kommission ergab, dass meine Führungsmethoden bei meinem Team in höchstem Maße angesehen waren.

Doch in der Zwischenzeit hatte mein Chef eine Detektei engagiert, die Beweise gegen mich sammeln sollte.

Auch wenn nichts dabei herauskam und größtenteils mit gefälschten Aussagen von ehemaligen Mitarbeitern gearbeitet wurde: Mittlerweile war so viel Porzellan zerschlagen, dass das Unternehmen nicht mehr zurückkonnte. Wir einigten uns am Ende auf eine Aufhebung meines Arbeitsvertrags mit entsprechender Abfindung für mich und meine mit mir entlassenen Kollegen, sowie einen Entschuldigungs- und Klarstellungsbrief meines Ex-Chefs gegenüber mir und meinen Ex-Mitarbeitern.

Dennoch: Mein Chef hatte sein Ziel erreicht. Dass dabei nicht nur ich, sondern etliche weitere Menschen aufs schwerste persönlich beschädigt worden waren – er nahm es billigend in Kauf. Ein Kollateralschaden, weiter nichts.

Die Resozialisierung

Können wir Mitarbeiter bei neurotischen Ego-Shootern überhaupt Hoffnung auf Besserung hegen? Wahrscheinlich wären dafür viele Stunden nötig, die die Memme auf der Couch eines Psychotherapeuten verbringen müsste. Aber welcher Chef wird sich das antun wollen, wenn seine rabiaten Methoden so erfolgreich sind? Warum einsichtig werden, wenn amoralisches Verhalten von der Unternehmensführung eher belohnt als bestraft wird?

Manchmal aber passiert dieses Wunder. So wie in folgendem Fall, in dem der Chef eines Bauingenieurs tatsächlich die Kurve kriegt:

Unser neuer, alter Boss

»*Unser Boss war der fieseste Hund, den man sich nur vorstellen kann. Er drangsalierte meine Kollegen und mich, wo es nur ging. Gute Ergebnisse erzielen, das bedeutete für ihn die Knute rauszuholen. Mahnen und Drohen, Schreien und Ausflippen, das war sein Repertoire. An den guten Tagen brauchte man ein dickes Fell, um ihn zu ertragen. An den schlimmen Tagen war er wie Klaus Kinski gone wild.*

Der Mann knüppelte 80 Stunden die Woche. Weil er aus uns und sich selbst alles rausholen wollte. Geh doch endlich nach Hause, wollte ich ihm manchmal sagen.

Und auf einmal blieb er tatsächlich zu Hause. Was passiert war? Seine Frau und seine Kinder hatten ihn verlassen. Wir wunderten uns darüber nicht.

Da tauchten wohl die ersten Risse in seiner selbstherrlichen Fassade auf. Dann kam es noch härter. Eine schwere Krankheit streckte ihn kurze Zeit später nieder. Wir schickten ihm Genesungswünsche, und der eine oder andere schaute auch mal im Krankenhaus bei ihm vorbei.

Als er nach einer längeren Auszeit wieder am Arbeitsplatz er-

schien, war es, als stünde ein anderer Mensch vor uns. Er war
noch immer zielstrebig und organisierte seinen Laden weiterhin
konsequent. Aber etwas war anders. Er nahm uns als Menschen
wahr. Er redete mit uns, er hörte zu, ruhig und interessiert.
Wir hatten einen neuen Chef bekommen. Für uns Mitarbeiter
war es ein Geschenk. Eines, das er teuer hatte bezahlen müssen.«
Timo J., Ingenieur in einem Baukonzern

Das Verhalten der Ego-Shooter hat hohe Nebenkosten. Nicht
nur für die Mitarbeiter, sondern auch für die Chefs selbst.
Sich sein ganzes unmittelbares Umfeld zum Feind zu machen
ist auf Dauer nicht gesund. Intakte Beziehungen zu unseren
Mitmenschen sind für das eigene Wohlergehen so wichtig
wie Sonnenlicht und Nahrung. Das, was Ego-Shooter täglich
veranstalten, ist ein Raubbau an emotionaler Energie – an
unserer wie an ihrer eigenen. Und das hat Folgen.

Irgendwann, nachdem sie unzählige Mitarbeiter verbrannt
haben, kommt auch bei ihnen der große Knall. Implodieren
ihre Waffen in der eigenen Hand. Burnout, Kollaps, Schlag-
anfall. Für einige, die das überstehen und zugleich die Zeit
zum Nachdenken nutzen, bedeutet es eine Gelegenheit. Eine
Chance zur Veränderung.

Für die Mitarbeiter mag die Erneuerung wie ein Wunder
erscheinen: Der ehemals ungeliebte Boss auf neuen Bezie-
hungswegen. Im besten Fall verbindet er seine bisherigen
Stärken, wie zum Beispiel Durchsetzungsvermögen, mit
neuen Fähigkeiten – dem aufrichtigen, partnerschaftlichen
Umgang mit seinen Mitarbeitern etwa.

Ihr Dank ist ihm sicher.

Leider werden nicht alle Ego-Shooter auf diesem Wege be-
kehrt. Die Resistenz gegen Veränderung ist eine Frage der
Haltung: Die pathologischen Schwächen dieser Art Memme
sind in vielen Fällen äußerst resistent gegen Besserung.

Diese Abhärtung gegen positive äußere Einflüsse liegen in der Natur ihres Charakters: Der Ego-Shooter ist ein zutiefst unsicherer, ängstlicher, feiger Typ Mensch, dessen Sicht auf die Welt kein gutes Haar an seinen Mitmenschen lässt. Hinter jedem Busch wähnt er eine Bedrohung, hinter jeder aufrichtigen Geste einen faulen Zauber. Ihn zu bekehren ist schwierig bis unmöglich: Er muss aus eigenem Antrieb in voller Fahrt gegen die Wand krachen, um das Leben mit anderen Augen zu sehen.

Der Ego-Shooter ist die gefährlichste aller Memmen, die uns am Arbeitsplatz begegnen kann. Er kämpft ständig mit unfairen Mitteln – weil er davon ausgeht, dass alle anderen es auch tun.

Trost kann uns angesichts eines solchen Bosses manchmal nur eines spenden: Der Ego-Shooter ist selbst nicht glücklich. Genau genommen ist er ein armes Würstchen.

4. Fazit: eine zweite Chance

Sozialallergiker, Kuschel-Junkies, Ego-Shooter – drei Memmen-Typen, die uns mitten hinein ins Beziehungsdesaster führen. Haben Sie Ihren eigenen Chef in einem der Typen wiedererkannt?

Wenn Ihr Chef nur wahrnehmbar ist, wenn er etwas zu meckern hat, sich ansonsten aber abkapselt, Ihnen auf den Bürofluren ausweicht und überhaupt jeden persönlichen Kontakt mit seinen Untergebenen genauso meidet wie unangenehme Entscheidungen und Ihr Team über die Methoden und Ziele seines Führungsstils im Unklaren lässt, dann haben Sie es mit einem Sozialallergiker zu tun.

Dass Sie mit dem umgekehrten Extrem konfrontiert sind, nämlich einem Kuschel-Junkie, dafür gibt es ebenfalls untrügliche Anzeichen: wenn Ihr Chef Sie und Ihre Kollegen fest umklammert hält wie eine Löwenmutter ihre Jungen. Wenn er jede Dissonanz im Team zu vermeiden sucht und auch in Krisensituationen unfähig ist, klare Worte zu finden. Wenn er von Ihnen ebenfalls bedingungslos geliebt werden will und auf Kritik hin sofort einschnappt wie ein Schweizer Taschenmesser.

Mein Mitgefühl haben Sie insbesondere dann, wenn Sie Ihren Chef in der Beschreibung des Ego-Shooters wiedererkannt haben. Er ist die gefährlichste aller Memmen, ein Macho, wie er im Buche steht. Zunächst mag er Gutwetter machen, doch schon bei der ersten Gelegenheit wird die Falle zuschnappen. Dieser Boss wird Ihnen das Blut aussaugen, Sie gnadenlos ausbeuten und Ihren Einsatz mit keiner Silbe belohnen. Die Lorbeeren für Ihre Leistung wird er kassieren, und Ihren Anteil am Erfolg notfalls leugnen. Und dann kommt es richtig dicke: Im schlimmsten Fall werden Sie und Ihre Kollegen von einem Tag auf den nächsten von einem fiesen Heckenschützen attackiert, der mit den miesesten Tricks potenzielle Gegner aus dem Weg räumt. Er wird Sie genau da treffen, wo Sie am verletzlichsten sind, und er wird auf dem Weg nach oben keinen Kollateralschaden scheuen.

Mit welcher Spezies Sie es auch zu tun haben – eines haben alle Memmen-Chefs gemeinsam: ihre Angst, die jede Beziehung zum Desaster werden lässt. Ihre Angst, Mitarbeitern gegenüber ehrlich und wahrhaftig aufzutreten.

Und doch gibt es Hoffnung auf Besserung auch für die größten Memmen und ihre Teams.

Kuschel-Junkies können ihre Zaghaftigkeit und Harmoniesucht überwinden und eine Balance zwischen Nähe und Distanz finden. Sie können lernen, sich Konflikten zu stellen, sie auszutragen und zu einem guten Ende zu führen.

Auch Sozialallergiker können ihre Menschenscheu kurieren und lernen, auf ihre Mitarbeiter besser zuzugehen. Sie können akzeptieren, dass sie als Menschen mit Fehlern wahrgenommen werden dürfen und sollten. Dass sie ihre Emotionen nicht verstecken müssen, wenn sie authentischer und glaubhafter auftreten wollen, um irgendwann den stillen Respekt und das Vertrauen ihrer Mitarbeiter zu genießen.

Der Weg von der Memme zum selbstbewussten, empathischen und nahbaren Chef steht allen offen – selbst den Ego-Shootern.

Für uns Mitarbeiter gilt: Seid selbst keine Memmen! Gegen den Ego-Shooter hilft, wenn man ihn endlich durchschaut hat, oft nur noch die Notbremse. Und das bedeutet, je nachdem, wie Ihr Team gestrickt ist, entweder Ausstieg oder offene Konfrontation. Den Kampf bei Tage mit fairen Mitteln, den scheut die Macho-Memme nämlich – weil sie ständig fürchtet, ihre perfide Strategie im Kampf um die Macht könnte auffliegen.

Zu einem Auskommen mit den Jammer-Memmen hingegen verhelfen oft die simplen Regeln des menschlichen Miteinanders. Ein Vorschuss an Vertrauen holt den einen oder anderen Sozialallergiker meist schon aus seinem Versteck. Und angesichts eines Kuschel-Junkies hilft selbstbewusste Abgrenzung – auch auf das Risiko eines zeitweisen Liebesentzugs hin. Den hält er meist nämlich ohnehin nicht lange durch. Immer wieder können wir ihn einfühlsam, aber bestimmt darauf hinweisen, dass es Zeit ist einzugreifen, eine Entscheidung zu treffen und nicht alles persönlich zu nehmen. Geben Sie den Memmen eine zweite Chance.

Doch auch diese Warnung sei ausgesprochen: Gerade solchen Chefs, die eine besonders gute und erfolgreiche Beziehung zu ihren Mitarbeitern pflegen, werden oft genug Steine in den Weg gelegt – nämlich von den anderen, den Memmen-Chefs. Immer dann, wenn der eigene Führungsstil im Widerspruch zur vorherrschenden Kultur eines Unternehmens steht.

> Gerade solchen Chefs, die eine besonders gute und erfolgreiche Beziehung zu ihren Mitarbeitern pflegen, werden oft genug Steine in den Weg gelegt – nämlich von den anderen, den Memmen-Chefs.

Wie wir im Folgenden sehen werden, sind es oft die Unternehmen selbst, die aus Chefs und Mitarbeitern erst Memmen machen. Mit einem System, das nicht auf eine freie, vertrauensvolle Beziehung von Mitarbeitern und Chefs setzt, sondern auf Kontrolle und Misstrauen. Teil Zwei führt uns mitten hinein in die Untiefen des Memmen-Biotops.

TEIL ZWEI

Fremdgesteuert:
Mein Boss und das System

Mein Boss und ich: So persönlich dieses 1:1-Verhältnis auch ist, es geht weit über eine Zweierbeziehung hinaus.

Unsere gemeinsame Welt mag auf den ersten Blick überschaubar sein und nur von seinem Schreibtisch über die meiner Kollegen bis zu meinem eigenen reichen. Wir begegnen uns im Raucherzimmer, am Kaffeeautomat in der Cafeteria oder in den Räumen der Nachbarabteilung.

Doch wenn wir beide miteinander sprechen, dann steht vor mir nicht nur mein Boss.

Leicht verfallen wir dem Trugschluss, seine Art zu loben und zu kritisieren, das Maß an Aufmerksamkeit, dass er uns Mitarbeitern schenkt, seine Ansichten und womöglich sein Hang zur Kontrolle seien allein Ausdruck seiner Persönlichkeit. Sicher, das alles gehört zu ihm. Doch in den Handlungen unseres Vorgesetzten schwingt immer mehr mit als nur seine eigenen Motive.

Dieses Mehr bezeichne ich der Einfachheit halber als einen Geist.

Es ist ein Geist, der morgens mit den Trägern edler Anzüge im Fahrstuhl schnurstracks bis in die Chefetage des Firmengebäudes fährt und zugleich mit dem Wirtschaftsteil der Tageszeitungen ins Chefsekretariat getragen wird. Ein Geist, der von den Büros der Analysten und Investoren in Frankfurt, New York und London herüberweht. Der per E-Mail oder der Bitte um schnellen Rückruf Aufmerksamkeit einfordert und ein Mitglied der Geschäftsführung freundlich zu einem Hintergrundgespräch ins Kaminzimmer lädt.

Ein Geist, der jeden Tag in dem Konferenzraum im 48. Stock zwischen dem schweren Mahagonitisch und den Sesseln aus schwarzem Leder hin und her springt, sich dabei in immer neue Worte kleidet und doch immer dasselbe will. Solange, bis er sich in etwas Greifbarem manifestiert – beispielsweise in der Unterschrift des Vorstandsvorsitzenden unter einem Beschluss.

Aus der obersten Etage mit dem schönen Ausblick senkt sich der Beschluss gewordene Geist dann herab. Stockwerk um Stockwerk. Er hält Einzug in die Finanzabteilung und in die Rechtsabteilung, wenn er dort nicht sowieso schon immer zu Hause war.

Er landet bei Top-Managern, die Bereiche mit ein paar tausend Mitarbeitern unter sich haben und bereits während ihres MBA-Studiums eine ordentliche Portion davon eingeatmet haben. Etabliert und institutionalisiert inhalieren sie ihn nun regelmäßig in einer anderen Ausprägung: als fette Boni.

Von diesen Häuptlingen aus sickert der Geist zügig weiter abwärts. Bis unser Boss, zum Beispiel ein Abteilungsleiter, in einem Meeting davon erfasst wird. Vor ihm sein direkter Vorgesetzter, neben ihm seine Kollegen, die Leiter der anderen Abteilungen.

Von dem, was zuvor in den oberen Stockwerken über ihm passiert ist, hat unser Boss schon gehört. Bisher war es nur ein Gerücht. Jetzt kommt es offiziell bei ihm an. Jetzt soll also mal wieder eine neue Umstrukturierung beginnen. Oder vielleicht ein neues Effizienz-Programm. Oder die Ziele für das nächste Quartal werden nach oben geschraubt.

Auf dem Weg nach unten hat der Geist seine Gestalt verändert. Vielleicht wurde aus der Unterschrift des Vorstands eine Videobotschaft an die Niederlassungen überall auf der Welt, dazu noch ein Seminar für das mittlere Management und eine Pressemitteilung für die Öffentlichkeit.

Der Boss unseres Bosses trägt diesen Geist weiter, vermittelt auf seine Weise das neue Anliegen der Unternehmensführung an unseren direkten Vorgesetzten. Der schaut zu seinem Vorgesetzten, mit dem ihn mehr als nur ein Arbeitsverhältnis verbindet. Dann zu seinen Kollegen, mit denen er mal gut, mal weniger gut kann.

Dies ist seine Welt, seine Chef-Welt, von der wir nur manchmal etwas mitbekommen. In der er sich durchsetzen muss. In der er sich für seine und hoffentlich auch für unsere Interessen einsetzt.

Dann ist das Meeting beendet, und unser Chef erscheint in unserem Büro. Was wird er uns mitteilen?

Wie er nun so vor uns steht, ist unser Boss nicht einfach nur unser Boss. Er ist mehr als das: Er ist die Firma. Im Guten wie im Schlechten.

Durchweht diese Firma ein guter Geist, dann steht unser Boss für all die Freiheiten, die wir in unserem Job genießen. Für das Vertrauen, das man uns schenkt.

Was aber, wenn ein dunklerer Geist die Flure, Büros und Besprechungszimmer durchzieht? Wenn Misstrauen, Kontrollwahn und überambitionierte Umsatzziele das womöglich einzige sind, das von oben nach unten durchsickert?

Dann können wir nur hoffen, dass unser Boss es gut mit uns meint und in der Lage ist, diesem Geist zumindest teilweise standzuhalten. Im schlimmsten Fall aber begreift er diesen Geist als seine Chance, uns, seine Mitarbeiter, gnadenlos zu unterdrücken und für seine Zwecke in der Chef-Welt zu instrumentalisieren.

Unser Boss, er steht zwischen uns und den Führungsetagen über sich. Für das, was von oben kommt, kann er ein Verstärker sein. Oder ein Dämpfer und Prellbock.

Er kann den Druck, dem er selbst von seinem Chef ausgesetzt ist, als Kuschel-Junkie weinerlich auf seine Mitarbeiter übertragen, als waschechter Ego-Shooter sogar noch weiter forcieren, oder als Sozialallergiker erst mal so tun, als wäre nichts gewesen. Aber er kann auch Druck rausnehmen, seine Arme über uns halten, auf die Gefahr hin, dafür selbst bestraft zu werden. Ein echter Leader würde das tun.

Auch wenn unser Chef dem Geist des Unternehmens und dessen Führung so wenig entfliehen kann wie seinem eigenen Vorgesetzten: Es bleibt letztlich seine Entscheidung, wie er mit den Vorgaben von oben umgeht.

Memmen werden nicht geboren. Sie werden dazu gemacht – wenn sie es mit sich machen lassen. Das gilt für unseren Ober-Boss ganz oben im Vorstand, der sich von den dunklen Kräften des Marktes, die unablässig auf ihn einstürmen, und von der Verlockung der Boni ans Halsband nehmen lässt, genauso wie für unseren Abteilungsleiter, der sich zum Erfüllungsgehilfen degradieren lässt.

Unsere Bosse können sich dieser dunklen Macht unterwerfen, die gnadenlos versucht, ihre Interessen durchzusetzen und jeden im Unternehmen nach ihrem Abbild zu formen. Sie können sich zur Memme machen lassen.

Oder die Chance ergreifen und zu Helden werden.

Als Mitarbeiter sollten wir alles dafür tun, dass sie sich für letzteres entscheiden. Bevor uns die dunkle Seite der Macht selbst zu Memmen erzieht.

1. Im Kontrollwahn:
Sklaven des Misstrauens

Jeder von uns kennt so einen Chef. Einen, der uns dauernd auf der Pelle sitzt, um nach dem Rechten zu schauen. Einen dieser kleinen Kontrollfreaks, die an unseren Tischen patrouillieren. Pedanten, für die ein einziges falsch gesetztes Komma in einer Präsentation den Weltuntergang bedeutet. Und die darauf achten, dass wir auf ihre Art und nicht anders unsere Arbeit verrichten – selbst, wenn wir auf unseren eigenen Wegen sehr erfolgreich sind.

Es sind Kontrollzwerge wie der nachfolgend beschriebene Abteilungsleiter in einem Pharma-Unternehmen, die uns oft genug die Laune verderben können:

Der Pedant
»Unser Chef sitzt den ganzen Tag in seinem Büro. Mitarbeiter, die neu ins Team kommen, fragen mich manchmal ehrfürchtig, was er denn darin so Wichtiges mache, der Chef? Die Antwort ist einfach: Er führt Listen. Über alles, was sich überwachen und messen lässt. Wer wann zur Arbeit kommt. Wer wie lange für ein Projekt braucht. Wie hoch der Bleistiftverbrauch pro Stunde ist. Nein, im Ernst. Sein Verhalten ist fast manisch. Und wenn er irgendeine Abweichung entdeckt, steht er sofort auf der Matte des Delinquenten.

Als ich letztens aus der Mittagspause zurückkam, klingelte das Telefon auf meinem Schreibtisch. An der Nummer sah ich, dass es mein Chef war. Das einzige, was er mir zu sagen hatte, war die Uhrzeit. Auf die Sekunde genau. Ich brauchte einen Moment bis ich verstand, worum es ging, was er mir sagen wollte: Ich war dreieinhalb Minuten zu spät zurück aus der Pause.

Auf so einen Mist verschwendet der Mann seine Energie. Er

könnte mir fast leidtun, wenn er nicht so unglaublich nerven würde.«

Sophie M., Marketingassistentin in einem Pharmaunternehmen

Eine am Menschen orientierte Führungsphilosophie findet sich heute in jedem Unternehmensleitbild, in prächtigen Imagebroschüren und möglicherweise auch unter dem Menüpunkt »Unsere Werte« auf der Website Ihres Arbeitgebers. Sie steht in den unzähligen Management-Ratgebern, die man in den Regalen der Buchläden zu Themen wie »mündige Mitarbeiter« oder »richtig motivieren« finden kann. Sie wird gepredigt von gut bezahlten Management-Gurus und Coaches. Wir hören von ihr in Interviews und Festreden von Vorständen, wenn das »gegenseitige Vertrauen« und »Mitarbeiter als wichtigster Unternehmenswert« beschworen werden.

Eigentlich dürfte es also Kontrollzwerge wie den oben geschilderten gar nicht mehr geben. Natürlich könnte man einwenden, so einer kann immer reinrutschen, *shit happens*, das muss ja nicht gleich am Unternehmen liegen.

Und gehen nicht gerade die modernen Internetfirmen völlig andere Wege, mit ihren flachen Hierarchien und flexiblen Arbeitsmodellen? Sind nicht auch alte, traditionsreiche Konzerne dabei, sich zu verändern? Etwa die Deutsche Telekom, die 2011 ein Modell zur Teilzeitarbeit eingeführt hat?

Sicher, an diese Verheißungen kann man glauben.

Aber wissen Sie was? Ich glaube etwas anderes.

Das bestehende Führungssystem in den meisten deutschen Großunternehmen ist ein System der Kontrolle, begründet auf dem grenzenlosen Misstrauen der Memmen gegenüber ihren Mitarbeitern. Und dieses System hat seinen Ursprung nicht bei den kleinen Memmen, mit denen die meisten von

uns es tagtäglich zu tun haben, sondern in den Vorstandsetagen. Dort sitzen die Ober-Memmen. Dort sitzen die, die
ihren Führungskräften – unseren
Chefs – ihrerseits ebenfalls keinen Meter weit trauen. Vor allem dann nicht,
wenn es um den Shareholder Value
geht, dem Wert der Anteile, die die
Aktionäre halten und mit dem die Investoren und die Fond-Manager genauso wie die Analysten und all die

> Das bestehende Füh-
> rungssystem ist ein
> System der Kontrolle,
> begründet auf dem
> grenzenlosen Misstrauen
> der Memmen.

anderen Haie der Finanzindustrie ihr schnelles Geld verdienen. Diese Anteilseigner und ihre Gefolgschaft sind es, die
den Top-Managern auf die Finger schauen. Dem heiligen
Gral des Shareholder Value zu dienen und Schaden von ihm
abzuwenden – das ist die Existenzberechtigung der Ober-
Memmen. Es lohnt sich für sie, denn daran sind auch ihre
Boni geknüpft.

Um diese Motive zu verfolgen, könnten die Vorstände ihren
Führungskräften natürlich auch einfach vertrauen. Ein Ver-
trauensvorschuss in die eigenen Leute braucht jedoch ein
gewisses Maß an Risikobereitschaft. Und nichts, wirklich
gar nichts, ist den Ober-Memmen fremder als das. Um sich
vor den Anteilseignern und Investoren rechtfertigen zu
können, müssen ihre Prognosen eintreffen. Ihre Angst da-
zustehen wie Deppen, wenn die Zahlen am Ende des Jahres
nicht zu den Vorgaben passen, überwiegt jeden unterneh-
merischen Instinkt, jedes gesunde Verständnis von Unternehmensführung. Die Angst ist stärker als die Integrität gegenüber den Mitarbeitern. Und die Gier nach den Boni, die
den Vorständen ein Leben in Angst schmackhaft machen,
ist es auch.

Ich kann gar nicht mehr zählen, wie oft ich in meinen Jahren als Manager diesen Satz von Vorständen gehört habe:

»*Don't surprise me!*« Oder diesen: »Ich hasse das Unerwartete!« Das Unerwartete, das Spontane ist der erklärte Feind des Kontrollsystems. Dabei spielt es gar keine Rolle, ob es sich um eine erfreuliche oder eine unerfreuliche Überraschung handelt: Eine zutreffende Prognose ist den Memmen lieber als eine unerwartet herausragende Abteilungsbilanz.

Die Vorstände interessiert es nicht, wer die besten Zahlen liefert. Wirklich wichtig ist den Ober-Memmen nur, dass wir tun, was sie wollen. Das Misstrauen, geboren aus der Angst vor den Shareholdern, und die Gier, die das Misstrauen motiviert, das ist der Geist, der im Memmen-Biotop umgeht. Das ist der Geist des Vorstands.

Und um diesen Geist zu verbreiten, brauchen sowohl unsere Memmen-Bosse als auch deren Memmen-Bosse im Vorstand Mittel und Wege. Weil ihr Selbstverständnis auf dem Misstrauen gegenüber anderen – insbesondere Mitarbeitern – beruht, können sie sich nicht darauf verlassen, dass wir unseren Job machen. Sie können uns auch nicht einfach fragen. Schon gar nicht können sie uns die Verantwortung dafür übertragen.

Deshalb haben sie einen monströsen Apparat von Kontrollinstrumenten ersonnen, die einzig und allein dazu dienen, dass die Memmen nachts schlafen können – und trotz minimalem Risiko ihre fetten Boni kassieren.

Das aber ist gar nicht so einfach zu realisieren, denn besonders bei internationalen Unternehmen haben die Ober-Bosse es mit einem riesigen Stab an potenziellen Risiken zu tun. All die Kostenstellen namens Mitarbeiter unter einen Hut zu bringen – dazu braucht es ein ausgefeiltes System, das auf dem Prinzip des kleinsten gemeinsamen Nenners beruht.

Dieses System hat einen Namen: Standardisierung. Und deshalb ist das Mittel der Kontrolle im Memmen-Biotop genau das: ein riesiger Standardisierungsapparat, der sicherstellt, dass alle nach den Ober-Pfeifen tanzen.

Angesichts einer selbstbewussteren Generation von Mitarbeitern ist dieser Apparat heute nicht mehr so offensichtlich wie noch in der Ära der Stechuhr. Gemeinsam mit den Memmen ist er schlauer und anpassungsfähiger geworden. Seine Gestalt und sein Auftreten haben sich verändert. Er erscheint heute weniger plump und offensichtlich. Er wird nicht mehr im Kasernenton kommuniziert. Ist nicht individuell nachzuverfolgen. Und doch ist er für uns Mitarbeiter tägliche Realität.

Bürokratie 2.0: Gefangen in der Matrix

Wenn die Vorstände unserer Unternehmen vom Elfenbeinturm der Firmenzentrale aus mit ihrem Fernrohr die Filialen und Niederlassungen ihres Imperiums betrachten, dann meinen sie, einen großen, chaotischen Wildwuchs zu erkennen. Überall gelten andere Regeln, andere Prozesse. Überall wild umher wuselnde, schwer kontrollierbare Mitarbeiter, die die Ober-Memmen nervös machen. Überall potenzielle Risiken. Schauderhaft für einen Kontrollfreak, der hoffen muss, dass sein Misstrauenssystem kein Leck hat. Und der um seinen Bonus fürchtet.

Ganz besonders schauderhaft in Zeiten der Globalisierung.

In jedem Land, an jedem Standort werden Reisekosten und alle anderen Funktionen eines Unternehmens – wie Verkauf, Produktionsplanung, Einkauf, Lagerhaltung – unterschiedlich gehandhabt. Für die Chefs vor Ort eine selbstverständliche Praxis. Sie machen es so, wie es für sie und ihre Kunden und Partner aus ihrer Erfahrung und den kulturellen Gegebenheiten und Gesetzen heraus Sinn macht.

Es sind Unternehmenseinheiten, die sich in regionalen Märkten schnell an veränderte Situationen anpassen können. Schneller als das Zentralgehirn überhaupt denken kann – die erfolgreichste Art, sich den Herausforderungen eines globalisierten Marktes zu stellen.

Die Filialen an der Peripherie, die vor Ort selbstständig Entscheidungen treffen, Waren produzieren und die Kunden bedienen, wirken auf die Top-Manager in der Konzernzentrale wie hoch bewegliche Arme und Hände eines Unternehmenskörpers, die sich durch das eigene Zentralgehirn nicht präzise genug steuern lassen. Das kann natürlich nur eines wecken: das Misstrauen der Ober-Memmen.

Also greifen sie zur Standardisierungskeule. Die schlägt heute aber nicht mehr mit einem großen Knall ein, sondern wird heimlich, still und leise mit tödlicher Präzision durch unseren Arbeitsalltag geschwungen. Wenn Prozesse eingeführt werden, die unserer Kontrolle dienen, wissen wir Mitarbeiter oft erst einmal gar nicht, wie uns geschieht, denn diese Prozesse werden uns als Wohltat verkauft.

Zum Beispiel mit einem starren und mehr schlecht als recht funktionierenden IT-System für alle. Für *alle* – den ganzen Konzern. Von Alaska bis Zaire, wenn sich das irgendwie rechtfertigen lässt.

In der Präsentation – oder wahlweise dem Dreizeiler im Posteingang – hört sich die Ankündigung dieses Systems an wie ein Geschenk an die geschätzten Mitarbeiter: Wir haben ein System für euch, das euch entscheidende Arbeitsabläufe einfach abnimmt. Das alle Informationen automatisiert an die Zentrale weiterleitet. Das euch die Arbeit erleichtert.

Endlich weniger Meetings zur Abstimmung, freut sich der Sozialallergiker. Endlich kann ich Euch ein paar Arbeitsgänge ersparen, flötet uns der Kuschel-Junkie ins Ohr. Endlich habt Ihr keine Ausrede mehr, mich mit operativem Kleinkram zu nerven, frohlockt der Ego-Shooter.

In Wirklichkeit dient das System natürlich ganz und gar nicht den Mitarbeitern, sondern dem dunklen Geist aus der Vorstandsetage. Das System erhöht vermeintlich die Effizienz und senkt die Kosten, weil es Arbeitsschritte einspart, und im besten Fall auch noch Mitarbeiter. Weil es berechenbar ist und alle Daten direkt an die Zentrale liefert, macht es uns kontrollierbar und überprüfbar.

Vor allem schließt es die verhassten Überraschungen aus, die passieren können, wenn Mitarbeiter – oder Führungskräfte – operative Entscheidungen selbst treffen und die Vorgehensweise den Bedingungen des Tagesgeschäfts anpassen. Der wild wuchernde Dschungel des selbstbestimmten Arbeitens wird grenzübergreifend kurz geschoren und alles auf einen einzigen Standard reduziert, um damit angeblich etliche Millionen einzusparen.

Mit einem derartigen System ist es fast wie im Film »Matrix«. Dort waren die Menschen über Stecker in ihren Hinterköpfen an eine Zentrale angeschlossen, die ihnen eine schöne, virtuelle Welt ins Hirn überspielte. In Wirklichkeit waren sie versklavte Energiezapfsäulen für die herrschende Macht – doch von dieser Realität durften sie nichts wissen. Sie waren gefangen in der Matrix.

Willkommen in der Mitarbeiter-Matrix: Das neue IT-System treibt die Gewinne des Unternehmens nach oben, der Aktienwert steigt. Davon profitieren Shareholder und die Verantwortlichen des Top-Managements gleichermaßen. Die einen von der Rendite, die anderen von ihren Boni. Ganz egal, ob das System völlig unpraktikabel ist, eine Unzahl von Macken hat oder für Mehrarbeit sorgt anstatt Arbeitsschritte einzusparen – Hauptsache, es sorgt für Kontrolle. Das System bestimmt, wie wir arbeiten, wie in unserer Firma unsere Tätigkeiten gemessen und kontrolliert werden.

In folgendem Gespräch konnte ich mich davon überzeugen, warum die Standardisierung gewordene Kontrolle bei vielen Ober-Bossen Priorität vor den Interessen der Mitarbeiter hat:

System sells

Kürzlich traf ich einen Geschäftsführer, der die deutsche Filiale eines großen amerikanischen Computerherstellers leitet. Freudestrahlend erzählte er mir, dass es sein Unternehmen nach fünfzehn Jahren endlich geschafft hätte, die digitale Abwicklung der Reisekosten zu standardisieren. Und zwar für über 200 000 Mitarbeiter in mehr als 30 Ländern weltweit. Das Tollste daran sei, dass das Unternehmen dadurch etwa 100 Millionen Euro im Jahr einsparen würde, berichtete er mit glühenden Augen. Ich gratulierte.

Er zögerte kurz und fügte hinzu: »Aber weißt Du was: Jeder hasst das System. Absolut jeder Mitarbeiter.«

Als ich nachfragte, warum, leierte er schnell herunter, was ich schon oft über solche Systeme gehört hatte: Die Benutzung sei für die Mitarbeiter ein ungeheurer Akt. Es sei unfair, weil nicht alle Kosten getragen werden und die Mitarbeiter immer wieder auf Ausgaben hängen bleiben. Gesetzliche Vorgaben und steuerliche Bestimmungen, die in jedem Land anders geregelt sind, sorgen immer wieder für Chaos. Ja, jeder lehnt das System ab.

Aber dann grinste er mich wieder triumphierend an: »But the management loves it!«

Das glaubte ich ihm sofort. Vor allem, als er mir in seiner Siegeslaune noch erzählte, dass sie die Software jetzt einem deutschen Konzern verkauft hätten und andere Konzerne ebenfalls reges Interesse zeigen würden. Ein echter Kassenschlager, das verhasste System.

Was für eine merkwürdige Welt.

Das Top-Management liebt also ein System, das seinen Mitarbeitern nur Ärger bereitet. Das ist absurd. Und zugleich unheimlich logisch. Denn die Führungsspitze interessiert nur die eine Frage: Wie lässt sich eine Situation schaffen, die den Shareholdern und ihnen selbst Gewinn einbringt?

Um die Unternehmensgewinne nach oben zu treiben, gibt es in der Welt des Top-Managements meist nur einen Weg: die Effizienz aller Arbeitsprozesse muss steigen, die Kosten müssen sinken. Letzteres vor allem beim größten Kostenblock, den durch die Mitarbeiter verursachten Lohnkosten. Dass man bei Mitarbeitern nicht nur kürzen, sondern auch investieren kann, das kommt den Verantwortlichen nicht in den Sinn.

Dass aber das Wissen über die richtigen Abläufe bei den Mitarbeitern an der Basis, in den Niederlassungen, liegt, das ignoriert das System der Kontrolle. Dass die Standardisierung nicht für eine Arbeitserleichterung sorgt, sondern in den meisten Fällen Sand ins Getriebe wirft und die geölte Maschine einer gut geführten Abteilung zum Stillstand bringen kann, ist gegenüber den Motiven der Vorstandsetage uninteressant. Dass die Ober-Bosse potenzielle Innovation und ein möglicherweise viel höheres Wachstum genauso im Keim ersticken wie ein paar Risiken, das spielt für diese Memmen keine Rolle.

Was sie mit ihren Maßnahmen anrichten, wissen die Vorstände oft gar nicht, weil jede negative Rückmeldung von den Management-Ebenen unterhalb des Vorstands abgefangen wird. Dort wird in Memmen-Manier nach oben gute Miene gemacht, nach unten aber getreten, um dafür zu sorgen, dass die Mitarbeiter möglichst widerstandslos funktionieren.

Noch schlimmer aber sind die Vorstände, die von der Frustration der Basis über den Standardisierungswahn wissen und ihn ganz bewusst in Kauf nehmen. Solche Vorstände sind zu feige, sich der Konfrontation mit den Auswirkungen ihrer Strategie zu stellen. Feiger noch als die Mittelmemmen, die dem dunklen Geist innerhalb der Firmenhierarchie den Weg nach unten bahnen. Letztere müssen für ihre Ober-Bosse die Suppe auslöffeln und mit ihnen die Teamleiter und Mitarbeiter. Die Vorstände selbst aber verkriechen sich in ihren Elfenbeinturm, um sich mit den Niederungen des operativen Geschäfts und den Bedürfnissen ihrer Mitarbeiter nicht auseinandersetzen zu müssen.

> Die Top-Memmen in den Vorstandsetagen – sie sind die schlimmsten, die feigsten unter den Memmen-Bosse.

Die Top-Memmen in den Vorstandsetagen – sie sind die schlimmsten, die feigsten unter den Memmen-Bossen.

Wie ich ein solches System der Kontrolle, der Unterdrückung, des Misstrauens und der Gier nenne?

Ich nenne es eine Diktatur von sich selbst bereichernden Ego-Shootern, die am Ende mit ihrem Unternehmen keinerlei Leidenschaft verbindet, sondern nur noch blanke, aber gut verschleierte Gier. Und die Angst, dass diese Gier sich eines Tages rächen könnte.

Vielleicht sollten wir, die Mitarbeiter, uns einmal für längere Zeit aus dem Firmennetzwerk abmelden? Das wäre ein erster Schritt. Doch das Arsenal an Kontrollinstrumenten ist mit der technologischen Gleichschaltung und Datenerfassung noch längst nicht erschöpft.

Das institutionalisierte Misstrauen

Die Zentrale, die den Schleier eines gleichgeschalteten Systems über unsere gesamte Arbeitsabläufe legt, ist weit weg vom alltäglichen Geschäft. Von dort also, wo Produkte produziert und vertrieben und der direkte Kontakt mit den Kunden gepflegt wird. Je größer das Unternehmen, desto größer auch die Distanz.

Distanz aber erzeugt Unwissen. Unwissen erzeugt Unsicherheit. Unsicherheit erzeugt Misstrauen. Und Misstrauen erzeugt – noch mehr Kontrolle.

Wenn die Chef-Theoretiker in der fernen Zentrale überlegen, wie sie ihre Untertanen in den weit verstreuten Territorien noch besser in den Griff bekommen können, wird ihnen mit ihrem MBA-geschulten Blick auf das vor ihnen liegende Organigramm schnell klar: Sie brauchen Helfer.

Sie brauchen willige Diener, die den dunklen Geist des Vorstands in sich aufnehmen und weitertragen. Und vor allem: Die kontrollieren, ob diesem Geist auch überall, in jeder Zelle des Unternehmens, in jeder Niederlassung Gefolgschaft geschworen und geleistet wird. Helfer also, die in allen Bereichen des Unternehmens die Prozesse standardisieren. Und dabei verlässlich den Mund halten über die wahren Motive der Kontrolle.

Sie brauchen kleine Memmen. Also züchten sie sich welche.

So sind die Organigramme in den vergangen Jahren um einige Kästchen erweitert worden. Mit Abteilungen, die Management-Aufgaben übernommen haben. Aufgaben für Manager, die andere Manager in den weit verstreuten Niederlassungen kontrollieren.

Es sind Abteilungen, die rein gar nichts mit dem eigentlichen Geschäft eines Unternehmens zu tun haben. Sie nennen sich Human Resources oder Personalverwaltung, Finance oder Controlling, Rechtsabteilung oder Compliance. Diese Abteilungen gab es in der einen oder anderen Form schon immer. Doch sie haben enorm an Bedeutung gewonnen.

Sie haben sich zu einer institutionalisierten Form der Misstrauensverwaltung gewandelt, deren Aufgabe es ist, alle Arbeitsschritte zu vereinheitlichen – auf Basis des kleinstmöglichen gemeinsamen Nenners aller Niederlassungen und Filialen. Einem Niveau also, das weit weg ist von den Höchstleistungen der praxiserprobten Macher an der Kundenfront.

Die Kontrollabteilungen sind der Bürokratie gewordene Ausdruck des Misstrauens, das die Vorstandsetage gegenüber ihren eigenen Führungskräften und deren Mitarbeitern hegt. Und ein sehr effizientes Mittel, um aus Chefs entmündigte Memmen zu machen.

Human Resources:
Wie unfähig sind unsere Führungskräfte?

Nicht immer sind Misstrauen und Kontrolle offensichtlich. Oft kommt dieses Misstrauen in einem Gewand, das als Unterstützung für das mittlere und untere Management angepriesen wird. Zum Beispiel, wenn die zentrale Personalabteilung den Abteilungs- und Teamleitern plötzlich einen Fragebogen liefert, den die Führungskräfte von nun an einmal im Jahr für ein Personalgespräch zu nutzen haben. Ein Elektroingenieur hat diese Praxis folgendermaßen erlebt:

27 Fragen, die keiner braucht
»Mein Vorgesetzter und ich arbeiten schon einige Jahre zusammen. Wir haben ein gutes Verhältnis. Das spürt man bei den Personalgesprächen. Wir reden beide frei von der Leber. Sagen, was Sache ist. Was wir von einander erwarten, was gut war, was besser sein könnte. Die Gespräche waren bisher immer entspannt, aber auf lockere Art ging es ums Wesentliche.

Dieses Jahr saß mein Chef plötzlich mit einem Fragebogen vor mir. Ich dachte mir zuerst nichts dabei und redete einfach mal drauf los. Aber wir kamen nicht so richtig ins Rollen.

Immer wieder brach er ab, schaute auf seinen Bogen, machte ein paar Notizen und stellte dann eine Frage, die verdammt wenig mit mir und unserer Arbeitssituation zu hatte oder manchmal einfach nur grotesk wirkte.

So fragte er mich zum Beispiel, wie ich denn meine eigene Situation bewerten würde. Ich antwortete, dass ich ihm das doch gerade ausführlich geschildert hätte. Ja, aber jetzt wolle er eine Bewertung, ich sollte einen bis fünf Punkte vergeben. Ich nannte, beinahe wahllos, eine Ziffer.

Dann fragte er mich, ob ich glaubte, dass sein Vorgesetzter, also er, mich respektieren würde. Ich musste lachen. Das wusste er doch. Was sollte dieser Blödsinn? Hatte er über Nacht einen Gedächtnisverlust erlitten? Musste ich mich als Nächstes vielleicht noch neu auf meine Stelle bewerben?

Irgendwann schob er den Bogen entnervt zur Seite. Dann lief es endlich, und ich erkannte meinen Chef wieder als meinen Chef.

Und die 27 Fragen? Die beantwortete er später selbst. Hauptsache, die Personalabteilung wurde damit glücklich.«

Markus N., Elektroingenieur

27 Fragen, die sich Personalexperten ausgedacht haben. Warum?

Weil man es einfachen Führungskräften nicht zutraut, ein Personalgespräch richtig zu führen. Weil man erwartet, dass die meisten Vorgesetzten überhaupt nicht mit ihren Leuten reden. Oder dass sie es womöglich so tun, wie sie es selbst für richtig halten. Und das geht natürlich gar nicht – zumindest, wenn man seine Führungskräfte für unfähig hält und im Übrigen auch gar nicht will, dass sie selbstständig denken.

Und was tut eine zentrale Abteilung, wenn sie glaubt, dass irgendwo etwas nicht im Sinne des Mutterschiffs läuft oder die Führungskräfte vor Ort noch nicht mitspielen beim Memmen-Theater?

Sie legt die Standards fest. Und zwar für alle Standorte weltweit. 27 Fragen, die in Gütersloh genauso gestellt werden wie in Singapur und Kansas City.

Kann das funktionieren? Ich glaube es nicht.

Es gibt Fragen, die mögen in Deutschland angebracht sein, in Singapur versteht sie kein Mensch. Um mit ihrem Programm erfolgreich zu sein, sucht die Zentrale nach dem kleinsten gemeinsamen Nenner. Ein Nenner, mit dem auch der unfähigste Boss arbeiten kann.

In den meisten Fällen wirken weltweite Standards wie eine Dampfwalze, die alles platt macht, was sich bisher erfolgreich im Kleinen bewährt hat. Was über Jahre hinweg zwischen örtlicher Führung und Belegschaft in Rücksicht auf persönliche und kulturelle Befindlichkeiten ausgehandelt und entwickelt wurde.

Aber das ist der zentralen Abteilung egal. Sie will, im Auftrag des Vorstands, die Truppen auf Linie bringen, ihre Linie. Und das geht nur, wenn sie die regionale Leitung ein Stück weit entmündigt, sie maßregelt, ihr die Kompetenzen entzieht. Sie zu Memmen macht, die nach ihrer Pfeife tanzen.

Auch der Chef des Elektroingenieurs im obigen Beispiel wird vielleicht am Ende zu einem von denen, die den Vorgaben der Zentrale nachgeben und sich reibungsfrei in ihr Schicksal fügen.

Das nämlich ist der Anreiz, den die vorgestanzten Schablonen bei der Memmen-Erziehung darstellen: Leichter haben es die, die sich fügen und den gequirlten Mist aus der Zentrale umsetzen, wie schwachsinnig er auch sein mag. Und so geben viele dem System nach und werden zu Memmen.

Alles andere würde dagegen Mut und Risikobereitschaft erfordern.

Wenn das Controlling die Kontrolle übernimmt

Was für die Personalführung gilt, funktioniert in ähnlicher Weise auch beim Controlling. Die Standardisierung aller Unternehmensprozesse macht die Arbeit für die Mitarbeiter vor Ort nicht gerade leichter. Für ihre Führungskräfte kommen die Vorgaben der Zentrale einer Entmachtung gleich.

Bei einem Thema wie Fragebögen für Mitarbeitergespräche mag das nicht unbedingt von Bedeutung sein. Geht es aber um das Kerngeschäft, dann wird die Sache ernst für jeden Chef, der sich nicht nur für seinen reibungslosen Aufstieg, sondern tatsächlich auch für den Erfolg seiner Firma und seines Teams interessiert. Was man von dem Chef in folgender Episode nicht behaupten kann – der ist nämlich schon voll auf Linie:

Kein Budget für Kundenbesuche

»Der intensive Kontakt zu Kunden ist in unserem Geschäft überlebenswichtig. Gerade, wenn es darum geht, einen Neukunden zu gewinnen. Da schlägt man innerhalb von ein paar Wochen oft mehrmals im Büro des potenziellen Kunden auf. Bisher hat bei uns jeder Berater selbstverantwortlich seinen Flug, die Bahnreise, das Mietauto und auch mal die Unterkunft gebucht. Sind die Kosten aus dem Ruder gelaufen? Nein, weil keiner von uns eine Übernachtung bucht, wenn eine Heimreise nach dem Kundentermin noch möglich ist. Vier Sterne braucht von uns auch niemand. Und zweiter Klasse mit der Bahn tut es für die meisten auch.

Einmal gab es einen neuen Mitarbeiter, der bei seinem bisherigen Arbeitgeber einiges an Luxus gewöhnt war. Als sich im Team herumsprach, dass er sich öfter mal ein Mercedes-Cabrio für Kundenbesuche gemietet hatte, musste kein Chef eingreifen. Einige erfahrene Berater aus dem Team machten ihm klar, dass das bei uns nicht üblich sei. Das hat er auch bald verstanden.

Umso geschockter waren wir, als unser Vorgesetzter uns mit-

teilte, dass ab jetzt alle Reisekosten über seinen Tisch gehen sollen. Er hatte einen Rüffel vom Controlling bekommen, denen die Extratouren unseres neuen Mannes aufgefallen waren. Und was macht unser Chef? Er nimmt uns unter Generalverdacht. Allein aus der Angst heraus, dass das Controlling verbreiten könnte, er hätte sein Team und die Kosten nicht unter Kontrolle. Was für ein Schwachsinn!«

Martin M., Consultant

Was, bitte schön, sollen Mitarbeiter von ihren direkten Vorgesetzten halten, denen permanent das Controlling im Nacken sitzt? Die gegen ihren Willen das Geld für die Reisekosten ihrer Mitarbeiter zum Kunden halbieren müssen, obwohl das ihrer Einschätzung nach geschäftsschädigend ist?

So raubt das Controlling im Auftrag des Top-Managements seinen Führungskräften die Eigenständigkeit. Und beschädigt damit deren Ansehen bei den eigenen Mitarbeitern – egal, wie gut ein Chef seine Mitarbeiter und Projekte sonst auch führen mag.

Noch unangenehmer für die Mitarbeiter aber wird es, wenn einem Vorgesetzten der Druck von oben wie gerufen kommt. Weil dieser ihm die Legitimation verleiht, seine Mitarbeiter noch enger an die Leine zu nehmen und jede noch so kleine Rechnung über seinen Tisch gehen muss. Wenn Zentralcontrolling auf Chefs trifft, die gar nicht erst zu Memmen gemacht werden müssen, dann brennt für die Mitarbeiter die Hütte – von morgens bis abends.

Compliance: Boss, Du sollst nicht betrügen!

Korruptionsskandale wie der bei Siemens oder Bilanzfälschungen wie beim amerikanischen Unternehmen Enron haben in den vergangenen Jahren die Wirtschaft erschüttert.

Die Folge: Fast die Hälfte der Großunternehmen haben mittlerweile eine Compliance-Abteilung oder oft auch ein eigenes Vorstandsressort, um die Einhaltung gesetzlicher Vorgaben und interner Richtlinien im Unternehmen durchzusetzen.

So eine Compliance-Abteilung ist wie eine Fernbedienung der Konzernzentrale für das Imperium. Die Ober-Memmen ersparen sich durch diese unternehmensinternen Gerichtshöfe jegliches personifizierte Eingreifen an den Standorten, ganz besonders, wenn mal etwas schiefläuft. Compliance ermöglicht Führung ohne Kontakt. Wie Hobeln ohne Späne. Es ist kein Chef vor Ort vonnöten, der persönlich den ganzen Laden umschmeißt, von dem er selbst ein zentraler Bestandteil ist. Die Macht, die hier handelt, ist eine anonyme. Sie kommt als Anweisung per E-Mail und als herunterzuladendes Programm. Vielleicht noch in Person eines Coachs, der entsandt wird, die Führungskräfte und ihre Mitarbeiter in den Filialen einzuweisen und nach dem Willen der Zentrale zu formen.

Funktionieren kann Führung so natürlich nicht. Zumindest nicht lange. Leitende Angestellte, denen man kein Vertrauen schenkt, die man aber von oben unter Druck setzt und ihnen zugleich den Raum nimmt, selbständig zu handeln und zu entscheiden, die neigen irgendwann zur Frustration.

Deshalb erstaunt es mich nicht, dass eine Studie der Wirtschaftsprüfungsgesellschaft KPMG vom August 2011 unter dem vielsagenden Titel »Wirtschaftskriminelle oft langjährige Mitarbeiter in Führungspositionen« ergab, dass die Zahl der Delikte trotz des massiven Ausbaus der Compliance-Abteilungen in den vergangenen Jahren rasant ansteigt, nämlich um ganze 25 Prozent gegenüber dem Jahr 2007. Bei den meisten Delikten geht es um die Veruntreuung von Vermögenswerten, etwa beim Einkauf von Waren und Dienstleistungen.

Bemerkenswert ist das Täter-Profil. Meist über 40 Jahre alt, männlich, häufig mehr als zehn Jahre im Unternehmen und meist in einer gehobenen Position. Als Gründe für die Verstöße nennt die Studie Frustration und zunehmenden Leistungsdruck.

Ich sehe das so: Je mehr im Laufe der Jahre von oben die Luft zum Atmen genommen wird, desto wahrscheinlicher wird die Enttäuschung in einem finalen Akt der Rache oder der Selbstermächtigung münden – als Kompensation der eigenen Ohnmacht und Bitterkeit.

Ein Natural Born Leader würde aufbegehren. Manch eine Memme versucht stattdessen, wenigstens auf diesem Wege etwas für ihr Ego abzugreifen.

Interessanterweise sind Compliance-Abteilungen in Mittelstandsunternehmen nur schwer durchzusetzen. Als Grund führt der Herausgeber der Studie die Firmenkultur an: »Bei Familienunternehmen ist Vertrauen das Ein und Alles. Die Kontrolle der Compliance-Abteilungen wird da nur schwer akzeptiert.«

Controlling, Human Resources, Compliance – unsere Unternehmensführer machen uns mit ihren Kontroll-Abteilungen die Arbeit nicht leichter. Stattdessen entmündigen sie uns nur immer weiter, entziehen unseren Chefs und uns Stück für Stück das Vertrauen. Budget-Kontrolle, Abteilungen für Personalunwesen und kriminelle Umtriebe – das sind die Folgen des institutionalisierten Misstrauens in die Mitarbeiter und insbesondere in ihre Führungskräfte.

Die tatsächliche Botschaft:

Liebe Mitarbeiter, ihr könnt nicht mit Geld umgehen!

Wenn man Dir, lieber Abteilungsleiter, nicht auf die Finger schaut, schmeißt Du es einfach zum Fenster heraus oder klaust es gar. Deine Mitarbeiter steigen bei auswärtigen Kundenterminen in den teuersten Nobelherbergen ab. Dein Team sprengt bei jedem Projekt das Limit an Ausgaben.

Du weißt nicht, wie man mit Mitarbeitern spricht.

Du hast keine Ahnung, wie man ein Angebot richtig verfasst.

Du hast keinen inneren Kompass, der Dir anzeigt, wann man eine Einladung eines Kunden zum Essen annehmen darf und wann nicht. Und weil du keine Ahnung hast, haben deine Mitarbeiter erst recht keine.

Jede dieser Anschuldigungen ein kleiner Stich fürs Manager-Ego. Jede Anweisung ein weiterer Schritt auf dem Weg zur Resignation. Bis unsere Chefs klein beigeben und tun, wie ihnen geheißen. Bis sie zu echten Memmen werden – gleichgeschaltet im Memmen-Biotop.

Die bürokratische Fußfessel: »Patrick, wo steckst Du?«

Der wohl älteste Kontrollmechanismus der Ober-Memmen über ihre vermeintlich nicht ganz zurechnungsfähigen Angestellten ist die Präsenzpflicht am Arbeitsplatz. Dabei ist die angesichts der tatsächlich nutzbringenden technischen Möglichkeiten unserer Zeit ungefähr so zeitgemäß wie ein C-Netz-Handy im Kofferformat.

An keinem anderen Instrument des Konzernmanagements erkennt man deutlicher, wie viel Angst die Zentrale hat, dass wir Mist bauen und sie den Job oder den Bonus kosten könnten. Aber das merkt man erst, wenn man einmal vorbehaltlos darüber nachdenkt, wofür eine Präsenzpflicht in vielen Jobs heute überhaupt noch gut ist.

Im Juli 2011 startete die Deutsche Telekom ein Programm zur Teilzeitarbeit. Endlich, möchte man sagen. Wohlgemerkt ein Modell für mehr als 100 000 Mitarbeiter, dessen Vorzüge jeder Mitarbeiter erst einmal beantragen muss. Vor der Freiheit kommt die Bürokratie.

Wie größtmögliche Freiheit aussehen kann, zeigt dagegen das schwäbische Maschinenbauunternehmen Trumpf. Seit 1. Juli 2011 kann jeder Mitarbeiter dort in Rücksprache mit seinem Vorgesetzten selbst entscheiden, wie viel er oder sie arbeiten möchte. Gemeinsam festgelegt wird eine Basisarbeitszeit zwischen 15 und 40 Stunden pro Woche. Ein fünfwöchiger Urlaub oder eine längere Auszeit – auch das ist möglich. Die Firmenchefin Nicola Leibinger-Kammüller vertraut darauf, dass ihre motivierten Mitarbeiter da sind, wenn es darauf ankommt. Und das sind sie. 2011 erzielte das Unternehmen einen Rekord beim Umsatzwachstum.

Noch aber ist so ein Modell eher die Ausnahme als die Regel. Noch regiert in der deutschen Wirtschaft die Präsenzpflicht, der heilige Gral der Kontrollgläubigen. Und das, obwohl sich 68 Prozent der Männer und 79 Prozent der Frauen in Deutschland eine zeitlich flexiblere Arbeit wünschen, so das Ergebnis der Studie »Hewitt HR Trends 2010: Flexibel Arbeiten liegt im Trend« der Personalmanagement-Beratung Hewitt Associates GmbH.

Die Studie offenbarte auch, welche Bedenken in den Köpfen der Entscheider-Memmen kreisen: 61 Prozent der befragten Unternehmen glauben, dass flexiblere Arbeitszeiten das Arbeitsvolumen der Mitarbeiter reduzieren. 31 Prozent fürchten sogar Defizite bei der Führung.

Die Macher der Studie konstatieren: Angst vor Kontrollverlust.

Auch wenn die reale Stechuhr ein Auslaufmodell und fast nur noch in Fabriken zu finden ist, lebt sie in den Köpfen vieler auf Kontrolle bedachter Unternehmensführer weiter. Dass Mitarbeiter von 9 bis 18 Uhr anwesend und nur zu festen Pausenzeiten nicht an ihrem Arbeitsplatz sein sollen, das ist in den Köpfen zu vieler Chefs nach wie vor eine Selbstverständlichkeit. Und für die meisten von ihnen ist dieses verkrustete Arbeitszeitmodell noch wesentlich wichtiger als die eigentlich erbrachten Leistungen ihrer Mitarbeiter. Denn die lassen sich selbst mit dem besten IT-System nicht so leicht messen und beurteilen wie das Einhalten klar definierter Arbeitszeiten.

Die Pflicht zur Anwesenheit ist ein Dinosaurier aus der Vorzeit der Industrialisierung. Das ist für viele Chefs, die mit ihren Ansichten selbst mit beiden Beinen in der Vergangenheit stehen, leider schwer zu begreifen, wie ich selbst während meiner Zeit als leitender Manager eines großen internationalen Technikkonzerns erleben musste:

Out of Control
Der deutsche Firmenhauptsitz des Konzerns liegt im Südwesten Deutschlands. Daneben gibt es noch eine Reihe weiterer Büros in großen deutschen Städten. Als leitender Manager hatte ich mehr als ein Jahr vom Hauptsitz aus das Unternehmen geführt und dabei die Hälfte der Woche auf Reisen verbracht – zu Kunden oder zu besagten Büros.

Als ich eine neue Beziehung begann, mit einer Frau, die selbst in einer anderen deutschen Großstadt lebte, beschloss ich einfach von dort aus zu arbeiten – schließlich gab es dort eine Vertretung der Firma. Mir war klar: Ich würde meine Mitarbeiter, die über ganz Deutschland verteilt waren, nicht seltener sehen als bisher. Wie gewohnt würde ich vieles per Telefon oder E-Mail regeln. Als mein Vorgesetzter, der Europa-Chef, von meinem Vorhaben erfuhr, wollte er es mir glattweg untersagen. Ich hätte bei meinen Mitarbeitern zu sein und die säßen zu einem großen Teil eben in der Zentrale. Ich erklärte ihm meinen Job und die Tatsache, dass dieser es mit sich brachte, dass ich die Mehrzahl meiner Tage nicht im Hauptsitz der Firma verbrachte.

Das war ihm leider egal. Überhaupt, so seine Beschwerde, die er nun endlich loswerden konnte, würde ich in seinen Augen gar nicht richtig führen. Seiner Meinung nach würde ich meinen Mitarbeitern zu viele Freiheiten gewähren.

Nein, das wollte ich nicht leugnen. Ganz im Gegenteil. Mir ist es nämlich völlig egal, wie viele Stunden meine Mitarbeiter in ihren Büros verbringen. Von mir aus können sie sich auch im Park auf der Wiese treffen. Oder auch um vier Uhr nachmittags nach Hause gehen. Die Hauptsache für mich ist, dass sie ihre Arbeit machen und unsere vereinbarten Ziele erreichen. Und das geht manchmal auch besser außerhalb des Büros.

Mein Vorgesetzter schüttelte bei meinen Worten nur den Kopf. Das ginge überhaupt nicht. Und das würde ich schon merken. Hinter meinem Rücken begann er meine Mitarbeiter nach mir auszufragen: Wann und wie oft seht ihr Patrick?

Wirklich etwas tun gegen mich und meine Idee von Führung konnte er nicht, dazu war mein Team viel zu erfolgreich. Und ich zog um.

Memmen-Boss X, was denkt er wohl, wenn ihm die Kontrolle aus den Händen gleitet? Wenn er die Mitarbeiter – und deren Chef – nicht mehr jederzeit abrufbar, kontrollierbar und dirigierbar in ihren Büros weiß?

Ihn überkommt die Angst. Wenn er vor seinem inneren Auge Mitarbeiter lachend auf einer Wiese liegen sieht, lässig die Arbeitsunterlagen in der einen Hand, in der anderen ein Eis. Von allen altmodischen Unternehmensfesseln befreit. Weit und breit niemand, der sie anbellt und in die Schranken und zurück an ihren Arbeitsplatz scheucht. Und alles nur, weil ich, sein zum Gehorsam verpflichteter Manager, seine potenzielle Kontrollmaschine, ihn verraten habe. Es ist ein Alptraum, der Boss X schwindelig werden lässt.

Er könnte es einfach durchgehen lassen. Nur: Mein Boss hat den Geist des Firmenimperiums verinnerlicht, den dunklen Geist der Zentrale, der keine Arbeitsstunden im Park vorsieht. Auch die Firmensoftware als Instrument der Kontrolle sieht bei der Erfassung der Arbeitszeit dafür weder Eingabefeld noch Nummer vor. Klar, die Zentrale will das nicht.

Natürlich: Mein Boss könnte dem altmodischen Unternehmensgeist und seinem Software-System den Mittelfinger zeigen. Aber er tut es nicht. Er will es auch nicht.

Ja, Chefs, ihr habt die Wahl.

Jeder hat sie. Auch die Bosse in der Vorstandsetage, die sich zu Sklaven ihres Misstrauens machen. Und damit ein System des Misstrauens errichten. Ein System, das uns, die Mitarbeiter, zu Sklaven macht.

Denn die Ego-Shooter unter den kleinen und großen Chefs werden die Chance nutzen, den Geist des Systems auf ihre Weise zu interpretieren – zur Unterdrückung und Ausbeutung ihrer Mitarbeiter. Sogar mehr als es die Unternehmensleitung vorsieht. Das System bietet Ego-Shootern alle Möglichkeiten, ihre Intrigen zu spinnen. Bestraft wird, wer gegen vorgeschriebene Standards und Prozesse verstößt, aber nicht, wer einen Kunden vor den Kopf stößt.

Kuschel-Junkies wiederum werden gegen das System nicht aufbegehren. Selbst, wenn sie versuchen, ihre Mitarbeiter so weit wie möglich von dem überall herrschenden Kontrollgeist zu schonen. Zu sehr schwächt sie die fehlende Unterstützung von oben, zu sehr werden ihnen Barrikaden in den Weg gestellt.

Und die Sozialallergiker freuen sich sowieso über jede Möglichkeit, den nach Mensch riechenden Begleiterscheinungen von Führung zu entgehen. Ihnen sind Kontrollinstrumente willkommen, die Kommunikation und persönlichen Kontakt überflüssig machen. Solange sie nicht aus ihrem Isolationskoma erwachen, gibt es für sie gar keinen Anreiz, die Kultur des Misstrauens in Frage zu stellen.

Das System, gefangen in seinem eigenen Kontrollwahn, erfordert von seinen Führungskräften Mut. Den Mut, es zu sabotieren.

Am Ende ist es nämlich keine Frage des allmächtigen, anonymen Systems. Es ist wieder eine 1:1-Situation. Ich und mein Boss, die Memme.

Und ich glaube: Worum mein Boss X wirklich fürchtet, das ist in Wahrheit nicht der wirtschaftliche Misserfolg des Unternehmens. Nein, er fürchtet, dass genau das Gegenteil eintreten könnte.

Und es ist tatsächlich passiert. Das nämlich wir, die Freiheitskämpfer, am Ende tatsächlich die besten Umsätze von allen Vertretungen des Konzerns weltweit erwirtschafteten. Für meinen Chef war es ein GAU. Und der schlimmste aller möglichen Schläge gegen den dunklen Geist, der meint, man müsse und könne Menschen kontrollieren wie die ausgespuckten Zahlenkolonnen einer Firmensoftware.

Letztendlich spielt es auch keine Rolle, ob es ihm um den Umsatz oder das Festhalten an einem überholten Kontrollglauben geht. Ich weiß nicht, was mein Boss denkt. Aber es ist mir auch egal. Er und das System können mich X-weise. Ich nehme mir die Freiheit und gebe sie meinen Mitarbeitern gleich mit.

2. Im Excel-Gefängnis: die Zahlenfetischisten

Ein Mann namens Bill James revolutionierte Ende der 70er-Jahre meinen Lieblingssport Baseball. Der Mann war, auf taktischer Ebene, ein Zahlenmagier. Er gab ein kleines Heftchen heraus mit Analysen zu jedem Spieltag, die auf seinen eigenen Statistiken beruhten. Zahlen, aber vor allem Einblicke in die Theorie des Baseballs, die es nirgendwo sonst gab. Die Fans mochten das.

Die Fachwelt ignorierte ihn lange Zeit. Belächelte den vermeintlichen Zahlenfetischisten, der Eigenschaften und Fähigkeiten von Spielern in den Vordergrund rückte, die bisher kaum einer beachtet hatte; die aber, wie es sich bald zeigen sollte, entscheidend sind.

Der traditionelle Blick auf Baseball änderte sich, als der Coach einer bisher mäßig erfolgreichen Mannschaft James als Berater verpflichtete und Spieler nach Auswertungen seiner Statistiken ausgewählt wurden. Die Mannschaft, ausgestattet mit einem verhältnismäßig kleinen Etat, wurde überraschend erfolgreich. Und wie es so ist mit erfolgreichen Ideen: Andere Profimannschaften vertrauten bald ebenfalls auf die Herangehensweise von James.

Man könnte sagen, der Mann hat das Erfolgsgeheimnis von Baseball enträtselt. Endlich verstand man mit Hilfe einer genauen Analyse von Statistiken, was auf dem Feld passiert, was einen Werfer wirklich erfolgreich macht. Als Schüler, dessen Lieblingsfach Mathematik war, faszinierte mich diese Herangehensweise.

Nach einigen Jahren im Management aber erkannte ich: Die Zahlen waren gar nicht das eigentliche Erfolgsgeheimnis von James' Methode. Sie waren eher ein Mittel zum Zweck. Er, der auf viele wie ein rationalistischer Statistiker wirkte, wurde von etwas ganz anderem angetrieben, das ich erst im Laufe meiner Karriere verstand: seiner Leidenschaft für Baseball. Es waren nicht die Zahlen, die von ihm beratene Teams zu Gewinnern machen, sondern sein kritischer, meinungsfreudiger Geist, der den Gegenstand »Baseball« mit Leben, mit Motivation erfüllte. Es waren die Zusammenhänge, die Worte und die Bilder, die sich aus den Zahlen ergaben. Die Stimme, die er ihnen verlieh.

Zahlen allein können das Spiel nicht verändern. Baseball nicht. Und auch kein anderes.

Daran denke ich oft, wenn ich an Universitäten, vornehmlich an Wirtschaftsfakultäten und Business Schools, Vorträge halte. Als Mann der Praxis spreche ich mit den Studenten über das, was ich für die elementaren Eigenschaften einer Führungskraft halte. Über Werte wie Respekt und Wertschätzung, Eigenschaften wie Empathie und Integrität, aber auch Mut und Risikobereitschaft – die sogenannten Soft Skills also.

Dabei komme ich mir oft vor, als wäre ich für die Universitäten das sprichwörtliche Feigenblatt. Begegnen mir beim Blick ins Vorlesungsverzeichnis doch fast ausschließlich Kurse wie Kosten- und Leistungsrechnung, Makroökonomie, Mikroökonomie, Finanzierung, Mathematik und Statistik. Es ist eine Welt der Zahlen und Modelle, der Arithmetik und der Formeln.

Wie, frage ich mich da, soll man hier lernen, das Spiel zu verändern?

Die deutsche Führungskrise ist auch das Resultat einer Bildungsmisere – einer Wirtschaftsbildung, die Manager zu kühlen Mathematikern erzieht. Die nur noch mehr Zahlen ausspucken, wenn man sie nach ihrer persönlichen Einschätzung eines Sachverhalts fragt. Die lieber die Zahlen ändern als ihre Meinung, wenn eine Rechnung nicht aufgeht. Ersteres können sie nämlich. Letzteres hat ihnen niemand beigebracht. Also ziehen sich die Memmen auf Zahlen zurück, wenn es brenzlig wird.

Die deutsche Führungskrise ist auch das Resultat einer Bildungsmisere – einer Wirtschaftsbildung, die Manager zu kühlen Mathematikern erzieht.

In Unternehmen, die von Memmen gesteuert werden, dreht sich alles um quantitativ verwertbare Daten. Heute produzieren Unternehmen mehr noch als ihre eigentlichen Produkte, wie etwa Autos, Versicherungen oder Arzneimittel, vor allem eines: Zahlen. Unmengen von Zahlen.

Bevor ein Auto vom Band läuft, ein Arzneimittel in der Apotheke landet, ein Werbefilm im TV gezeigt wird, wird tagaus, tagein in allen Unternehmensbereichen eine Unmenge von Daten erfasst und analysiert. Alles, was in Unternehmen ausgedacht, gebaut, geleistet, geliefert und entschieden wird, jeder Arbeitsschritt bringt Zahlen hervor und basiert zugleich auf ihnen.

Kaum ein Produkt, das nicht zuvor mit Hilfe statistischer Analysen auf seine Erfolgschancen in der jeweiligen Zielgruppe hin getestet wurde. Kein Call-Center-Mitarbeiter, dessen Leistungen nicht nach der Anzahl der täglich bearbeitenden Fälle bewertet wird. Keine Geschäftsidee und keine Zielvorgaben, die nicht auf die letzte Kommastelle genau für zukünftige Quartale prognostiziert werden. Kein Vorstand, der nicht jeden Tag versucht, in Gesprächen mit Analysten den Börsenwert seines Unternehmens voranzutreiben.

Vor allem bei den Absolventen der Business-Schools, die mit ihrem Master of Business Administration gern in Beratungshäusern arbeiten und danach schneller als andere in die Vorstandsetagen großer Unternehmen aufsteigen, herrscht »das Triumvirat aus Kennzahlenfetischismus, Kostensenkung und Kurssteigerung«, so die Diagnose von Klaus Werle unter dem Titel »Die Manager-Klone« 2008 im *Manager-Magazin*. Es ist ein angelsächsischer, kühl-analytischer Managementstil, nach dem Erfolg berechenbar sein soll. Mit ökonomischen Modellen, in denen der Mensch keine Rolle spielt. Und wenn, dann reduziert auf den homo oeconomicus – das theoretische Modell eines Menschen, der immer rational handelt. Der alle Handlungsalternativen kennt und bewerten kann – ein Idealbild, das mit der Realität wenig zu tun hat. Niemand von uns ist perfekt informiert und entscheidet nur nach logischen Kriterien, um seinen eigenen Nutzen zu maximieren.

Für die Führung von Mitarbeitern ist dieses Modell zudem nicht geeignet. Der homo oeconomicus blendet gezielt den menschlichen Faktor aus. Er entscheidet ausschließlich nach wirtschaftlicher Nutzenerwägung und kann alles andere auch nicht argumentieren. Indem er »alles andere« deshalb ausblendet, ignoriert er die Realität der Wirtschaft. Jeder Wirtschaft.

Der homo oeconomicus gehört nicht auf einen Thron. Der Kerl ist eine Memme.

Manager, die einer solchen Ideologie folgen, vertrauen mehr auf Zahlen als auf Menschen. Im festen Glauben, dass alles, was sich haargenau messen lässt, die echte Welt abbildet.

Dahinter steckt eine tiefe Sehnsucht. Die Sehnsucht, ein Unternehmen mit einem Blick auf wenige, aber entscheidende Schaltstellen richtig zu steuern. Es zu beherrschen wie ein Mechaniker seine Maschine.

Mit wenigen Kennzahlen, die die komplexe Realität eines Unternehmens und seiner Menschen auf die kalkulierbare Welt der Ziffern schrumpfen lassen, wird diese Maschine auf- und umgebaut, hoch- oder runtergefahren, beschleunigt oder abgebremst. »Verkaufen hier, zukaufen da, Portfolios optimieren, schnelle Deals und harte Schnitte«, wird der Mechanismus in »Die Manager-Klone« charakterisiert.

Es ist der quartalsgetriebene Geist des Shareholder-Value, der durch die Unternehmen zieht, Beziehungen untergräbt und das Tempo forciert. Und Manager auf die Zahlen auf ihren Bildschirmen starren lässt. In dem vermeintlichen Glauben zu wissen, was in einem Unternehmen tatsächlich passiert und was es erfolgreich macht.

Nur: Mitarbeiter und Chefs nehmen an einem ganz anderen, weit größeren und komplexeren Spiel teil als Baseball. Mit unzähligen Akteuren unter sich ständig wandelnden Bedingungen. Wenn schon für Baseball die Zahlen der geistvollen Interpretation bedürfen, dann erst recht in einem Unternehmen.

Dass sich »die Dinge heute viel zu schnell und unvorhersehbar entwickeln, als dass man sie seriös quantifizieren könnte«, das räumt selbst der Chef einer großen Consulting-Firma in »Die Manager-Klone« ein.

Aber genau da wird es ungemütlich. Da kommt das Risiko ins Spiel, und die Angst vor dem Scheitern an Faktoren, die sich nicht berechnen lassen. Das macht die Memme nervös. Zahlen gaukeln eine Präzision vor, die es nicht gibt. Denn hinter den Zahlen stehen wir Menschen. Und wir sind weitaus komplizierter und schwerer zu verstehen als eine Unternehmensbilanz. Deshalb müssen Führungskräfte beides drauf haben: den Umgang mit Zahlen und das Vertrauen in Menschen.

Hätte Bill James seine Leidenschaft für Baseball nicht gehabt, hätte er das Spiel und seine Protagonisten nicht geliebt, dann hätte er sich die Mühe mit den Zahlen gar nicht erst gemacht.

Memmen lieben die Zahlen. Manager lieben das Spiel.

Ich bin keine Zahl

Wenn ich als Chef wissen will, was einen meiner Mitarbeiter auszeichnet, dann vergleiche ich nicht nur seine erreichten Ergebnisse mit den am Anfang des Jahres vereinbarten Zielen. Nein, ich schaue mir vor allem den Mitarbeiter selbst an. Im direkten Kontakt, von Angesicht zu Angesicht, versuche ich zu erfahren, wie er oder sie tickt, wie es meinem Mitarbeiter in seinem Job ergeht, vor welchen Herausforderungen er oder sie steht und was an Unterstützung erforderlich ist. Zuzuhören, Feedback zu geben, gemeinsam Ideen zu entwickeln und Spaß zu haben, das sind für mich elementare Werkzeuge für die realistische Beurteilung eines Mitarbeiters.

Meine Eindrücke, die ich dabei sammle, sind vielfältig. Das Problem ist nur: das übliche Bewertungsformular, das ich einmal im Jahr für jeden Mitarbeiter auszufüllen und an die Human-Ressource-Abteilung zu übergeben habe, bietet dafür nicht genügend Raum. Drei leere Linien unter dem Punkt »Sonstiges« reichen dafür nicht.

Der auszufüllende Bogen ist nicht gemacht für individuelle Eindrücke. Darum geht es den Verantwortlichen auch gar nicht. Das Ziel ist ein anderes.

Unternehmen wollen zahlenbasierte Daten gewinnen, die individuelle Leistungen mit denen anderer Mitarbeiter vergleichbar machen. Wie bei der Produktion von Massengütern ist auch in Sachen menschlicher Ressourcen Standardisierung das Zauberwort.

Und so vereinheitlicht die Kategorien und zu beantwortenden Fragen auf dem Bewertungsbogen sind, so vorgefertigt sind auch die Erwartungen an die Ergebnisse, wie mich eine Human-Resources-Verantwortliche einmal eindrücklich belehrte:

Ihre Mitarbeiter sind zu gut

Ich war Chef der Service-Abteilung eines großen Unternehmens, als ich zum ersten Mal im Auftrag einer HR-Abteilung Bewertungsbögen für fünf Dutzend meiner Mitarbeiter ausfüllte. Fünf Fragenblöcke zu verschiedenen Bewertungskategorien – von Teamfähigkeit über Motivation bis hin zu fachlicher Kompetenz. Man konnte bei jeder Frage auf einer Skala von eins für sehr schlecht bis sechs für sehr gut eine Bewertung abgeben. Ich füllte die Bögen, wie es so schön heißt, nach bestem Wissen und Gewissen aus. Eine Woche später kam die Verantwortliche der HR-Abteilung bei mir vorbei.

Die Ergebnisse meines Teams gingen gar nicht!

Ich war erstaunt. Ich hatte ein sehr gutes Verhältnis zu meinen Mitarbeitern und war mit den meisten sehr zufrieden. Das spiegelte sich in meinen Bewertungen wieder. Was also sollte das Problem sein?

Sie zeigte mit dem Finger auf ein Blatt Papier, auf dem ein Schaubild mit einer Kurve zu sehen war. Die Kurve zeigte die Notenverteilung meiner Mitarbeiter. Zwischen vier und sechs, dem Bereich von mittel bis sehr gut, wölbte sich die Kurve deutlich nach oben, während sie zur Null hin deutlich abfiel. Dann zog die Personalerin ein weiteres Blatt mit einer ähnlich verlaufenden Kurve hervor. Der Unterschied: Der Kurvenverlauf stieg im Notenbereich zwischen zwei und vier am stärksten an. Gegen Null und sechs zogen sich die Enden der Kurve deutlich nach unten.

Das sei die weltweite Vorgabe bei Mitarbeiterbewertungen: Von zehn Leuten sollte mindestens einer schlecht bewertet werden. Meine Ergebnisse würden davon auffallend abweichen. Kurz gesagt: Ich würde meine Mitarbeiter zu positiv bewerten.

Ich schüttelte den Kopf. Die HR-Verantwortliche wollte, dass ich meine Mitarbeiter schlechter mache, als sie sind. Den Sinn darin konnte ich damals nicht erkennen.

Heute verstehe ich das System um einiges besser.

Ein Team ohne schlechte Mitarbeiter? Das darf es nicht geben. Denn es gibt klare Richtwerte für Führungskräfte. Danach müssen etwa zehn Prozent aller Mitarbeiter per se schlecht bewertet werden. Mit diesen zehn Prozent der Belegschaft schafft man sich eine stille Reserve.

Eine Reserve für Leistungssteigerungen, für mehr Fortbildung, für mehr interne Konkurrenz?

Ach was, nein!

Die Gründe sind strategischer Natur: Falls man in Krisenzeiten in die Verlegenheit kommt, Leute entlassen zu müssen, weiß die Unternehmensführung sofort, welche Mitarbeiter ins Blickfeld rücken. Dass Krisen und Entlassungen meist mit Managementfehlern zu tun haben und die zehn Prozent Mitarbeiter dafür wenig können, spielt in diesem Zusammenhang natürlich keine Rolle.

Zehn Prozent schlecht, zehn Prozent gut, der Rest dazwischen – die Wirklichkeit wird hineingepresst in ein Zahlenraster, das als vermeintliche Erfolgsformel gilt. Das ist Mathematik für Memmen: Wäre eine Krise mit Managementfehlern zu begründen, müssten die Bosse sich an die eigenen Nasen fassen, anstatt einfach mal eine Entlassungswelle anzuordnen. Sie müssten Farbe bekennen. Aber das ist das letzte, was Memmen tun würden.

Ein Bewertungssystem reduziert die komplexe Beziehung zwischen Chef und Mitarbeiter auf eine einzige Zahl. Eine Zahl, die die Höhe des Gehalts nicht unwesentlich bestimmt, wenn es eine leistungsbezogene Komponente hat. Aber kann eine Note die Leistung eines Mitarbeiters gerecht abbilden?

Hier herrscht nur scheinbar Objektivität. Die Objektivität eines digitalen Kontrollsystems, das die Realität ignoriert.

Nichts ist so subjektiv wie die Beziehungen von Chefs zu ihren Mitarbeitern. Emotionen sind nicht messbar. Und dennoch verteilen Chefs Noten. Jeder auf seine Art.

Ein harmoniebedürftiger Chef, ein Kuschel-Junkie, wird das Gespräch bei Kaffee und Kuchen führen, um dem Ernst und dem Zwangscharakter der Situation die Schärfe zu nehmen. Am Ende wird die Note immer gut sein. Schließlich will die Führungskraft nicht, dass der Mitarbeiter zu schlecht wegkommt und enttäuscht sein könnte. Und wird der Druck von oben zu unangenehm, dann wird der eigene Mitarbeiter unter einem Lamento an Entschuldigungen eben nachträglich schlechter bewertet, als er oder sie es eigentlich ist.

Ein Ego-Shooter, der seine Mitarbeiter ausquetscht wie eine Zitrone, der hat mit einem Bewertungssystem ein hervorragendes Werkzeug. Wer als Mitarbeiter nicht spurt, fühlt die Konsequenzen in Form einer schlechten Bewertung und damit oft genug auch auf dem nächsten Kontoauszug.

Ein distanzierter, rational agierender und deshalb häufig auf Zahlen fixierter Sozialallergiker lässt allein die nackten Ergebnisse sprechen. Es erscheint objektiv. Aber was seine Mitarbeiter sonst noch alles bewegen und an Positivem geleistet haben – der Einsatz für das Team, die Hilfe für Kollegen, das Gespür für den Kunden – das spielt keine Rolle. Solche Chefs nehmen so etwas ja gar nicht wahr.

Der Versuch der Human-Ressource-Abteilungen, die Beziehungen und die subjektiven Eindrücke der Chefs aufwändig zu objektivieren, zielt an der Wirklichkeit meilenweit vorbei.

Das Bauchgefühl: Idee versus Arithmetik

Lassen sich in einem Unternehmen, in dem der Geist der Zahlen herrscht, neue Ideen entwickeln, die Zeit brauchen? Das ist nur schwer vorstellbar.

Wenn Umsatzprognosen von der Realität eingeholt werden, dann verliert die Geschäftsführung beim Überfliegen der Zahlen sehr schnell die Ruhe. Diesen Eindruck bekam ich zumindest, als ich mich als junger Geschäftsführer daran machte, eine Geschäftsidee in die Wirklichkeit umzusetzen.

Keine Zeit für Innovationen

Als ich Geschäftsführer eines deutschen IT-Dienstleisters wurde, brachte ich eine innovative Geschäftsidee mit. Ich legte dem Vorstand meinen Businessplan mit den angestrebten Umsätzen für die nächsten Quartale vor. Mir war klar, dass ich diese Idee sowohl intern als auch im Markt erst mal durchsetzen musste. Das brauchte eine gewisse Zeit.

Die ersten Reaktionen von großen Unternehmen waren vielversprechend. Dennoch lief es mit dem Gewinn neuer Kunden schleppender an als gedacht. Als die ersten Fachzeitschriften anfingen, unser Konzept euphorisch zu besprechen und wir zugleich zusammen mit einem Großkunden das Modell begannen Wirklichkeit werden zu lassen, war der Durchbruch zum Greifen nah.

Der Vorstand sah das allerdings anders. Wir hatten den im Businessplan auf den Euro genau anvisierten Umsatz für das erste Jahr nicht erreicht. Dass wir auf dem besten Wege waren, dies in den nächsten Quartalen nachzuholen, spielte keine Rolle. Meine Idee wurde ad acta gelegt und ich auf die Straße gesetzt. Erst als die Konkurrenz unser Konzept dann mit längerem Atem erfolgreich in die Tat umsetzte, holte man einige Jahre später meine Idee wieder aus der Schreibtischschublade.

Die Realität hält sich eben nicht immer an einen vorher fein auskalkulierten Plan. Dass der umso größere geschäftliche Erfolg einer neuen Idee auch mal einige Quartale mehr braucht, leuchtet zahlenhörigen Chefs selten ein. Eine Abweichung von einmal schwarz auf weiß vorgelegten Prognosen wird von pedantischen Chefs, die ihre Nase nicht in den Wind ihrer Märkte heben und nicht an innovative Ideen glauben, nicht hingenommen. Denn dafür müssten sie nicht den Zahlen, sondern ihrem Geschäftsinstinkt vertrauen – für von kurzfristigen Erfolgsmeldungen abhängige Memmen-Chefs ein geradezu irrationales Wagnis.

Was mir im Kontakt mit deutschen Führungskräften immer wieder auffällt: Viele verfügen nicht über dieses wichtige Talent, das es im Unternehmertum lange Zeit gab: Entscheidungen aus dem Bauch heraus zu treffen.

Dabei sind solche Entscheidungen alles andere als unlogisch. Kulminieren in ihnen doch unsere eigenen Erfahrungen und das kulturelle Wissen, das wir seit Kindesbeinen an in uns aufnehmen, verarbeiten und weiterentwickeln.

Das Bauchgefühl ist nicht nur schneller, wenn im Geschäftsalltag eine Entscheidung her muss. Es ist sehr oft auch treffsicherer. Wenn wir beispielsweise einem Verhandlungspartner gegenübersitzen, der eine Entscheidung von uns erwartet, haben wir vielleicht die Chance, aus der Situation heraus einen super Deal zu machen. Wenn wir ihm aber erklären, dass wir erst noch zwei Wochen lang Statistiken vergleichen und unseren Boss um Erlaubnis bitten müssen, ist die Gelegenheit oft genug einfach weg.

Im System der Kontrolle aber sind Bauchentscheidungen nicht vorgesehen – und das macht Manager langsam, ineffizient und für die Konkurrenz harmlos.

Jenseits der Zahlen

Ist man als Chef der Zahlenkultur in einem Unternehmen hilflos ausgeliefert?

Nein, auf keinen Fall. Gerade, wenn es der Zentrale nur um Zahlen geht, sollte man bei der operativen Arbeit nach Freiräumen suchen, um echte Werte zu zelebrieren. So kann man als Manager nicht nur sich selbst, sondern auch seinen Mitarbeitern den Blick dafür erhalten, worauf es im Geschäftsalltag wirklich ankommt. Ich habe das zum Beispiel einmal mit folgendem Ansatz praktiziert:

Team-Awards

Vor einigen Jahren, als Chef einer Vertriebsmannschaft, orientierte ich mich – was die Ergebnisse betrifft – stark an den Umsatzzielen in jedem Quartal. Ich war ehrgeizig, wollte die gestellten Ziele sogar übertreffen. Dafür förderte ich den Jagdinstinkt meiner Leute bewusst. Jeder neu gewonnene Kunde wurde ordentlich gefeiert. Aber ich wollte nicht nach Zahlen malen. Ich wollte, dass wir uns als Team selbst übertreffen, ohne dass dabei der menschliche Faktor auf der Strecke blieb.

Am Ende jedes Monats verlieh ich deshalb in meinem Bereich mehrere Awards inklusive attraktiver Sachpreise. Auszeichnungen für besondere Leistungen, die rein gar nichts mit Verkaufserfolgen zu tun hatten. Zumindest nicht auf den ersten Blick. Ausgezeichnet wurden nämlich vor allem die besten Teamplayer, der kreativste Kopf, der beste Kundenberater.

Die Botschaft an meine Leute: Mich interessieren nicht nur eure Verkaufszahlen. Es geht um mehr. Es geht darum, dass wir ein Team sind, dass wir einander respektieren, genauso wie wir unsere Kunden respektieren. Und dass wir nur gemeinsam erfolgreich sind.

Der Plan ging auf. Irgendwann war für die Verkäufer in mei-

nem Team eine Auszeichnung für kollegiales Verhalten genauso erstrebenswert wie der eigentliche Verkaufserfolg. Aus einem Team egogesteuerter Hard-Seller entwickelte sich so mit der Zeit eine eingeschworene Gemeinschaft.

Innerhalb einer lediglich an Quartalszahlen orientierten Firmenkultur etablierte ich in meinem Team eine Art Gegenkultur – eine Kultur, die auf Beziehungen setzte.

Jeder Team- oder Abteilungsleiter hat die Möglichkeit selbst zu entscheiden, wie mit dem kurzfristigen Erfolgsdruck und der Zahlenmanie der Geschäftsleitung in seinem Bereich umgegangen wird. Es ist eine Entscheidung mit Tragweite. Für die Motivation der eigenen Mitarbeiter und für den langfristigen Erfolg beim Kunden.

Dafür aber muss man hinter dem Aktenberg hervorkommen. Man muss die Interessen der Mitarbeiter und Kunden neben den eigenen sehen. Deswegen sind solche Methoden selten: Sie gehören nicht zum Repertoire der Memmen, denn sie erfordern Mut und die Einlassung auf das Menschliche in ökonomischen Transaktionen.

Zu viele Chefs verkennen, dass sich Ideen und Projekte heutzutage nur umsetzen lassen, wenn man die Menschen dafür gewinnt, wenn man sie überzeugt und motiviert. Ehrgeizige Ziele, allein in Zahlen verpackt, begeistern niemanden.

»Wir erhöhen unseren Umsatz um zehn Prozent«, nach einer solchen Ansage brennt niemand vor Euphorie.

»Wir werden zu einem Unternehmen, das Kunden lieben!« ist dagegen eine Botschaft, die weit mehr in einem Menschen auslösen kann. Weil sie einen tieferen Sinn vermittelt, warum ich als Mitarbeiter 100 Prozent geben soll. Auch wenn dieses Ziel sich weit weniger gut messen lässt.

Das Problem vieler deutscher Manager: »Sie sind auf Prozesse fixiert statt auf die Menschen dahinter«, wurde Prof. Felix Brodbeck von der Ludwig-Maximilian-Universität München 2008 in Klaus Werles Artikel »Die Manager-Klone« zitiert. Der Kontext seiner Aussage: In der internationalen Globe-Studie 2008, zu deren Initiatoren Brodbeck gehörte, waren deutsche Manager beim Punkt »Humanorientierung« auf einem der hinteren Plätze gelandet.

Sklaven der Zahlengläubigkeit sind aber nicht nur die Manager in den Unternehmen, sondern auch die Unternehmensberatungen, die das Blatt wenden sollen, wenn die Rechnerei nicht aufgegangen ist. Paradoxerweise blenden auch sie den Faktor Mensch meist beinahe völlig aus. So treiben sie das System der menschenscheuen Zahlenfetischisten noch voran, anstatt ihm wenigstens dort Einhalt zu gebieten, wo es ohnehin schon nicht funktioniert hat.

Ich erinnere mich gut an meine erste Vorstandssitzung zur Auswertung einer solchen Unternehmensanalyse, die eine namhafte Consulting-Firma angefertigt hatte. Meine Laune ging schon in den Keller, als der Vorstandsvorsitzende das Pamphlet mit Schwung vor uns auf den Tisch knallte. Das stellte mit seinem Umfang nämlich so manches Lexikon in den Schatten: 1300 Seiten Zahlen, Schaubilder, Statistiken.

Missmutig begann ich zu blättern. Und blätterte verdutzt gleich ein weiteres Mal. Und dann, schon ungläubig, noch ein drittes Mal. Ich konsultierte das Inhaltsverzeichnis und musste feststellen, dass ich richtig gesehen hatte.

Eine Seite.

Genau eine einzelne Seite dieser Unternehmensanalyse befasste sich mit dem Faktor Mensch. 1300 Seiten Zahlen. Eine Seite »People«. Ich konnte es nicht fassen.

Genauso ist es um die Wirtschaft der Memmen-Bosse bestellt: Der Mensch ist eine Marginalie im Buch der Zahlen. Und das nur, weil die Bosse zu viel Angst haben, sich auf den wirkungsvollsten aller Erfolgsfaktoren einzulassen.

Wenn wir Unternehmen langfristig erfolgreich machen wollen, dann müssen wir endlich unser Augenmerk auf das wirklich Relevante richten: Das, was Menschen motiviert, Gutes zu tun – für ihre Kunden, ihre Kollegen und ihr Unternehmen. Dafür müssen wir uns aber auch verabschieden von einem Führungsstil, der von oben nach unten durchregiert und allem Unkalkulierbaren feige ausweicht. Und stattdessen auf eine neue Kultur der Freiheit setzen, die auf das Gespür und Wissen der einfachen Führungskräfte und ihrer Mitarbeiter vertraut.

Menschen sind nicht nur keine Zahlen – sie sind auch wichtiger als die Zahlen. Sie wollen etwas erreichen, und sie können etwas bewirken.

So ist es um die Wirtschaft der Memmen-Bosse bestellt: Der Mensch ist eine Marginalie im Buch der Zahlen.

147

3. Eingezwängt:
mein Boss in seiner Welt

Selbstverständlich wissen wir, dass unsere Abteilung nicht das alleinige Zentrum des Firmenuniversums ist. Und unser Vorgesetzter kein allmächtiger Held mit Superkräften, der alles alleine entscheiden und gerade biegen könnte, wenn er nur den nötigen Mumm in den Knochen hätte.

Der misstrauische, egoistische Geist der Chefetage, mit seinem Streben nach Kontrolle und kurzfristigen Gewinnen, ist keine anonyme Macht. Wir wissen von ihm. Wir hören von ihm auf den Fluren, wir sehen sein Grinsen in der Imagebroschüre, und wir erahnen ihn zwischen den Zeilen der Dienstanweisungen unseres Chefs. Dieser Geist durchdringt von der Spitze aus ganze Unternehmen. Bis er unserem Boss in Gestalt seines eigenen Vorgesetzten und seiner Chef-Kollegen leibhaftig gegenübersteht.

Wie viel Freiheit, wie viel Verantwortung ein Boss uns gibt, wie viel Motivation, Sinn und langfristige Perspektive ein Boss uns vermitteln kann – hängt immer auch von den Einflüssen seines unmittelbaren Umfelds ab, das geprägt ist von den anderen Bossen um ihn herum.

Falls wir das je vergessen haben sollten, wird es uns spätestens wieder bewusst, wenn etwa die Führungskraft einer anderen Abteilung oder der Chef unseres Chefs hereinstürmt. Aus dem Büro unseres Vorgesetzten hören wir trotz verschlossener Tür laute Wortfetzen nach außen dringen, schauen dabei unsere Kollegen am Nachbartisch fragend an und rätseln, welche Konsequenzen der Meinungsaustausch wohl für uns selbst haben mag.

Wenn sich die Tür des Chefbüros wieder öffnet, der Besuch verschwindet und unser Vorgesetzter missmutig zum

Kaffeeautomat marschiert, dann warten wir ab, was er uns zu berichten hat – oder was er uns lieber verschweigt.

Was wir manchmal gern übersehen: Unser Boss hat seine eigene Welt.
Es ist eine Welt, in der eine Führungskraft sich erst behaupten muss.

Unser Boss ist nicht nur uns Mitarbeitern gegenüber verpflichtet, sondern muss in viele Richtungen zugleich denken und handeln. Zur Seite, zu den gleichrangigen Führungskräften anderer Abteilungen. Nach oben, gegenüber seinen eigenen Vorgesetzten und deren Chefs, die alle ihre persönlichen Interessen mit denen des Unternehmens verquicken.
Es ist eine Welt der Zwänge und Kämpfe, in denen unsere Chefs, eingeklemmt zwischen Machtblöcken, ihren eigenen und unseren Freiraum erst erobern müssen.
Tun sie es nicht, werden sie nicht nur in den Augen der Mitarbeiter zu Memmen ohne Autorität und Esprit. Sie werden reduziert zu Transmittern, zu Befehlsempfängern, zu Überbringern fremder Botschaften.
Solche Chef-Marionetten aber brauchen wir am allerwenigsten. Denn werden unsere direkten Vorgesetzten zu Spielbällen, und wir, die Mitarbeiter, werden es ebenfalls.

Zähne zeigen: Chefs unter sich

Wir vergleichen uns gern. Nicht nur von Kollege zu Kollege, sondern auch von Team zu Team. Wir schauen gemeinsam nach draußen. Zur Abteilung nebenan.
Wenn wir abends mit unseren Kollegen das Firmengebäude verlassen und dabei feststellen, dass in der anderen Abteilung noch Licht brennt und alle Tische besetzt sind.

Wenn die Firmenleitung die Erfolge eines einzelnen Teams herausstellt, das mal wieder einen Umsatzrekord aufgestellt hat.

Auf die Frage, was die anderen besser oder anders machen, kommen wir schnell auf die Person zu sprechen, die wir dafür in erster Linie für verantwortlich halten. Den Chef der anderen.

Bewundernd stellen wir fest, wie straff und gut organisiert es bei den Kollegen von nebenan läuft. Der Chef dort hat seinen Laden im Griff, sagen wir dann mit Blick auf unseren zu laschen Vorgesetzten mit neidischem Unterton. Dass der andere Boss vielleicht ein spaßbefreiter Disziplinfanatiker ist, ignorieren wir geflissentlich. Wir sehen das, was wir sehen wollen. Oder das, was die Unternehmensleitung als erstrebenswert deklariert. In einem quartalsorientierten Unternehmen vergleichen wir uns dann entsprechend unserer Umsätze.

Verkaufsmaschinerie oder Ideenschmiede – das, was ein Team nach außen darstellt, ist eng gekoppelt an das Image seines Anführers. Und das wiederum ist Ausdruck seiner Stellung im Machtgefüge der Bosse.

> Verkaufsmaschinerie oder Ideenschmiede – das, was ein Team nach außen darstellt, ist eng gekoppelt an das Image seines Anführers.

Es ist ein Wettbewerb, der gleichermaßen auf offener Bühne und hinter verschlossenen Türen stattfindet. Wie das im Folgenden beschriebene Treffen einer Geschäftsleitung, von denen ich so einige hinter mich gebracht habe:

Unter Wölfen

Das Spiel begann bereits, bevor der Geschäftsführer das Meeting eröffnet hatte. Die Bereichsdirektoren saßen nebeneinan-

der und tauschten sich aus. Über neu gewonnene Kunden, über die Unfähigkeit einzelner Mitarbeiter.

»Na, wie läuft es bei dir? War auch schon besser, oder?« Frotzeleien hier, Tuscheln da.

»Sag, wenn du Unterstützung brauchst?« »Ja, klar!« Man plauderte entspannt und belauerte sich insgeheim. Dann der Auftritt des Ober-Bosses.

»Guten Morgen, meine Herren. Und die Dame! Wie sieht es aus diese Woche? Der Reihe nach, bitte!«

Der Erste leierte mit Blick auf seine Notizen gelangweilt seine Zahlen herunter. Es lief fantastisch. Die Vorhersage für die Umsätze nächste Woche ließ keinen Zweifel. Bei der nächsten Führungskraft musste es nur noch ein bisschen mehr Druck auf den Kunden sein, und das Ganze würde sogar noch besser laufen. Alles klasse, auch bei der einzigen Dame unter den Herren.

Dass das Unternehmen in Deutschland bei weitem nicht so gut da stand, wie es könnte, hier beim Treffen der Geschäftsleitung spürte man davon nichts.

Dann war ich an der Reihe. Zum wiederholten Mal wollte ich meinen Kollegen ein innovatives Servicemodell nahebringen. Denn als Service-Experte hatte man mich ja geholt. Nur interessierte das leider niemanden.

»Hi guys, ich möchte mit Euch wieder einmal über meine kleine Revolution sprechen.«

Einige verdrehten die Augen: »Geht es auch mal kleiner?«

»No, Sir! Ich möchte, dass wir unseren Kunden einen völlig neuen Service bieten. Einen Wunschlos-glücklich-Service, mit dem wir sie langfristig an uns binden.«

Ein Bereichsleiter unterbrach: »Hey, wie lange bist Du schon hier, ein Jahr? Kapier einfach: Wir verkaufen. Ein Gerät wird bestellt, wir liefern, der Kunde packt aus. Fertig. So machen wir Kohle. Und zwar eine ganze Menge. Zumindest ich.«

Der Kollege lachte selbstzufrieden in die Runde und genoss das zustimmende Nicken. Das des Geschäftsführers moti-

vierte ihn noch einmal nachzulegen. Doch ich redete, bevor er es tat.

»Unser jetziges Modell funktioniert nicht mehr lange. Wir müssen etwas ändern. Weil die Kunden mehr erwarten. Und ich mache Euch einen Vorschlag, wie wir es tun können. In allen Bereichen. Hier ein paar Informationen dazu.«

Ich verteilte ein paar ausgearbeitete Charts.

Allgemeines, empörtes Gelächter.

Nach einigen Minuten beendete der Geschäftsführer, der mit Genugtuung verfolgt hatte, wie die Meute versuchte, mich klein zu kriegen, die Diskussion:

»Hey Patrick, wo es langgeht, das bestimme noch immer ich. Okay, nächste Woche will ich sehen, dass Ihr exorbitant gute Zahlen auf den Tisch legt. Nicht mehr, aber auch nicht weniger.«

Zehn Minuten später steigen auf dem Firmenparkplatz sechs Bereichsleiter fast gleichzeitig in ihren Wagen. Die Ausfahrt hat nur Platz für einen. Wer bremst? Im letzten Moment jeder. Wir lächeln uns an. War ja nur Spaß.

Oder auch nicht.

Die Beziehung der gleichrangigen Führungskräfte untereinander ist, anders als die zwischen Mitarbeitern und Vorgesetzten, alles andere als klar geregelt. Offiziell führt hier keiner. Einfluss besitzt derjenige, der auf den ersten Blick gut dasteht. Der lautstark und mit den besseren Argumenten seine Idee durchsetzt. Es ist ein Ringen um jedes Wort, um die eigene Interpretation der Wirklichkeit. Ein Ringen vor allem auch um die Aufmerksamkeit und Anerkennung der nächsthöheren Führungsebene, die mit allen Mitteln beeindruckt werden soll. Kampfmittel wie üble Nachrede und gezieltes Mobbing gehören nicht selten dazu. Insbesondere in angespannter wirtschaftlicher Lage verschärft sich der interne Wettbewerb, bestätigten 52 Prozent der Führungskräfte in einer Umfrage der Stellenbörse StepStone, die im

Krisenjahr 2009 unter dem Titel »Wirtschaftskrise fördert Ellenbogenmentalität« veröffentlicht wurde.

Die Folge: ein ständiges Abtasten, ein Herausfordern, ein Provozieren, ein Angeben wie auf dem Schulhof und ein Wettrüsten mit allen verfügbaren Statussymbolen; aber auch wechselnde Allianzen, wenn es Vorteile verschafft. Je nach Situation, Charakter der Beteiligten und je nachdem, wie ein Unternehmen ganz oben so tickt.

Wird auf der Vorstandsetage geprotzt, intrigiert und inszeniert, was persönlicher Einfluss und Boni hergeben, wird dieser unschöne Geist auch ein paar Etagen tiefer zelebriert. Dann liefern sich auch die kleinen Fürsten auf dem Parkplatz Duelle. Dann wird in Meetings nicht die beste Lösung gesucht, sondern der eigenen Eitelkeit Tribut gezollt.

Die Kultur des Unternehmens gibt die Spielregeln vor, nach denen inoffiziell Gewinner und Verlierer bestimmt werden. Wer am schnellsten am meisten verkauft, hat Recht, heißt es dabei in Shareholder-Value-getriebenen Unternehmen.

In Top-down-geführten Unternehmen will sich keine Führungskraft von einer anderen etwas sagen lassen, wenn diese nicht offiziell weisungsbefugt ist. Das eigene Territorium wird scharf gegen Eindringlinge bewacht. Wer als Führungskraft in einem solchen System wirklich etwas verändern will und dabei über seinen eigenen Bereich hinausgreift, der bekommt Feuer von allen Seiten. Große Ideen, die nicht die eigenen sind, werden sabotiert. Könnten sie doch den Sieg eines Nebenbuhlers bedeuten. Eine Gefahr für die Karriere, noch dazu vom direkten Konkurrenten. Da lädt der Ego-Shooter schon mal durch.

Es ist die Konkurrenz der gleichrangigen Chefs, der sich ein Boss und damit indirekt auch sein Team erwehren müssen. Wenn es etwa darum geht, welches Team für die schlechte

Geschäftslage oder den Fehler bei einem neu entwickelten Produkt verantwortlich ist. Wenn die Chefetage sich aus jedem Team Ideen vorlegen lässt und die beste auswählt. Oder wenn, wie in diesem Beispiel, ein Teamleiter seinen eigenen Weg geht und diesen gegenüber seinen Chef-Kollegen offensiv verteidigt.

Zieht ein Chef in diesen Duellen den Kürzeren, ist davon sein ganzes Team betroffen. Wenn Budgets gekürzt, wenn lukrative Aufgaben an andere vergeben, wenn Sonderrechte nur den anderen gewährt werden.

Stellt sich ein Chef nicht mit breiter Brust vor seine Leute, dann werden sie schnell zum Freiwild für hungrige interne Konkurrenten. So wie dieser Programmierer es beobachtet hat:

Der eigentliche Chef

»Unser Abteilungsleiter ist ein entspannter Typ. Er gibt seinen Mitarbeitern häufig freie Hand, das schätzen wir. Vor allem, weil wir wissen, dass nicht jede Führungskraft in unserer Firma so gut mit ihren Mitarbeitern umgeht.

Im Verhältnis zu den Leitern der anderen Abteilungen hilft ihm das aber nicht weiter. Da herrscht oft ein Hauen und Stechen. Aus den Runden der Bereichsleitung kommt er meistens mit schlechter Laune. Da drin scheint es zuzugehen wie in einem Fight Club. Man merkt ihm an, dass er sich zusammenreißen muss, um wieder einen normalen, höflichen Tonfall anzunehmen. Es scheint, als würden ihm die anderen des Öfteren mal die Butter vom Brot nehmen. Man munkelt, es hätte seinen Grund, dass unser Boss den kleinsten Dienstwagen von allen Abteilungsleitern fährt.

Als letztens einige Liefertermine nicht eingehalten werden konnten, wofür wir aber nicht allein die Schuld trugen, erschien der bekanntermaßen großkotzige Leiter einer anderen Abteilung bei uns auf der Bildfläche. Der stürmte einfach in das Büro des verantwortlichen Kollegen und machte ihn vor aller Augen rund.

Auch wenn er mit seiner Schelte nicht ganz Unrecht hatte: sich den Mitarbeiter eines anderen Teams vorzuknöpfen, das geht gar nicht. Als unser Chef dazu kam, erwartete ich, dass er eingreifen würde. Aber was machte der? Erst blieb er mucksmäuschenstill, dann versuchte er nur zaghaft, den Choleriker zu beschwichtigen. Durch die Hilflosigkeit unseres Chefs fühlte es sich an, als würde unser ganzes Team schutzlos an den Pranger gestellt.«

Werner O., Programmierer

Das Bild, dass sich die Führungsetage und das ganze Unternehmen von einem Team und den meisten seiner Mitarbeiter macht, hängt mit davon ab, wie gut und vor allem wie selbstbewusst ein Chef sein Anliegen gegenüber den anderen Chefs verkauft.

Führungskräfte haben dabei unter anderem die folgenden Möglichkeiten:

Entweder machen sie ihren Job wie alle anderen. Übernehmen also den Führungsstil und das Geschäftsgebaren der übrigen Chefs. Selbst, wenn es zu Lasten der Zufriedenheit ihrer Mitarbeiter geht. Der Vorteil: Als Führungskraft ist man unter den vielen angepassten Chef-Kollegen bestens integriert und genießt den Schutz des Korpsgeistes.

Oder sie gehen mit ihren Mitarbeiter ihren eigenen, in meinen Augen vernünftigeren und erfolgreicheren Weg. Das kommt bei den Chef-Kollegen natürlich als Herausforderung an. Zudem birgt es das Risiko, zum Außenseiter und damit zum Angriffsziel anderer Führungskräfte zu werden. Aber dafür können sie auch erfolgreicher und zufriedener werden als alle anderen Chefs im Memmen-Biotop.

Ob memmenhafter Mitläufer oder freigeistiger Held – welchen Weg eine Führungskraft auch wählt: Letztlich entscheidet sich das Schicksal eines Chefs in der Beziehung zu seinem eigenen Vorgesetzten.

Und die Memmen-Chefs haben so einige Tricks auf Lager, um diese Beziehung zu ihren Gunsten zu beeinflussen.

Zwischen allen Fronten

Die Vorstellung, dass unser Chef nicht sagt, was er denkt, sondern lediglich Übermittler fremder Ansichten sein könnte, befremdet uns. Schließlich hat er eine wichtige Funktion innerhalb des Teams: Bei unserer Arbeit orientieren wir uns in vielen Fragen an unserem direkten Vorgesetzten. Deshalb wollen wir, dass dieser Fixpunkt unserer Arbeitswelt keine von Wind und Wellengang umhergeschleuderte Boje ist, bei deren Anblick einem schwindelig werden kann. Die nachfolgend berichtende Angestellte eines Unternehmens fragt sich zu Recht, wen sie da eigentlich vor sich hat:

Wer ist unser Chef?
»Wir sind ein kleines, seit etwa fünf Jahren existierendes Team. In dem mittelständischen Beratungsunternehmen genießen wir ein hohes Ansehen. Weil unser eigenständiger Geschäftsbereich mit neuen Methoden und Produkten lukrative Kunden gewinnt, die dem Unternehmen bisher entgangen sind.

Die Geschäftsidee dafür hatte unser jetziger Chef, der das Team gemeinsam mit dem Inhaber unserer Firma aufgebaut hat. Auch wenn unser Geschäftsfeld ein Steckenpferd des Inhabers ist, hält dieser sich inzwischen aus vielen Projekten heraus. Nicht zuletzt, weil unser Teamleiter seit zwei Jahren als Geschäftsführer fungiert.

Offiziell scheinen die Zuständigkeiten also klar geordnet. Auf den zweiten Blick entpuppen sie sich aber als ziemliches Durcheinander. Man spürt es an vielen kleinen Dingen im Alltag, dass unser Teamleiter nicht die Selbstständigkeit besitzt, die man von einem Geschäftsführer erwartet. Leider liegt das vor allem an ihm selbst.

So achtet er etwa fast panisch darauf, dass jeder im Team pünktlich im Büro ist. Zuerst dachten wir, es wäre sein eigenes Anliegen. Dann bemerkten wir, wie furchtsam er immer um die Ecke schaut, ob der Inhaber zufällig morgens vorbeigeht.

Bei Personalgesprächen behandelt er das Thema Gehalt eher zögerlich. Als müsste er Zeit gewinnen. Und so ist es auch. Wie wir erfahren haben, holt er für eine Gehaltserhöhung, und sei sie noch so klein, erst die Zustimmung des Inhabers ein.

Inhaltlich ist er ein absoluter Experte. Auch als Mensch sehr angenehm. Wenn wir für einen Kundentermin eine Präsentation anfertigen, hat er zu Recht immer das letzte Wort. Da vertrauen wir ihm voll und ganz. Mischt sich aber doch mal der Inhaber ein und lässt sich die Präsentation vorstellen, nur um sie mit Gebrüll in der Luft zu zerreißen, hören wir von unserem Chef, der sie vorher freigegeben hatte, kein Sterbenswörtchen. Er überlässt es seinem Mitarbeiter, seine Ideen zu verteidigen. In solchen Momenten fühlt man sich einfach nur allein gelassen.

Der traurige Höhepunkt des Sklaventheaters war unsere Weihnachtsfeier. Wir genossen unseren gemeinsamen Teamabend, um dann umso erstaunter festzustellen, dass wir am Ende alles selbst bezahlen mussten. Warum? Weil unser Boss Angst hatte, die Rechnung einzureichen. Obwohl die meisten anderen Teamleiter genau das taten.

In unserem Team sind wir uns einig: Unser Chef fühlt sich dem Inhaber, mit dem er selbst immer in regem Kontakt steht, mehr verpflichtet als uns, seinen Mitarbeitern. Vor lauter Ehrfurcht traut er sich nicht, ihm auch mal Contra zu geben und eine eigene Haltung zu entwickeln. Damit ist er für uns aber eines nicht: ein Geschäftsführer, den wir respektieren können. Er ist so abhängig von der Gunst des Inhabers, dass er sich vor Angst in die Hosen macht, etwas könnte ganz oben nicht auf Wohlgefallen stoßen.«

Kathrin F., Projektleiterin

Was für eine Memme, oder?

Ein Team steht und fällt mit seinem Chef.

Ob wir als Team eine Identität besitzen, uns gemeinsam stark fühlen und selbstbewusst auftreten, hängt nicht zuletzt von der Statur unseres Chefs ab.

Ein Chef, der unsicher auftritt, weil er nicht weiß, was er darf oder nicht, der aus Angst vor seinen eigenen Vorgesetzten glaubt, Entscheidungen nicht selbst treffen zu können, der verunsichert seine Mitarbeiter und schwächt mit seinem Verhalten das ganze Team. Gut für das Geschäft? Ganz und gar nicht. Aber soweit denkt die Memme nicht. Ihr eigener Postenerhalt geht vor.

Mitarbeiter brauchen keinen perfekten Chef. Sie sind bereit, so manches Scheitern ihrer Vorgesetzten zu akzeptieren. Etwa, wenn sich seine Entscheidung im Nachhinein mal als die falsche entpuppt. Sie haben Verständnis für einen Rückzieher, wenn sich eine Idee aufgrund zu großer interner oder äußerer Widerstände nicht so umsetzen lässt. Sie akzeptieren selbst die größten Macken an ihrem Boss, wenn sie wissen, dass er oder sie im Ernstfall die Hand für sie ins Feuer legt.

Was Mitarbeiter von einer Führungskraft aber auf jeden Fall erwarten, ist ein bestimmtes Maß an selbstbewusster Eigenständigkeit – selbst, wenn er oder sie über sich eine ganze Reihe von weiteren Bossen sitzen hat.

Führungskräfte fühlen sich oft wie der Käse in einem Sandwich – von oben drückt die Chefetage, von unten die Mitarbeiter. Gegenüber beiden Parteien gilt es Position zu beziehen und wahrhaftig aufzutreten.

Das ist ein Balanceakt der besonderen Art.

Im Idealfall vertritt der Manager seine Mitarbeiter mutig nach oben. Legt sich für sie ins Zeug. Verteidigt ihre Ideen und Anliegen. Nicht bis zum bitteren Ende, aber doch in einem solchen Maß, dass er in der Diskussion mit seinem Boss auch mal Federn lässt. Aus Respekt auch vor seinen Mitarbeitern, die letztlich die Entscheidungen der Führung ausbaden müssen.

Seinen Mitarbeitern wiederum muss die Führungskraft im Auftrag ihres eigenen Chefs schlechte Botschaften überbringen. Das bedeutet aber nicht, dass sie gegenüber ihrem Team die eigene, kritische Meinung verschweigen sollte.

Damit wir eine Führungskraft akzeptieren, muss sie eine grundlegende Bedingung erfüllen: Unser Chef muss ehrlich und authentisch handeln. Nur dann wirkt er oder sie wahrhaftig und glaubhaft. Als eine unabhängige, wiedererkennbare Persönlichkeit, ausgestattet mit Ecken und Kanten, an denen sich die Mitarbeiter, aber auch die Führungsetage reiben können. Führungskräfte aber, deren unangepasster Widerstandswille im täglichen Konkurrenzkampf und dem Druck der hierarchischen Mühlsteine glatt gerieben wurde, bringen irgendwann nicht mehr die Kraft auf, sich den notwendigen Freiraum zu erkämpfen, den sie und ihre Mitarbeiter brauchen. Bei ihnen hat das Memmen-Biotop ganze Arbeit geleistet.

Chefs sind auch nur Angestellte

Führungskräfte im unteren und mittleren Management spielen meist eine Doppelrolle: Sie sind Chef und zugleich Untergebener. Das, was ein einfacher Angestellter von seinem Chef erwartet, das erwartet dieser Chef wiederum auch von seinem Vorgesetzten: Respekt, Vertrauen, Wertschätzung. Wenn aber der Oberste in der Befehlskette dazu nicht bereit ist, dann sind die Folgen noch auf den untersten Hierarchiestufen spürbar. Der studentische Praktikant, der mir das folgende Beispiel erzählte, hat das noch vor seinem eigentlichen Eintritt ins Berufsleben spüren können:

Hochrote Köpfe

»Als ich ein Praktikum in einem großen deutschen Unternehmen, einem Hersteller im Bereich Kraftfahrzeugtechnik, anfing, hatte ich keine Vorstellung davon, in welche zwischenmenschlichen Turbulenzen ich hineingeraten würde.

Es gab zwei Teams, zwischen denen ich hin und her wechselte und die mir vorkamen wie Himmel und Hölle. Die Hölle wurde von einer Frau geleitet, die den Eindruck machte, sie würde jeden Moment kollabieren, so hektisch und verunsichert war sie. Wenn sie mal kurz auf den Fluren in Erscheinung trat und einer ihrer Mitarbeiter es wagte, die Gehetzte anzusprechen, erhielt er eine Abfuhr, die sich nicht mal mehr als unhöflich beschreiben lässt, sondern nur noch als unverschämt. Ich hielt meinen Mund, wenn ich so etwas sah, obwohl es mir schwer fiel.

Als ich zum ersten Mal beim Treffen der gesamten Abteilung dabei sein durfte, erahnte ich, was die Teamleiterin zur Getriebenen machte.

Der Abteilungsleiter betrat den Konferenzraum mit hochrotem Kopf, knallte die Tür hinter sich zu, klopfte laut auf den Tisch und forderte im Befehlston die Teamleiterin auf, ihre Zahlen vorzulegen. Kaum hatte sie begonnen, unterbrach er sie auch schon *wieder. Sie wollte sich noch einmal zu Wort melden, doch er winkte nur mit der Hand ab. Völlig entnervt, mit Tränen in den Augen, sprang sie auf, nahm ihre Sachen und verließ den Raum. Das war wohl schon öfter vorgekommen, wie ich später hörte. Wahnsinn, dachte ich mir nur, was für ein schrecklicher Typ.*

Einige Tage später sah ich ihn in seinem Büro, wie er wiederum von seinem Vorgesetzten, dem Geschäftsführer, die Leviten gelesen bekam. Als der Ober-Chef aus dem Zimmer stürmte und im Eiltempo, ohne nach links und rechts zu schauen, durch die Gänge raste wie ein angeschossener Eber, war die Ähnlichkeit zwischen beiden Männern unübersehbar: ihre knallroten Gesichter, dieser gehetzte Blick.

Mich wunderte nichts mehr. Außer der Tatsache, dass die andere Teamleiterin, die den »Himmel« verantwortete, in dieser Atmosphäre überhaupt noch die Nerven behielt. Kaum wechselte ich in ihren Machtbereich, bemerkte ich den Unterschied in der Atmosphäre. Alle waren freundlich, locker, entspannt.

Sie blieb souverän, selbst als der Abteilungschef auf ihre Kosten seinen eigenen Kopf zu retten versuchte. Der Geschäftsführer hatte ihn beauftragt, einige Marktdaten auszuwerten, aber er hatte die Aufgabe, die einige Wochen in Anspruch nahm, glattweg vergessen. In der Not bat er die entspannte Teamleiterin, innerhalb einer Stunde ein kurzes Papier mit ein paar Zahlen anzufertigen – ohne ihr die Situation zu erklären. Sie tat wie befohlen. Als der Geschäftsführer den Abteilungsleiter bat, seine Ergebnisse zu präsentieren, verwies dieser auf meine himmlische Teamleiterin. Für einen Moment fiel ihr das Gesicht herunter. Natürlich reichte das kurze Papier nicht.

Der Abteilungsleiter hatte meine Chefin gelinkt. Das sagte sie ihm danach ins Gesicht.

Wie die Sache ausging? Mit einem Happy-End: Drei Monate später war sie die Chefin der Abteilung.«

Stefan B., Student

Es ist eine unglaubliche Herausforderung: Man selbst soll zu seinen Mitarbeitern gerecht, aufmerksam, freundlich und motivierend sein und wird von seinem eigenen Vorgesetzten behandelt wie der letzte Dreck. Die Unzufriedenheit, sie ist im mittleren Management besonders ausgeprägt. In Deutschland ist sie leider stärker verbreitet als in anderen Ländern, wie das Marktforschungsunternehmen International Communications im Auftrag der Unternehmensberatung Accenture herausfand. 51 Prozent der Manager seien unzufrieden, schrieb die *Wirtschaftswoche* 2006 im Artikel »Der stille Frust der Halbleiter« unter Berufung auf die Ergebnisse dieser Studie. 62 Prozent waren der Ansicht, ihre Leistung werde nicht angemessen gewürdigt. Die Frustwerte für die anderen Länder wie USA, Frankreich und Großbritannien lagen dagegen deutlich unter 50 Prozent.

Nun, die Wahrscheinlichkeit, dass jemand, der selbst schlecht geführt und ständig demotiviert wird, andere ebenso schlecht führt und demotiviert, dürfte nicht allzu gering ausfallen.

Viele mittlere Manager stehen im Schatten des Top-Managements. Sie werden bei der strategischen Planung nicht eingebunden, erhalten wenig Verantwortung und noch weniger Befugnisse. Aber selbst dort, wo das anders ist, scheint nicht jeder Chef bereit zu sein, seine Chancen zu nutzen. Mit den Augen einer Memme sehen Freiräume nämlich schnell nach übermäßiger Verantwortung aus, die vor allem Risiken birgt.

Freiräume? Nein danke!

Bei der Übernahme eines Geschäftsbereichs vor einigen Jahren stand ich vor einer Herausforderung, die ich so nicht erwartet hatte: Wie bringe ich die mir unterstellten Teamleiter dazu, von ihrer Möglichkeit, selbstständig zu handeln, Gebrauch zu machen? Keine leichte Aufgabe.

Feier, wenn du willst

Als ich den Geschäftskundenbereich des großen Computerherstellers übernahm, hatte ich mit einem Schlag 400 Mitarbeiter unter mir. Diese waren bisher einem strikten Führungsstil aus Befehl und Gehorsam unterworfen gewesen. Das wollte ich ändern. Mit Hilfe meines Dutzends Teamleiter. Ohne sie war keine Veränderung möglich. Sie musste ich zuerst überzeugen. Sie sollten dazu übergehen, ihren Teams mehr Freiheiten zu gewähren, ihre Mitarbeiter selbstständiger arbeiten zu lassen. Konsequenterweise sollten selbstverständlich auch meine Teamleiter selbstständiger Entscheidungen treffen können als unter meinem Vorgänger. Ich nahm an, dass alle den neuen Kurs bejubeln würden. Aber da irrte ich mich gewaltig.

Ein harter Kern von Teamleitern verweigerte sich in jeder Hinsicht.

Die neuen Freiheiten ihrer Mitarbeiter empfanden sie als Bedrohung, sie fühlten ihren Status als Chef untergraben. Mit diesen Bedenken hatte ich noch am ehesten gerechnet. Mehr erstaunte mich das zweite Problem dieser Teamleiter. Sie kamen auch mit der neuen Eigenständigkeit, die ich ihnen selbst gewährte, nicht zurecht.

Sei es, dass sie bei jedem freizugebenden Budget mein Go einforderten, die Einstellung jedes Praktikanten mit mir absprechen wollten. Ich hatte nichts dagegen, wenn ein Teamleiter meinen Rat einholen wollte. Aber dies war etwas anderes. Sie trauten sich nicht, Verantwortung zu übernehmen. Ich konnte die Angst in ihren Augen sehen: Was, wenn etwas schief geht?

Zu meiner Vorstellung von Führung gehört auch, dass ein Chef mit seinen Mitarbeitern gemeinsam Erfolge feiert. Das können sie meiner Ansicht nach immer dann tun, wenn sie es für richtig halten, also nicht nur an Weihnachten. Dafür hatten

sie meinen Segen. Würde das Controlling die Rechnungen be-
anstanden, würde ich mich einschalten. Aber auch da zögerten
einige meiner Führungskräfte.

Als ich nachhakte, wurde mir klar, warum: Die zuvor herr-
schende Misstrauenskultur hatte tiefe Spuren bei ihnen hinter-
lassen. Sie waren mental noch gefangen im alten System. Mei-
nen Neuerungen und damit auch mir trauten sie nicht. Sie
fürchteten, dass letztlich die Geschäftsleitung mich und damit
auch sie selbst zur Rechenschaft ziehen könnte. Nach etlichen
Versuchen, diese Angstkultur zu verändern, hatte ich keine an-
dere Wahl: Ich trennte mich von den Teamleitern, die sich zum
Schaden ihrer eigenen Mitarbeiter der neuen Freiheit verwei-
gerten.

Freiheit braucht Mut. Nicht jede Führungskraft bringt die
persönliche Stärke mit, die eigene Chef-Rolle zum Wohle
der eigenen Mitarbeiter auszufüllen. Aus Angst, für Fehler
bestraft zu werden – für die eigenen und die der Mitarbeiter.

Das Budget für das Projekt eines Mitarbeiters ohne Rücksprache mit dem Ober-Boss freigeben, beim Gewinn eines
neuen Kunden kurzfristig eine Team-Feier schmeißen – ein
eigenständig handelnder Chef kann ein Team gewaltig motivieren und nach vorn bringen.

In dem geschilderten Fall mussten die Teamleiter die von
mir gewährte Freiheit nicht erst erkämpfen. Ich forderte sie
vielmehr dazu auf, sie im Sinne ihrer Mitarbeiter zu nutzen.
Doch ihnen fehlte der Mut dazu. Die Verantwortung, die
mit der Freiheit einhergeht, war ihnen suspekt. Lieber wähl-
ten sie maximale Absicherung mit minimalen Risiken für
sich selbst, als maximale Freiheit mit maximalen Erfolgsaus-
sichten, aber auch einem höherem Risiko des Scheiterns.

Einen Memmen-Chef erkennt man an seinem Verhalten
im Angesicht der Gefahr. Wo nur irgend möglich, weichen
alle Memmen-Typen unberechenbaren Situationen aus.

Wenn ein Risiko aber mal unausweichlich ist, dann kann man unsere Pappenheimer wieder unterscheiden: Der Ego-Shooter schiebt einen Mitarbeiter als Zielscheibe vor sich her. Der Sozialallergiker hält sich schützend eine Statistik vors Gesicht. Die Kuschelmemme jammert – wie immer – um im letzten Moment doch mit geschlossenen Augen den Abzug zu drücken und einfach ins Blaue zu schießen. Hauptsache, die Gefahrenquelle wird unschädlich gemacht.

4. Fazit: mein Boss und das System

Keine Frage: Wie gut es mit meinem Chef läuft, das hängt nicht nur von ihm und mir ab – obwohl diese Beziehung oft schon schwierig genug ist. Vielmehr sind wir beide Teil eines größeren, komplexen Geflechts an Beziehungen. Teil eines Systems, in dem über viele Hierarchiestufen herab vorgeschrieben wird, wie wir zu arbeiten haben und worauf es in unserer Beziehung vermeintlich ankommt.

Mit einem Memmen-Chef an der Spitze des Teams ist das Überleben in diesem Dschungel der Interessen und Vorgaben eine tägliche Kraftprobe für die Mitarbeiter. Wenn es von oben Zahlen regnet, hält er einen Trichter drunter und dirigiert die Zahlenkolonne direkt zu uns weiter. Wenn er von seinem Ober-Boss einen Rüffel bekommt, reagiert er sich seinerseits bei uns ab. Wenn die anderen Abteilungsleiter ganz oben besser angesehen sind als er, kann das eindeutig nur an uns liegen. Welche Suppe die Geschäftsführung ihm auch immer einbrockt – auslöffeln dürfen wir Mitarbeiter sie. Und viel zu oft frustriert dabei zusehen, wie die Abteilungsmemme in ihre Muster verfällt: Der Ego-Shooter brüllt. Der Sozialallergiker türmt den Aktenberg vor sich noch ein Stück höher. Der Kuschel-Junkie heult.

Der reinste Komödienstadl. Nur stehen wir leider mit auf der Bühne.

Dabei geht es auch anders – natürlich. Unser Chef könnte statt einem Trichter auch einen Schirm aufspannen, damit wir wenigstens gewarnt sind, wenn es Schwefel regnet. Er könnte den Rüffel erst einmal für sich klären und dann in verständliche, begründete Anweisungen übersetzen, mit denen wir etwas anfangen können. Er gehört ja zum Team – wenn wir ihn achten, werden wir ihm beistehen. Und die arroganten Kollegen müssten ihn auch nicht interessieren, wenn er seinerseits dafür sorgt, dass wir einen guten Job machen und deshalb andere Abteilungen nicht fürchten müssen. Und wenn es doch mal Ärger gibt, dann löffelt ein gutes Team auch eine versalzene Suppe gemeinsam aus. Genau genommen könnten sich unsere Memmen-Chefs das Leben also schon mal um einiges leichter machen, wenn zur Angst vor denen da oben nicht auch noch die Angst vor uns hier unten käme.

Mit mehr Selbstbewusstsein in beide Richtungen freilich wäre allen am meisten geholfen – das Unternehmen eingeschlossen. Um dem Memmentum den Kampf anzusagen, müssten unsere Chefs allerdings das Risiko eingehen, dem Misstrauen zu entsagen. Doch wer als Führungskraft in einem System des Misstrauens mit seinen eigenen Ideen gegensteuern will, der braucht dafür vor allem eines: Mut.

Den Mut, die Auseinandersetzung mit dem eigenen Vorgesetzten und den großen Bossen zu riskieren. Den Mut, in Konkurrenz mit den gleichrangigen Führungskräften zu treten und seinen eigenen Weg durchzufechten. Und den Mut, sich dem herrschenden dunklen Geist eines Unternehmens zu widersetzen.

Wie der Kampf auch ausgehen mag, ob aus dem eigenen kleinen Reich ein Paradies für Mitarbeiter wird oder am Ende nur eine halb fertige, fragile Baustelle – jeder Vorgesetzte gewinnt durch mutiges Handeln an Kontur und wird zu einer Persönlichkeit. Einem Leader, der entscheidenden Einfluss darauf hat,

> Wie mächtig ein System ist, erkennt man an seinen Memmen. Wie gut aber ein Unternehmen ist, erkennt man an der Freiheit seiner Mitarbeiter.

wie sich seine Mitarbeiter als Team wahrnehmen. Und ob dieses Team gemeinsam erfolgreich sein kann.

Wie mächtig ein System ist, erkennt man an seinen Memmen. Wie gut aber ein Unternehmen ist, erkennt man an der Freiheit seiner Mitarbeiter.

TEIL DREI

Die große Mutlosigkeit:
Mein Boss und die Folgen

Wenn wir an erfolgreiche Anführer denken, fallen uns die aufregendsten Heldengeschichten ein. Geschichten von Menschen, die große Risiken eingingen, um Großes zu erreichen.

Entdecker wie Christoph Columbus, der befürchten musste, dass er und seine Leute die Überquerung des unbekannten Ozeans nicht überleben würden. Forscher wie Charles Darwin, die an ihre Ideen glaubten, obwohl Kollegen sie anfeindeten und die breite Öffentlichkeit ihre Theorien für Unfug hielt. Industriepioniere wie Carl Benz, dessen Kritiker den Motorwagen spöttisch als »kurzlebige Modeerscheinung« abtaten.

Oder ein Unternehmensführer wie Steve Jobs, der bis zu seinem Ableben den Geist von Apple verkörperte, seine ganze Kraft in die Entwicklung revolutionärer Produkte legte und zugleich bei jedem Launch vor die Welt trat und seine ganze Persönlichkeit in die Waagschale warf, um in jedem von uns die Leidenschaft für das Neue zu wecken. Die Welt trauert um ihn wie um einen Popstar.

Wer aber würde um den Homo oeconomicus trauern, wenn man ihn für tot erklärte?

Die Helden der Vergangenheit und der Gegenwart haben einiges gemeinsam: Sie alle stellen den Status Quo in Frage. Mit ihren Zielen und Visionen, die die gesamte Welt verändern. Sie gehen voran und betreten Neuland und gehen dabei ein enormes persönliches Wagnis ein: das Risiko, vor aller Augen zu scheitern.

Helden sind Menschen, die ihre Ideen nicht verwalten, sondern gestalten. Die für eine Sache brennen und ihre Hingabe auf ihre Mitstreiter übertragen, sie mit ihrer Leidenschaft anstecken. Die keine Angst haben, Menschen mit Herz und Verstand zu führen, und jederzeit die Verantwortung für das Gelingen ihrer Vorhaben zu übernehmen.

Sie sind Getriebene – getrieben nicht von äußeren Zwängen, sondern aus sich heraus von ihren Ideen. Dieser Antrieb ist das Geheimnis der »Natural Born Leader«. Sie führen nicht um der Führung willen, sondern im Sinne der Ideen, für die sie stehen.

Okay, große Helden sind ganz sicher eine Kategorie für sich. Aber bedeutet dies, dass unsere Führungskräfte in einem x-beliebigen Unternehmen auf irgendeiner Hierarchiestufe nicht in diesen Maßstäben denken und handeln könnten und dies nicht immer anstreben sollten?

Ich bin der Überzeugung, dass Mitarbeiter sich solche Vorgesetzte nicht nur wünschen, sondern fordern sollten. Und dass jede Führungskraft im Rahmen ihrer Möglichkeit zum Helden werden kann.

Unsere Vorstände, die Weltenlenker ganz oben, haben wahrscheinlich kein Problem damit, sich das Heldenabzeichen an die Brust zu heften – für die von ihnen angezettelten Umstrukturierungen, für ihren Ehrgeiz, die eigene Firma zum Weltkonzern zu stilisieren. Auch wenn es ihnen dabei nicht um eine Idee geht, sondern um puren Kommerz. Und um ihr Ego.

Dabei sind es die vielen kleinen Helden, die gemeinsam das große Rad erst zum Drehen bringen.

Jedes noch so kleine Projekt, das die Führungskraft eines Teams, einer Abteilung oder eines größeren Bereichs angeht, steht für einen Aufbruch ins Unbekannte. Die Entwicklung eines innovativen Produkts, einer neuen Dienstleistung, die Gewinnung neuer Kunden, ehrgeizige Wachstumsziele. Neuland, das es zu erobern gilt, und in dem sich eine Führungskraft und ihr Team bewähren müssen. Herausforderungen, die nicht immer vorhersehbar sind.

Jeder Chef kann und muss auch ein persönliches Interesse am Erfolg des Vorhabens verfolgen, eine Vision vorgeben und seine Mannschaft für die gemeinsame Idee begeistern. Und für das Risiko der eigenen Entscheidungen sowie für die Arbeit seines Teams die Verantwortung übernehmen, wenn statt einem Erfolg eine Niederlage einzugestehen ist.

All das können Bosse leisten, die großen wie die kleinen. Aber dafür müssen sie, wie es sich für Heldenkandidaten gehört, Widerstände überwinden – die inneren, angelegt in ihrer Persönlichkeit, und die äußeren, auferlegt vom Geist des Systems. Und von beiden gibt es reichlich.

Wie in Teil zwei geschildert, unterbinden Misstrauen und Kontrollsucht der Unternehmensführung oft jede Eigenständigkeit der untergeordneten Chefs. Widerspruch wird nicht geduldet. An kurzfristigen Erfolgen orientierte Zahlengläubigkeit ersetzt den Glauben an große, neue Ideen. Das hektische Klein-Klein der Job-Verwaltung, die tägliche Konkurrenz und das Behaupten in der Hierarchie entziehen den Bossen vor allem im mittleren Management viel zu oft jede Energie für große Würfe.

Es ist ein System des Memmentums, das Bosse, die es besser könnten, klein hält. Und es ist auch ein System, das von Anfang an Memmen bevorzugt aufsteigen lässt. Das Jasagern den Weg ebnet. Das Fachexperten nach oben holt, die alles können, nur nicht ihre Mitarbeiter begeistern und motivieren. Die alles wissen, nur nicht, wie man mit Menschen umgeht und wie man sie führt. Es ist ein System, das auf glattgebügelte Karrieristen ohne biografische Brüche setzt.

Die Folge: ein Übermaß an Mutlosigkeit in deutschen Chefbüros.

Gehetzte Chefs, die vor den Vorgaben ihrer eigenen Vorgesetzten kapitulieren und vom ständigen Rauschen der digitalen Informationsflut vorwärts getrieben werden, statt selber zu gestalten und ihren Mitarbeitern Orientierung zu geben.

Erstarrte Chefs, die alle Kraft darauf verwenden, ihren Status zu verteidigen anstatt Neues zu wagen und gute Ideen und Mitarbeiter nach oben zu katapultieren.

Feige Chefs, die sich in den entscheidenden Momenten lieber aus dem Staub machen, als für ihre Mitarbeiter und ihr Tun einzustehen und mutig voranzugehen.

Wir haben es in Deutschland immer öfter mit Bossen zu tun, die den Mut verloren haben, für etwas zu kämpfen. Die es gar nicht für möglich halten, sich gegen das autoritäre System des Memmen-Biotops aufzulehnen. Die sich nicht trauen zu träumen, dass auch ihr Unternehmen sich wandeln kann – wenn nur einer den Mut hat, den ersten Schritt zu machen und Nein! zu sagen.

Der Umgang mit dieser hausgemachten Mutlosigkeit, mit den Fallstricken der Unternehmen und mit den eigenen Ängsten entscheidet darüber, ob eine Führungskraft zum Leidwesen ihrer Mitarbeiter als Memme auftritt oder nicht.

Ich glaube, dass jeder Boss das Zeug zum Helden in sich trägt.

1. Festgesessen:
Status Quo im Chefbüro

Wer es als Manager ganz nach oben geschafft hat, der ist von dort meistens nicht mehr wegzukriegen. Auch wenn Vorstände mittlerweile alle fünf Jahre ihren Job wechseln oder bei schlechtem Kursverlauf auch mal vorzeitig gehen müssen: Sie landen nicht nur finanziell weich, sondern meist auch schnell wieder im nächsten, hochdotierten Posten. Wer einmal ganz oben ist in der Konzernlandschaft, der bleibt oben. Und traut sich einiges.

Versagensangst, Unsicherheit, Furcht vor Veränderungen: Fremdwörter für Obermann, Mehdorn, Ackermann und Co. Sie wollen gestalten und tun dies auch. Die Rendite der Anleger und die eigenen Bonuszahlungen fest im Blick werden munter Umstrukturierungen angeschoben, Mitarbeiter entlassen, ganze Bereiche verkauft oder ausgelagert. Wer existenziell nichts mehr zu befürchten hat, so scheint es, der hat auch keine Angst mehr vor Misserfolgen.

Aber ist das der Mut, den wir brauchen?

Unterhalb des Top-Managements und seiner Entourage ist von Wagemut und Veränderungswille wenig zu spüren. In den Reihen des mittleren Managements, bei den Bereichsleitern, den Team- und Abteilungsleitern bis hin zu den Meistern in der Produktion schwankt die Stimmung zwischen Frust und Angst und dem panischen Willen, bei all den Kopfgeburten von Change-Projekten vor allem den eigenen Kopf über Wasser zu halten.

Denn die Manager im Unter- und Mittelbau sind es, die die Verantwortung dafür übernehmen müssen, dass auch die radikalsten und egozentrischsten Ideen der Führungsspitze umgesetzt werden. Ideen, an deren Entstehung sie nicht beteilig sind, zu denen sie nie befragt werden und für die sie am Ende ihre Mitarbeiter gewinnen müssen. Und wehe, sie schaffen es nicht!

Längst werden nicht nur einfache Mitarbeiter in großer Zahl vor die Tür gesetzt. Auch die Führungskräfte der mittleren Ebenen können sich ihrer Anstellung nicht mehr sicher sein. Der von Siemens-Chef Löscher als sogenannte Lehmschicht bezeichnete Mittelbau ist in den Fokus gerückt. Seit Jahren bröckelt die Lehmschicht. Die Begründung von Vorständen wie Löscher: Zu viel des Veränderungswillens der Führungsspitze versickere auf dem Weg von oben nach unten in der zähen Masse der mittleren Hierarchie.

Kein Wunder. In Unternehmen, in denen die Führungsspitze dem Können ihrer eigenen Manager misstraut und ihnen viel Verantwortung, aber wenige Befugnisse zuteilt, macht ein Manager auf einer x-beliebigen Führungsebene vor allem eines: Er oder sie rechtfertigt seine eigene Existenz – indem er zeigt, wie gut er seinen Laden unter Kontrolle hat.

Große Bosse, die kleinere Bosse kontrollieren, die wiederum ihre Mitarbeiter kontrollieren. Wo die Kontrolle des Chefs dessen vornehmliche Daseinsberechtigung ist, treibt jede Hierarchieebene das Unternehmen immer mehr in die Selbstblockade. Wenn von oben auf Befehl und Gehorsam gesetzt wird, riskieren Führungskräfte darunter wenig bis gar nichts. Selbst wenn sie spüren, dass sie sich auflehnen müssten, unterdrücken sie ihr Bauchgefühl. Der unternehmerische Instinkt ist kein gutes Instrument des Postenerhalts. Die Angst schon eher.

Die Paranoia greift um sich im Memmen-Biotop. Eigeninitiative, Innovation und Leidenschaft? Fehlanzeige! Viel zu gefährlich. In einer Angstkultur liegt der Fokus auf Selbstschutz statt auf Verbesserung des Unternehmens.

Vor allem immer dann, wenn die eigene Karriere ins Stottern gerät.

Was in jungen Jahren vielleicht aussichtsreich begann, endet für viele in der Sackgasse. Die Konkurrenz unter den Bossen ist groß. Das Gefühl, das einmal erreichte nur noch sichern zu müssen – meist tritt es hervor, wenn Manager den mittleren Lebensabschnitt erreichen. Ein festgefahrenes Leben in der Midlifecrisis, Verlustangst, verlorengegangene Ideale. Es gibt etliche Gründe, sich an seinem Chefsessel festzukrallen und jeder Veränderung die Stirn zu bieten.

> Der gefühlte Karrieregipfel ist die Hauptsaison des Memmentums: wenn es scheinbar nichts mehr zu gewinnen gibt – aber viel zu verlieren.

Der gefühlte Karrieregipfel ist die Hauptsaison des Memmentums: wenn es scheinbar nichts mehr zu gewinnen gibt – aber viel zu verlieren.

Stillstand bis zum Ruhestand

Viele Chefs erleben ihre eigene Karriere als einen kontinuierlichen Aufstieg. Über Jahre hinweg geht es immer weiter aufwärts – durch eigenen Einsatz oder weil die Beförderungswellen im Unternehmen sie automatisch nach oben spülen.

Irgendwann aber kommt fast jede Karriere an ihre Grenzen und damit zum Erliegen. Und damit nicht selten gleich das ganze Team, wie in der Entwicklungsabteilung des folgenden Unternehmens:

Dienst nach Vorschrift
»Seit zwei Jahren arbeite ich in der Abteilung für Produktentwicklung eines großen Konsumgüterherstellers. Ich bin ehrgeizig und will etwas bewegen. Vor einem Jahr habe ich einen

neuen Chef bekommen. Einen erfahrenen, freundlichen Mann, der mir bei meinen Fragen gern hilft. Und dennoch treibt er mich zur Verzweiflung.

Als er von einer anderen Firma zu uns gewechselt ist, hatte ihm der damalige Vorstand einen Geschäftsführerposten in Aussicht gestellt. Der Posten in unserem Bereich sollte nur eine vorübergehende Lösung sein. Deshalb bekam er schon bei seinem Einstieg das Gehalt eines Geschäftsführers.

Bald wechselte aber die Unternehmensführung. Die neue Spitze will von den alten Beförderungsplänen natürlich nichts mehr wissen. Alles, was die vorherige Geschäftsführung im Sinn hatte, kann natürlich nur falsch sein. Nun sitzt mein Chef also in dieser untergeordneten Position, die er eigentlich gar nicht angestrebt hat. Man munkelt, dass sie ihn am liebsten loswerden würden, schließlich bezieht er mehr Geld als die meisten anderen in dieser Führungsetage.

Diese Gerüchte dringen natürlich auch zu ihm durch. Seitdem hat er diesen ängstlichen Blick. Manchmal zuckt er regelrecht zusammen, wenn jemand unerwartet sein Büro betritt. In den Meetings mit der Geschäftsführung ist er auffallend ruhig geworden und redet nur noch, wenn er gefragt wird. Als könnte jedes falsche Wort, dass er sagt, sein letztes sein. Seine Devise scheint jetzt zu lauten: Nur nicht auffallen, weder positiv noch negativ.

Und diese Devise überträgt er auf unser gesamtes Team.

Einige Kollegen, die eher eine ruhige Nummer schieben wollen, scheint das nicht groß zu stören. Mich dagegen schon. Wir machen immer nur genau das, was von oben verlangt wird. Nicht mehr. Eben Dienst nach Vorschrift. Wann immer ich mit einer neuen Idee komme, wiegelt er ab. Ja, das sei zwar gut, aber das wolle er der Führungsetage nicht zeigen. Ich hätte ja noch so viel Zeit und bekäme sicher noch genügend Gelegenheiten in meiner Karriere, um mich zu beweisen. Jetzt aber sollten wir nicht zu viel Wind machen.

Innerlich könnte ich bei solchen Sätzen ausrasten! Die ganze Abteilung muss stillhalten, damit er nicht ins Fadenkreuz gerät! Zuerst nahm ich es persönlich. Bis ich kapierte, warum er sich so verhielt.

Er ist Ende 50. Noch einmal eine neue, ebenso gut bezahlte Stelle zu bekommen, das traut er sich nicht mehr zu. Sein Ziel: Durchhalten und das schöne Geld mitnehmen. Bis zum Ruhestand.

Für mich heißt das: Nichts wie weg. Sonst versauern nicht nur meine Ideen auf ewig in der Schublade.«

Esther F., Ingenieurin in der Produktentwicklung

Je weiter oben auf der Karriereleiter eines Unternehmens ein Manager schon angekommen ist, desto weniger freie Chefsessel sind zu vergeben. Da ist das Gedränge von unten groß. Vor allem im deutschen Mittelbau, in dem die geburtenstarken Jahrgänge aus den 60er-Jahren die Positionen besetzen und zugleich für jüngere Kandidaten ihre Sessel nicht frei machen. Dort aber, im Mittelbau, endet für die meisten auch der Aufstieg.

Plötzlich gibt es kein persönliches Ziel mehr, keinen motivierenden Ausblick. Der eigene Arbeitgeber, so die Meinung von 45 Prozent der befragten Manager in einer Studie des Marktforschungsunternehmens International Communications im Auftrag der Unternehmensberatung Accenture, zeige ihnen keinen klar erkennbaren Karriereweg mehr auf. Alles sei unstrukturiert, zitierte die *Wirtschaftswoche* 2006 im Artikel »Der stille Frust der Halbleiter« die Ergebnisse der Studie weiter.

Gleichzeitig zu dieser Orientierungslosigkeit aber lässt der Druck von allen Seiten nicht nach. Eher im Gegenteil.

Es ist, als hinge man mitten in der Bergwand und sieht über sich weder Seil noch Haken. Spätestens in diesem Moment, wenn man mitten in der Hierarchie zwischen ganz oben und ganz unten festsitzt und die Luft in den einmal erreichten Führungshöhen dünner wird, richtet so mancher Chef seinen Blick nicht mehr sehnsuchtsvoll nach oben auf den nächsten, vermutlich nicht mehr erreichbaren Karrieregipfel, sondern angstvoll nach unten. Wer hoch steigt, kann bekanntlich auch tief fallen.

Angst ergreift die Chefs. Eine ungeheure Verlustangst, die selbst die agilsten unter ihnen in eine Memme verwandeln können. Eine kraftlose, zögerliche, zaudernde Memme, die nichts mehr will als das zu behalten, was sie bereits besitzt: ihren Posten mit einem nicht zu verachtenden Gehalt.

Diese Memmen werden im Unternehmensgefüge zur Blockade. Die die ehrgeizigen Vorhaben der Führungsspitze mit halber Kraft angehen und sich so den Unwillen von oben zuziehen. Und die nicht die geringste Energie und Bereitschaft aufbringen, die eigenen, vor allem die jungen Mitarbeiter, auf ihrem Weg nach oben zu unterstützen. Nur keine Welle machen. Sie könnte einen ja selbst von Bord werfen.

Die große Angst vorm Scheitern

Angst ist kein guter Ratgeber. Chefs, die sich selbst und andere blockieren, die ängstlich nach oben zu ihren Vorgesetzten schauen, entwickeln sich für Mitarbeiter oft genug zu wahren Terror-Memmen. So wie eine Marketingassistentin es mir von ihrem Boss beschrieb:

Protokoll-Terror

»In unserem Unternehmen jagt im Moment ein Meeting das nächste. Wir wollen endlich wieder ein neues Pflegeprodukt erfolgreich in den Markt einführen. Daran sind etliche Abteilun-

gen beteiligt, unter anderem Vertrieb, Marketing und Unternehmenskommunikation. Andauernd gibt es etwas abzustimmen – da wird unglaublich viel diskutiert. Zu jedem Meeting wird selbstverständlich auch ein Protokoll verfasst. Und damit beginnen die Probleme erst richtig. Als Assistentin war ich die letzten Male dafür zuständig. Mein Protokoll-Entwurf ging an alle anderen Abteilungen. Eigentlich würde man ja erwarten, dass alle Beteiligten so eines Treffens genau wüssten, was gesagt wurde. Denkste. Wenn alle die Ergebnisse schwarz auf weiß vor sich haben, wird es hochpolitisch. Um jedes Wort wird gefeilscht. Da wird nachträglich die eigene Meinung angepasst, wenn es opportun ist, manchmal sogar vollständig revidiert. Manchmal könnte ich lachen über den plötzlichen Gedächtnisverlust. Aber ich halte besser den Mund. Um einen positiven Beitrag geht es den meisten längst nicht mehr. Hier verteidigt jeder nur noch ängstlich und verbissen sein Revier.

Das ist Machtkampf pur, bei dem sich die Abteilungsleiter offiziell die Hände nicht schmutzig machen wollen. Fakt ist aber: Jeder der Chefs hat etwas zu verlieren. Die Protokolle werden schließlich auch ganz oben gelesen, so sagt man zumindest. Wer sich da als Abteilungsleiter schlecht verkauft, der ist schnell weg vom Fenster. Der letzte Produkt-Launch ging nämlich daneben.

Mein eigener Chef braucht kein Wort zu mir sagen: Seine Furcht ist längst bei mir angekommen. So versuche ich das Protokoll in seinem Sinne zu verfassen. Oft reicht ihm das aber nicht. Dann wird er richtig grantig.

Ist ein Protokoll endlich von allen Abteilungen verabschiedet, ist es längst nicht mehr aktuell. Denn wenn die Schlussfassung steht, sind schon längst die nächsten Meetings gelaufen. Dann ist der ganze Aufwand Schnee von gestern.

Ob wir bei der Produkteinführung einen Schritt weiterkommen? Das scheint sekundär zu sein. Mühsam ernährt sich das

Eichhörnchen. Der Prozess ist unendlich und vor allem unnö-
tig, zäh. Wir blockieren uns selbst. Weil jedem die Angst im
Nacken sitzt, einen Fehler zu begehen.«
Senta L., Marketingassistentin

Angst frisst Seele auf. Ohne Seele keine Hingabe, keine Leidenschaft. Und ohne Leidenschaft kein Mut zur Veränderung, zum Risiko.

Auch das ist eine Folge der Führungskrise: Die Führung
der Postenbewahrer-Memmen ist seelenlose Führung. Das
verweigerte Vertrauen der obersten Chefetage in die unteren
Führungskräfte schwächt das Selbstvertrauen aller Mitarbeiter. Wenn sich keiner mehr etwas zutraut, dann kann auch
keiner mehr das Ruder rumreißen, wenn etwas schief zu laufen beginnt. Die Angst breitet sich in einem Unternehmen
aus wie die Arme eines hungrigen Kraken, der den Abteilungen die Seele aussaugt. Das Kerngeschäft, die Idee des Unternehmens, stirbt ab.

Die Angst zu scheitern, sie erweist sich letztlich als eine
sich selbst erfüllende Prophezeiung.

Oft sind es Kleinigkeiten, die darauf hinweisen, dass in einem
Unternehmen Angst und Kontrollwahn grassieren. Sichtbar
zum Beispiel an den Auswüchsen des
E-Mail-Verkehrs.

> Mitarbeiter, denen kein
> Vertrauen geschenkt wird,
> geben im Umkehrschluss
> jede Verantwortung ab –
> weil sie wissen, dass ihnen
> selbst bei Nichtigkeiten
> Konsequenzen drohen.

Wenn ein Mitarbeiter in jeder seiner
E-Mails, sei es an einen Kunden, an
eine andere Abteilung oder teamin-
tern, alle infrage kommenden Verantwortlichen per Cc in Kenntnis setzt.
Und sei das Thema auch noch so banal
und belanglos.

Das Ziel des Mitarbeiters ist leicht zu erraten: sich jeder eigenen Verantwortung zu entledigen. Ist die nächsthöhere

Ebene über alles informiert, was ich gerade tue, ist es ihre Pflicht einzugreifen, wenn etwas schief läuft.

Mitarbeiter, denen kein Vertrauen geschenkt wird, geben im Umkehrschluss jede Verantwortung ab – weil sie wissen, dass ihnen selbst bei Nichtigkeiten Konsequenzen drohen. Eine Kontrollkultur erzeugt Memmen-Chefs, die ihrerseits Mitarbeiter zu ängstlichen Memmen machen. Das Resultat: Eine Blockade der Angst und der Verweigerung.

Und so wird der eigene Status mit einer Leidenschaft verteidigt, die eigentlich für das Führen von Mitarbeitern und Projekten notwendig wäre.

Das Kleinhalten der Herausforderer

Nicht nur der Druck von oben oder den eigenen Mitarbeitern fordert Führungskräfte heraus. Zieht in die eigene Abteilung mit einem jungen, idealistischen Chef ein frischer Wind ein, ist das für viele altgediente Führungskräfte ein Anlass, alle Kräfte zu mobilisieren. Natürlich nicht zur Unterstützung, sondern zum Angriff. Der ist schließlich die beste Selbstverteidigung. Der Memmen-Boss, von dem ich die folgende Geschichte hörte, würde da sicher zustimmen:

Wie man junge Konkurrenz wegmobbt
»Ich bin einer von fünf Teamleitern in unserem Bereich des Vertriebs. Die meisten von uns sind zwischen Ende 30 und Ende 40 und bereits mehr als zehn Jahre im Unternehmen. Eine eingespielte Truppe. Jeder kümmert sich um seinen eigenen Laden, das ist unsere unausgesprochene Übereinkunft. So sind wir all die Jahre gut miteinander ausgekommen.

Als sich vor kurzem einer der Teamleiter wegen einer schweren Krankheit in den Vorruhestand verabschiedete, rückte eine junge Kollegin nach. Wir waren alle begeistert. Endlich mal eine

Frau in unserer Männerrunde. Und dann auch noch etliche Jahre jünger. Es gab keinen, der ihr nicht seine Hilfe angeboten hätte. Doch unser vermeintliches Küken wurde schnell flügge. Es waren keine vier Wochen vergangen, da startete die Frau richtig durch. Sie kam mit neuen Ideen, wie wir noch besser Kunden gewinnen und überhaupt unseren Vertrieb neu aufstellen konnten. Keine Frage, sie hatte Ahnung, aber das ging weit über ihren Zuständigkeitsbereich hinaus.

Unsere Begeisterung für sie kühlte merklich ab. Unser Bereichsleiter, ebenfalls seit langem dabei, reagierte zögerlich. Es schien, als warte er darauf, wie wir Teamleiter damit umgehen würden. Bei ihrem ersten enthusiastischen Auftritt hatten wir uns noch zurückgehalten. Beim nächsten Mal rückten wir die Verhältnisse wieder gerade. Indem wir sie da angriffen, wo sie bei weitem noch nicht so weit war, wie sie als Teamleiterin sein sollte: bei den Zahlen.

Kaum trat die Neue wieder voller Eifer an, uns die Vorzüge ihres neuen Modells zu preisen, da unterbrach sie einer meiner Kollegen und erkundigte sich, wie viel Umsatz sie sich konkret davon verspräche. Tatsächlich begann sie unsicher zu werden, stammelte etwas, ohne Genaueres sagen zu können. Darauf hatte unsere Crew nur gewartet: Jetzt hatten wir sie am Wickel. Wir wollten Prognosen, auf die Kommastelle genau. Das gehörte zu unserem Job, so lief es in unserem Unternehmen. Wer seine Ziele nicht quantifizieren kann, der hat keine. Bei uns zählten die Zahlen, nicht irgendwelche hübschen Wolkenschlösser.

Das ging in den nächsten Wochen so weiter. Wenn sie die angestrebten Umsatzzahlen für die nächste Woche durchgab, kam sie unter Feuer. Wir mäkelten daran rum, wo wir konnten, stimmten die Zahlen doch hinten und vorne nicht. Für neue Ideen hatte sie nun keine Zeit mehr – die Flausen hatten wir ihr ausgetrieben.«

Joachim K., Teamleiter Vertrieb

Erfahrung ist eine schöne Sache. Man kann sich ihrer bedienen, um ein Produkt richtig gut zu machen, um souverän aufzutreten und von anderen Respekt zu bekommen, um seine Kollegen dabei zu unterstützen, besser zu werden.

Auf Erfahrungen kann man sich allerdings auch ausruhen. Wenn man glaubt, nach Jahren des Auf und Ab, nachdem man viele Herausforderungen gemeistert hat, irgendwann zu 100 Prozent zu wissen, wie eine Sache zu laufen hat. Als gäbe es ein Maß an Wissen und Erfahrung, dass man nur erreichen muss – und dann stünde die Zeit für immer still, und alles Neue sei nur noch eine Wiederholung des Altbekannten.

Doch was, wenn das Neue unüberhörbar darauf pocht, wahrgenommen zu werden? Was, wenn es wirklich etwas verbessern würde?

Zu viele Führungskräfte fürchten durch die Kreativität und den Ehrgeiz gerade junger Kollegen eine Entwertung ihrer eigenen Kompetenz. Und damit eine Gefahr für die eigene Position. Als setzte deren Erhalt die uneingeschränkte Anerkennung des eigenen Erfahrungsschatzes von allen voraus, die später gekommen sind. Wer diese Erfahrung, gewollt oder ungewollt, durch seine neuen Ideen in Frage stellt, sägt damit in den Augen vieler Führungskräfte an den Beinen ihres Chefsessels.

Wieder so eine Situation, in der bei den paranoiden Memmen alle Alarmglocken schrillen: Der will mir an den Kragen! Womöglich kommt er noch durch damit!

Für die Abwehr der scheinbaren Gefahr sind sie gut gerüstet. Kann Erfahrung doch auch eine Waffe sein. Denn so bestechend eine neue Idee ist – im Vergleich zum Altbekannten ist sie immer unvollkommen, solange sie nicht zu Ende gedacht ist. Erfahrung geht oft einher mit einem hohen Grad an Perfektion. Nichts ist besser ausgekundschaftet als der allseits bekannte Weg. Die Forderung nach sofortiger Perfektion aber ist der größte Feind der Kreativität. Weil eine neue Idee erst gedeihen muss. Weil sie Anerkennung braucht, um wachsen zu können. Erfahrung kann dieser Wachstumshelfer sein.

Doch für zu viele Führungskräfte besteht die vorrangige Chef-Aufgabe darin, alles, was den angenehmen und vor allem ungefährlichen Status Quo ins Wanken bringen könnte, abzuwehren. Seien es neue Ideen und ihre Verkünder. Oder Mitarbeiter, die sich anmaßen, in den erlauchten Kreis der Macher aufgenommen werden zu wollen. Als ich als junger Mitarbeiter einmal an diese Tür klopfte, wurde sie mir mit Schwung ins Gesicht geschlagen:

Du kommst hier nicht hoch

Als ich zum ersten Mal in meiner Karriere die Forderung nach einer Führungsposition stellte, hatte ich mehrere Verkaufsrekorde in unserem Unternehmen aufgestellt. In einem Jahr hatte ich an Großkunden Speicher im Wert von etwa 35 Millionen DM verkauft. Dabei hatte ich bereits Mitarbeiter geführt: all die Techniker, Service-Mitarbeiter, Berater, die ich brauchte, um große Kunden zu gewinnen und zu betreuen. Ich führte, indem ich jeden meiner Kollegen immer wieder aufs Neue von einem Projekt und unserem Vorgehen überzeugte.

Als ich meinem Chef klar machte, dass ich nun, mit Ende Zwanzig, eine offizielle Führungsposition wollte, löste ich damit keine Begeisterung aus. Meine Verkaufserfolge hatten nicht nur mich selbst zum Millionär gemacht, sondern auch meine Vorgesetzten reich beschenkt. Jeder von mir verkaufte Megabyte an Speicher machte sich in Form der Provision auch in den Taschen meiner Chefs bemerkbar. Sie profitierten satt von meinen Gewinnen.

Als ich in das ablehnende Gesicht meines Vorgesetzten blickte, war mir klar, dass mein Erfolg eine Garantie dafür war, dass sie mich in dieser Firma niemals aufsteigen lassen würden. Sie wollten an mir verdienen – und keine ehrgeizige junge Führungskraft als neuen Konkurrenten hinzugewinnen, der unter Kundenbetreuung mehr verstand, als bloß so viele Produkte wie möglich an den Mann zu bringen.

Klar, ich verdiente viel Geld. Aber das reichte mir nicht als Entschädigung, um für solche Memmen zu buckeln. Sie ahnen es schon: Ich blieb nicht mehr lange.

Im Karriere-Kamin: Wenn die Firma an der Abteilungsgrenze endet

Viele Führungskräfte im mittleren Management steigen auf wie der Rauch in einem Kamin: senkrecht nach oben. Aus einem Techniker wird irgendwann der Teamleiter Technik. Aus einem Verkäufer wird irgendwann ein Chef-Verkäufer. Aus einem Berater ein Senior-Berater. Und so weiter.

Und so spezifisch wie sich diese Führungskräfte in ihrem Bereich immer weiter nach oben boxen, so blind werden sie im Laufe ihrer Karriere für das große Ganze. Die wahrgenommene Firmenwelt, sie endet an der eigenen Team-, Abteilungs- oder Bereichsgrenze.

Deshalb hat der Stillstand in so mancher Abteilung nicht nur mit den Eigeninteressen der Führungskräfte zu tun, sondern auch mit deren begrenztem Horizont.

Ein kluger Kopf meinte einmal zu mir: »Es ist, als stiegen alle in einem Turm nach oben und sehen dabei nur hoch oder nach unten, aber nie hinaus.« Was für die Mitarbeiter dieser Memmen mit Scheuklappen zum Horrortrip werden kann. Denn im Karriere-Kamin der Tunnelblicker können sie schnell verbrennen. Genau das befürchtete auch diese Dame, als sie mir ihr Leid klagte:

Für immer Print

»Seit einem Jahr arbeite ich in der Kommunikationsabteilung einer großen Versicherung. In meinem Bereich erstellen wir die Informationsbroschüren für unsere Kunden. Für jedes Produkt, für jedes Thema. Da kommen im Jahr einige Publikationen in Millionenauflage zusammen. Nicht zuletzt dank der Kompetenz unseres Chefs, der sich in jedem Detail auskennt, schaffen wir es immer, unsere engen Drucktermine einzuhalten.

Als Berufseinsteigerin bin ich in einem Trainee-Programm, bei dem ich auch in engen Kontakt mit Auszubildenden anderer Abteilungen komme. Für mich war es zum Beispiel interessant zu sehen, dass in Sachen Werbung immer mehr digital abläuft. Das heißt, ein Teil der Kampagnen unseres Unternehmens setzt auf Aktionen in sozialen Netzwerken, auf E-Mails oder Werbebanner auf Websites. Der Anteil klassischer Print-Anzeigen in Magazinen und Zeitungen schwindet rasant.

Es liegt ja auch auf der Hand, dass wir bald vieles, was wir heute noch auf gedrucktem Papier lesen, demnächst digital konsumieren werden. Als ich meinen Chef darauf ansprach, ob wir in unserer Abteilung nicht überlegen sollten, wie wir uns darauf einstellen, winkte er nur ab. Das, was die Werber machen, würde ihn nicht interessieren. Die machten ihr Ding, wir unseres. Fertig. Zumindest im Moment kann er damit in seiner Position noch gut leben.«

Elke W., Kommunikationswirtin

In den letzten 25 Jahren habe ich mehr als einmal auch die Vorteile dieser deutschen Beförderungspolitik gesehen: Hier wird der größte Experte im Team zum Chef. Einer, der ein Thema in seiner vollen Tiefe bis ins letzte Detail durchdringt. Noch öfter allerdings habe ich mich über den Nachteil dieses Qualifikationsdogmas geärgert: Zur Seite, über die Grenzen des eigenen Themas hinweg, verschwenden viele dieser Experten meist keinen Gedanken.

Um Innovatives zu leisten, um seinen eigenen Bereich im kleinen Rahmen zu revolutionieren, müssen Menschen wie Unternehmen sich neuen Erfahrungen aussetzen. Nicht nur den fachlichen, sondern auch denen, die die Welt da draußen noch so zu bieten hat. Die bleibt nämlich genau so wenig stehen wie die Entwicklung der Fachgebiete.

Für Führungskräfte bedeutet das: Sie müssen über den berühmten Tellerrand schauen. Zum Beispiel dorthin gehen, wo Menschen vielleicht vor ähnlichen Herausforderungen stehen, aber von Berufswegen anders vorgehen. Manchmal braucht es den Blick in eine andere Branche. Oft genügt auch der Besuch einer anderen Abteilung im selben Firmengebäude. Leider liegt diese räumlich so nahe Welt in den Köpfen meist ferner als der Hunderte von Kilometern entfernte Wettbewerber, der, wie man selbst, nur im eigenen Saft schmort. Und an dem man sich nur zu gern orientiert. Zahlenmäßig, versteht sich.

Das Kamin-Denken der Bereichsfürsten – auch Silo-Denken genannt nach den Getreidesilos, in denen, geschützt von allen äußeren Einflüssen, das Korn lagert – verhindert in vielen deutschen Firmen die Etablierung von Innovationen.

Dabei ist die Erkenntnis zum Beispiel in einigen der erfolgreichsten Unternehmen besonders in den USA längst »Common Sense«: Marketing, Technik, Kundenberatung, Entwicklung, Vertrieb, Finanzen oder Service – wer erfolgreich führen will, hält sich nicht an Abteilungsgrenzen, sondern denkt *cross-functional,* also über alle Funktionen hinweg. Und ist fähig, lateral zu führen: Er kann Mitarbeiter, gegenüber denen er nicht weisungsbefugt ist, für eine Idee gewinnen.

Gerade in den großen deutschen Unternehmen ist das Elfenbeinturmdenken der Bereiche und Abteilungen weit verbreitet. Dass es auch anders geht, zeigt das Beispiel des US-amerikanischen Konzerns 3M. Ein Konzern mit 80 000 Mitarbeitern und 27 Milliarden Dollar Umsatz, von welchem ein Drittel mit neuen Produktideen erwirtschaftet wird. Das Unternehmen gilt als Ideenfließband. Ein Grund dafür: kaum eine Idee versickert. Denn statt Hierarchien, die gute Ideen blockieren, und Abteilungen, die sich spinnefeind sind, gibt es vor allem offene Türen. Die Lösungen für Probleme werden bei 3M über die Abteilungsgrenzen hinweg gesucht. Man interessiert sich für die Probleme und Lösungen der anderen und inspiriert sich gegenseitig. Dort hat niemand Angst, dass die gute Idee des anderen einen selbst schlecht aussehen lassen könnte. Dort wird vorausgesetzt, dass man sich auf diese Weise gegenseitig unterstützt. Aus der simplen Logik heraus, dass diese Kooperation schließlich dem Unternehmen nützt.

In den meisten Unternehmen gibt es diese Kultur nicht. Vor allem, weil auch ganz oben, in der Führungsspitze, kaum jemand übergreifend denkt. Jedes Mitglied des Vorstands wacht über seinen Bereich. Und gibt dieses limitierte Denken nach unten weiter. Frei nach dem Motto:»Egal, was die anderen machen. Hauptsache in unserem Bereich stimmen die Zahlen.« Was sich ja ändern könnte, wenn man etwas Neues, etwas Besseres ausprobiert. Oder, noch schlimmer: Am Ende funktioniert es auch noch. Und dann muss man die Abteilungslorbeeren teilen und sich daraufhin womöglich öfter reinreden lassen. Denn dann könnte auffliegen, dass man in so mancher Hinsicht hinter dem möglichen Potenzial zurückbleibt.

Nicht umsonst sprechen Firmenchefs gerne von den Säulen ihres Unternehmens. Tief verwurzelte und gleichzeitig weit voneinander entfernte Säulen, die oft nach eigenen Regeln leben, eine eigene Kultur pflegen und, wenn überhaupt, nur an einer Stelle zueinander finden: in der Person des Vorstandsvorsitzenden.

Wird schließlich doch von oben an diesen Säulen gerüttelt, weil Unternehmensbereiche im Sinne einer besseren Marktorientierung neu gegliedert und zusammengesetzt werden müssen, bricht meist das Chaos aus – organisatorisch wie emotional.

Gefangen in ihrer jeweiligen Kultur treffen misstrauische Abteilungs- und Bereichsleiter aufeinander, die wenig miteinander anfangen können. Und nichts Besseres zu tun haben, als möglichst schnell die interne Machtfrage zu klären. Und da interessiert nur eine Frage: Wer bekommt eigentlich wie viel Budget? Wie verbissen die Bosse sogar bei Projekten, die schon für tot erklärt wurden, beim Thema Budget agieren, habe ich live und in Farbe miterlebt:

Augen zu und weitermachen

Vor einigen Jahren, als sich ein großer Medienkonzern überlegte, ob Internet und TV nicht zueinander finden könnten, wurde ich engagiert, um das ehrgeizige Projekt voranzutreiben. Meine Aufgabe war es, vor allem die Umsetzbarkeit der Idee in finanzieller und technischer Hinsicht zu klären.

Längst arbeiteten diverse Teams an der Umsetzung. Netzwerktechniker kümmerten sich um den Ausbau der Leitungen. Internet-Experten um die Gestaltung und Handhabung der Bildschirmoberfläche des Internet-TVs. Content Manager und Redakteure dachten sich die Inhalte und Formate für das revolutionäre Entertainment-Projekt aus. Für alle Beteiligten ging es bereits um die konkrete Umsetzung.

Als ich meinem Auftrag nachkam und die Kosten kalkulierte, kam eine Zahl heraus, die mit ihren vielen Nullen den haupt-

verantwortlichen Geschäftsführer sichtbar erschreckte. Mir war bereits in diesem Moment klar, dass das Projekt keine Zukunft haben würde. Erst recht, als die Konzernleitung eine Internet-Tochterfirma verkaufte und verkündete, sich aus dem digitalen Geschäft zurückziehen zu wollen.

Ich begann mich schon nach einem neuen Job umzusehen, als ich bemerkte, dass immer noch jede Woche Rechnungen in Millionenhöhe auf meinen Tisch flatterten. Die Redakteure, Netzwerktechniker und Internet-Entwickler – jeder Teamleiter ließ seine Gruppe wie besessen weiter an ihrem Projekt arbeiten. Und eifrig stellten ihre Chefs Anfragen für Teilprojekte, um sich weiterhin ihr Budget zu sichern. Dass ihr Konzern gerade dabei war, einen neuen Weg einzuschlagen, interessierte das jemanden? Die Devise schien eher: Wir machen einfach weiter. Schließlich gilt für den Joberhalt: Wer Geld ausgibt, der muss wichtig sein. Verzweifelt klammerten sie sich an ihre Posten und ignorierten einfach die Realität.

Geldverbrennen als Bestandsschutz für den eigenen Bereich. Das Festkrallen in eine Aufgabe, möge sie noch so sinnlos geworden sein. Denn wenn es die nicht mehr gibt, dann könnte man wertlos sein. Von was für einem Ego zeugt das denn?

Was aber, wenn die ganze Energie rechtzeitig in neue Ideen und Projekte gelenkt würde? Um die eigene Daseinsberechtigung auf diese Weise zu behaupten? Das erfordert Mut und Risikobereitschaft, die viele Manager nicht aufbringen wollen oder können. Weil sie lieber dem vertrauen, was sie bisher erfolgreich gemacht haben.

Selbst wenn die eigene Heldentat schon einige Jahre zurückliegen mag: Von einem einmal erfolgreichen Trick lässt sich zur Not lange zehren.

Auf ewig: das *One-Trick-Pony*

Es ist erschreckend, wie viel Energie und Geld durch Chefs verloren geht, die die Kraft ihres ganzen Teams in immer denselben falschen Kanal lenken. In ein Projekt, das sich längst nicht mehr lohnt. In eine Idee, die von vorvorgestern ist. Diese leidgeprüfte Werbekauffrau musste es erleben:

Eine Idee für die Ewigkeit

»Für unseren Chef scheint die Zeit still zu stehen. Vielleicht hat er irgendwann mal davon geträumt, vom Leiter eines kleinen Teams zum Geschäftsführer Marketing aufzusteigen. Aber das muss lange her sein. Seit zehn Jahren klebt er jetzt schon in seinem Sessel. Und dabei scheint ihm jede Lust auf neue Ideen abhandengekommen zu sein. Das Problem: Wir vermarkten Zigaretten, da kannst du nur mit kreativen Einfällen punkten.

Jedes Mal aber, wenn die Etats für das nächste Jahr verabschiedet werden, kommt er wieder mit seiner alten Geschichte. Den Strandaschenbechern. Das war mal ein toller Einfall. Damals, im ersten Jahr. Aber immer und immer wieder? Jahr für Jahr, überall an den Stränden lassen wir die gut sichtbaren Aschenbecher im Markenlook unserer Firma aufstellen. Das passende Promotion-Material dazu, Bilder für die Presse und so weiter. Die Aktion verschlingt jedenfalls Geld und das gesamte Team hat ordentlich zu tun. Das macht sich natürlich gut bei den eigenen Chefs: Immer wieder stimmen sie der gleichen Idee zu, anstatt etwas Neues einzufordern. Alles scheint so wunderschön berechenbar.

Und vor allem: die Nachbarabteilungen, von denen einige richtig innovative Konzepte auf den Tisch legen, schauen häufig in die Röhre. Denn im Zweifelsfall wird das Geld lieber in das Bewährte gesteckt. Und so bleibt das Budget wie gehabt bei uns. Unser Chef hat scheinbar überhaupt keine Motivation mehr, sich etwas Neues einfallen zu lassen. Ich stelle mir vor, wie er sich abends ins Fäustchen lacht: Wieder ohne Aufwand durchs Jahr gekommen.

Was ihn und erschreckenderweise auch die Geschäftsführung überhaupt nicht zu interessieren scheint: Die Aktion hilft dem Image unserer Marke längst nicht mehr weiter. Das könnte man auch an den Marktforschungsergebnissen erkennen, wenn man sie richtig interpretieren würde. *Die aber in seinem Sinne umdeuten, das kann unser Chef wunderbar. Da fassen sich viele in unserem Team an den Kopf. Wir alle sind leidenschaftliche Werber. Wir würden gern etwas Neues auf die Beine stellen. Aber wir dürfen nicht.«*

Charlotte N., Werbekauffrau

One-Trick-Pony – so nennt man eine solche Erfolgsstrategie im Englischen. Das kann eine einzelne Führungskraft sein oder ein ganzes Unternehmen, die immer wieder nur auf eine einzige Idee vertrauen, die gut funktioniert.

Als solle der einmalige Erfolg für alle Zeiten konserviert werden. Bloß nichts Neues, bloß kein Risiko, fauchen die Memmen im Chor, wenn jemand widerspricht. Was sie in ihrer Angst vor dem Imageverlust ignorieren: Dieses Konservieren kostet langfristig mehr, als es einbringt. Es nimmt den Mitarbeitern die Zeit, sich für neue Ideen einzusetzen. Es nimmt Unternehmen Geld, dass sie in die konservierende Arbeit ihrer Mitarbeiter investieren statt in Innovation. Zum Beispiel in die besseren, aber noch nicht erprobten Ideen der Nachbarabteilungen.

Führungskräfte, die irgendwann in ihrer Karriere stecken bleiben, krallen sich nicht nur ängstlich in ihren Chefsessel fest, sondern auch an die Ideen, die sie einstmals dorthin gebracht haben.

Und wehe, jemand zweifelt an der Zukunft der Idee. Dann kommt das Totschlagargument der Erfahrung: Der Boss weiß schließlich, wie es mal funktioniert hat. Aber niemand, schon gar nicht ein junger Emporkömmling, könnte wissen, wie es in Zukunft funktionieren wird.

Wenig verwunderlich, dass diese Memmen-Fossile in den Unternehmen von schierer Panik ergriffen werden, wenn die Veränderung sich nicht so leicht abschmettern lässt: Nämlich dann, wenn sie von oben verordnet wird.

Blutarmut: Wenn kein Funke überspringen will

Change-Projekte sind längst nichts Neues mehr auch im deutschen Management. Doch viele Vorstände wundern sich bis heute: Da werden Veränderungsprojekte mit großem Tamtam vorgestellt. Man gibt sich alle Mühe. Und wie reagiert die Management-Basis? Desinteresse ist noch die mildeste Form der Ablehnung. Und geht man der mangelnden Euphorie auf den Grund, stößt man schnell auf die direkten Vorgesetzten der Teams. Sind sie es nicht, die das Feuer von oben nach unten weitertragen sollten?

Diesen Mechanismus des Memmen-Biotops verdeutlicht folgender Blick durch die Kamera eines Redakteurs, der interne Veränderungsprojekte im Auftrag von Firmen begleitet:

Ein Tropfen Begeisterung

»Der PR-Mensch des großen Unternehmens führt uns in das Vorhaben ein. Eine ganz große Geschichte soll es werden. Eine Revolution. Der Vorstand will eine neue Kultur im Unternehmen, mit der man ehrgeizige Ziele noch besser angehen könne. Mein Filmteam soll das Change-Projekt begleiten und festhalten. Los geht es mit dem Auftritt des Vorstandschefs in der Fabrikhalle. Botschaft: Unser Boss ist nah dran.

Wir warten vor der Werkshalle. Der Vorstand kommt. Nein, er wolle nicht beim Fußmarsch aufgenommen werden. Neuer Dreh: Er lässt sich von seinem Chauffeur die 200 Meter vom Verwaltungsgebäude zur Fabrik fahren. Sieht besser aus. Das meint zumindest er.

Drinnen geht es weiter. Die Maschinen lärmen. Männer in Arbeitskleidung schauen neugierig. Ja, jetzt der Vorstand an der Maschine, schönes Bild. Nein, das sei nicht entspannt genug. Das passt nicht zum neuen Ansatz. Der Chef lehnt sich leicht schräg mit verschränkten Armen an die größte Maschine in der Halle. Es soll cool und zugleich locker aussehen. Die Mitarbeiter schauen sich fragend an.

Als Nächstes soll das Programm verkündet werden. Vorstand an versammelte Bereichsleiter. Bereichsleiter an Teamleiter. Diese an ihre Teams. Von oben nach unten, klare Sache. Auftritt Vorstand vor Bereichsleitern. Kamera läuft. Erster Satz Vorstand: »Ich brauche mich hier ja nicht vorstellen. Sie kennen mich.« Der PR-Mensch zu mir: »Nun, persönlich hat der Vorstand nicht so viel mit dem mittleren Management zu tun. Aber natürlich werden regelmäßig von oben Vorgaben verschickt.« Aha.

Die Manager hören sich das Ganze schweigend an, folgen den Charts und den mit Zahlen gespickten Ausführungen ihres obersten Bosses. Und hören von den Werten, auf die es in ihrem Unternehmen ankommt. Das Miteinander. Die Initiative jedes Einzelnen. Das gegenseitige Vertrauen. Was könne man damit nicht alles erreichen.

45 Minuten später: Ende der Veranstaltung. Kaum Fragen, aber viel Nicken. Ja, wir haben verstanden. Ausgerüstet mit einem Paket an Info-Materialien geht es zurück zum eigenen Team.

Eine Woche später, letzter Dreh: Teamleiter vor elfköpfiger Gruppe. Er habe ihnen etwas zu berichten. Es gehe um neue Werte, die sie hier im Unternehmen leben wollen. Er stockt, als hätte er vergessen, welche es denn wären. Er nimmt die Unterlagen und liest vor. Erster Wert. Zweiter Wert. Zehn Minuten später: Hat jemand noch Fragen? Schulterzucken. Wer sich das ausgedacht hätte?

Der Teamleiter weist jede Schuld von sich.«

Christoph N., Redakteur

Auftrieb: Ideen von unten

Wenn ein Mitarbeiter in einer tief gestaffelten Hierarchie seinem Vorgesetzten eine neuartige Idee präsentiert, dann ergeht es ihm oder ihr nicht selten wie einem Lachs. Einem, der sich mühsam Strom aufwärts kämpft und vor sich nur rauschende Wasserfälle sieht, die in vielen Kaskaden auf ihn herabstürzen.

Eine Idee, die wirklich etwas ändern könnte, muss in einem großen Unternehmensapparat eine Vielzahl von Stufen überwinden. Ein starker Vorgesetzter würde einem einfallsreichen Mitarbeiter die Hand nach unten reichen, um ihn hochzuziehen. Die Memmen-Chefs aber tun das, was auch ihre eigenen Vorgesetzten mit ihnen tun: Sie lassen die Wassermassen ungebremst nach unten schießen. Und wer nicht schwimmen kann, hat Pech gehabt.

Ängstlich strampeln die Memmen-Chefs ihrerseits krampfhaft auf der Stelle, denn das Wasser von oben könnte auch sie jederzeit wieder nach unten reißen. Also nur keinen Fehler begehen. Den Kopf nicht zu weit herausstrecken. Das Risiko, das alles Neue mit sich bringt, wird um jeden Preis vermieden.

In einem solchen System fließen Impulse immer nur in eine Richtung: von oben nach unten. Würden die Ober-Bosse sich auch von den untergeordneten Chefs inspirieren lassen, ohne sich gleich bedroht und in ihrem Status angegriffen zu fühlen, würden unsere Chefs diese Praxis vielleicht auch in ihre Teams übertragen. Sie würden vielleicht lernen, vom Potenzial ihrer Mitarbeiter zu profitieren, anstatt es zu fürchten. Wo sie aber vorgelebt bekommen, dass Innovation nur in Form von Anweisungen stattzufinden hat und alles andere unter Umständen der Karriere abträglich sein könnte, werden die Memmen einen Teufel tun, Neues zu wagen.

Und das ist tragisch. Denn dort, ganz unten und meist weit weg von der Firmenzentrale, in den Reihen der einfachen, nah am Markt agierenden Mitarbeiter und ihren Führungskräften, liegt der eigentliche Schatz der Unternehmen – das im täglichen Umgang mit Kunden geforderte und sich ständig weiterentwickelnde Know-how. Diesen Schatz zu heben und zur Entfaltung zu verhelfen, das ist die so wichtige Aufgabe jeder Führungskraft. Wenn »Natural Born Leader« menschliches wie fachliches Innovationspotenzial entdecken, dann machen sie nicht den Deckel drauf, sondern handeln so wie der Boss dieser Praktikantin:

Wenn der Boss den Weg nach oben ebnet

»Ich arbeitete erst drei Monate in der Marketing-Abteilung, als ich eine Idee entwickelte, wie wir das Neukundengeschäft in meiner Altersgruppe ankurbeln könnten. Als Praktikantin fühlte ich mich sehr unsicher, ob meine Vorgesetzten mein Konzept überhaupt annehmen würden. Und falls ja, ob sie es dann nicht als ihre eigene Leistung verkaufen würden. Meine direkte Vorgesetzte hatte das tatsächlich vor, schließlich sei ich ja eine Anfängerin. Umso erfreuter war ich, dass unser Abteilungsleiter dagegen für mich Partei ergriff. Er wollte, dass ich selbst meine Idee ganz oben vorstellte. Über alle Hierarchieebenen hinweg sorgte er dafür, dass man mir, der Praktikantin, die Gelegenheit gab, vor dem Vorstandschef mein Konzept allein zu präsentieren. Mein Abteilungsleiter überließ mir die Lorbeeren für meine Arbeit, das war für ihn eine Selbstverständlichkeit. Für mich war es ein unglaublicher Motivationskick.«
Maria F., Praktikantin bei einem Mobilfunkanbieter

Hier gibt es keinen Wasserfall, sondern einen kräftigen Sog nach oben. Einen, der die guten Ideen eines Mitarbeiters von ganz unten in der Hierarchie ganz nach oben zieht. So soll es sein.

Anders als in vielen Unternehmen bleibt in diesem Fall eine Idee nicht in den kontrollwütigen Fängen einer bissigen, um ihre Macht zitternden Chef-Memme hängen.

Der Drang zur egoistischen Status- und Machtsicherung ist das Kennzeichen stark hierarchischer Unternehmen. Ein Übel, das am Kopf jedes Unternehmens seinen Anfang nimmt. Diese Unternehmen sind wahre Zuchtanstalten für Ego-Shooter. Den Fluss in einem Unternehmen von unten nach oben umzukehren, dafür braucht es Vorstände, die weniger selbstverliebt sind. Die ihren Leuten vertrauen. Die Führungskräfte und deren Mitarbeiter selbstverantwortlich handeln lassen. Doch auch Vorstände sind letztlich viel zu oft nur Macho-Memmen, die um ihren eigenen Status bangen. Die aus ihrer abgesicherten Position heraus Vorgaben machen.

Es gehört Mut dazu, den Druck von unten zuzulassen. Den Druck von Mitarbeitern und ihren Ideen, die nicht dem Status Quo der Machthaber dienen, sondern die die Verhältnisse in Unternehmen immer wieder positiv auf den Kopf stellen.

Ich habe diese Erfahrung über die Jahre gemacht: Eine Innovation, die echtes Verbesserungspotenzial für ein Unternehmen birgt, wird von dessen Memmen als Gefahr wahrgenommen. Je besser die Idee, desto größer die Angst. Die grenzenlose Mutlosigkeit lässt das Biotop zum Sumpf werden, in dem jede gute Idee auf Nimmerwiedersehen versackt.

> Eine Innovation, die echtes Verbesserungspotenzial für ein Unternehmen birgt, wird von dessen Memmen als Gefahr wahrgenommen.

Doch nicht nur an den Erfolgschancen der Unternehmen richtet diese Mutlosigkeit großen Schaden an. Auch die Memmen selbst werden irgendwann zu Opfern ihrer eigenen Feigheit.

2. Getrieben:
immer erreichbar, aber nie Zeit

Der Management-Guru Peter Drucker beschrieb Führungskräfte einmal als Komponisten und Dirigenten, vereint in einer Person. Das ist eine schöne Vorstellung: Chefs, die die Muse haben, Ideen zu kreieren, die ein Unternehmen und seine Mitarbeiter anschließend zur Aufführung bringen. Mit einem Chef, der, vom Podest herab den Dirigentenstab schwingend, den punktgenauen Einsatz und das harmonische Zusammenspiel seiner Techniker, Entwickler, Buchhalter, Marketing- und Vertriebsleute dirigiert. Das ist ein wunderbares Bild in den Augen all der Manager und Mitarbeiter, die nach Führung verlangen.

Leider ist es zu schön, um wahr zu sein.

Das Unrealistische an dieser Vorstellung ist, bei den Gegebenheiten in den meisten Unternehmen, dass Führungskräften dafür etwas Entscheidendes fehlt: nämlich Zeit.

Man könnte einwenden, Manager müssten doch heute dank neuer Technologien über mehr Zeit verfügen als je zuvor. Die Zeit, um sich auf das Wesentliche zu konzentrieren. Auf Strategien, auf ihre Produkte, auf die Kommunikation mit ihren Mitarbeitern und Kunden.

Wollte etwa ein Unternehmenslenker in den 80er-Jahren des vergangenen Jahrhunderts die Bilanz seines Weltkonzerns vor sich auf dem Tisch liegen haben, musste er darauf einige Wochen warten. Solange dauerte es, bis alle Daten gesammelt und ausgewertet waren.

Heute, nach der Installierung einer Firmensoftware, die alle weltweit standardisierten Prozesse im Unternehmen abbildet und die per Standleitung alle Firmenfilialen mit der Zentrale verbindet, genügt dafür lediglich ein Klick mit der Maustaste.

Aber die IT- und Internetrevolution hat nicht nur sämtliche technischen Abläufe beschleunigt, sondern auch jeden Mitarbeiter einem neuen, rasanten Takt unterworfen. Die anschwellende Menge der verfügbaren und kommunizierten Informationen, die Flut der Nachrichten, die ständige persönliche Erreichbarkeit – all das muss von jedem Einzelnen bewältig werden. Der neue Geschwindigkeitsrausch ist auch ein Zeit- und Energiefresser.

Zugleich geht die technologische Revolution einher mit sich rasant entwickelnden weltweiten Märkten. Länder wie China, Indien oder Brasilien treiben unser Wirtschaftswachstum und verschärfen zugleich den Wettbewerb mehr, als es sich viele Unternehmensführer in den westlichen Industrienationen vor zwanzig Jahren vorstellen konnten.

Schneller als je zuvor ändern sich die Bedingungen für den Unternehmenserfolg. Der Umgang der Unternehmensführung mit den sich in immer kürzeren Abständen wandelnden Chancen und Risiken wird von Investoren und Analysten genau beobachtet und beeinflusst dadurch die Entwicklung des Börsenwerts eines Unternehmens maßgeblich.

Die Folge: Unsere Oberbosse befinden sich durch diese Veränderungen in einen fortwährenden Alarmzustand. Dieser Druck von außen ist der große externe Angstfaktor, der auf dem Memmen-Biotop lastet: Wo alles am Tageswert einer Aktie hängt, wird jeden Tag mit dem Schlimmsten gerechnet. Geborene Leader kann dieser Druck beflügeln. Bei Memmen löst er Paranoia aus. Ein ganzes Memmen-Biotop versetzt er in einen Zustand permanenter Panik. Reagiert wird mit hektischem Aktionismus. Und der ist selten das richtige Klima für souveräne Führung.

Es ist ein schwindelerregender Mix, der als Geist durch das Unternehmen rauscht: die technologische Revolution im

Verbund mit sich schnell verändernden Märkten und der Gier nach der kurzfristigen Rendite.

Ein Geist, der von außen in das Unternehmen dringt und von oben nach unten, der auf dem Weg von der Chefetage bis zu den einzelnen Abteilungen an Fahrt aufnimmt. Von außen als Herausforderung des Wettbewerbs und als Erwartung der Shareholder kommend, wird er von Unternehmensführern in Form ehrgeiziger Vorgaben an das untere Management und die Mitarbeiter weitergegeben und dessen Erfüllung genau kontrolliert. Und so wird der rasante Takt, in dem Manager im Alltag agieren müssen, vom Druck der Shareholder nach kurzfristigen Gewinnsteigerungen weiter befeuert.

Aber es ist auch ein Druck von unten. Von den Mitarbeitern, die ihre Erwartungen, ihre Fragen, ihren Unmut und ihre Unsicherheit an ihre Vorgesetzten zurückgeben. An Vorgesetzte, deren emotionale Distanz und mangelnde Empathie und Authentizität keine Beziehungen zulassen, die diesen täglichen Herausforderungen standhalten könnten.

Das Ergebnis ist ein alltägliches Hamsterrad, in dem Mitarbeiter und Chefs oft auch nach 60 Wochenstunden und mehr noch immer in Bewegung sind. Doch wer ist hier als Chef Täter und wer Opfer? Das ist nicht immer so leicht zu erkennen.

Die folgenden Geschichten handeln von Memmen-Chefs, die diesem Druck erliegen und beim Mitrennen gänzlich den Überblick verlieren. Aber auch von solchen Memmen, die den Druck aus eigener Kurzsichtigkeit und der Bereitschaft zur Selbstaufopferung noch forcieren. Und von Mitarbeitern, die sich beiden Arten von Memmen hilflos ausgeliefert fühlen.

Die Überforderten

Die Chefposition bringt es mit sich, dass man Teil eines komplizierten Beziehungsgeflechts wird. Unter sich die Mitarbeiter, über sich den eigenen Vorgesetzten, daneben die Chef-Kollegen, von außen Kunden und weitere Parteien. Als Chef ist man also mit vielen verschiedenen Interessen konfrontiert. Diese zu bedienen und dabei seine eigenen nicht zu vernachlässigen, ist eine besondere Herausforderung. Vor allem, wenn alles auf einmal und am besten schon gestern fertig sein soll.

Beziehungs- und Interessenkonflikte als Multitasking-Aufgabe unter Zeitdruck zu managen, das treibt so manchen Chef an seine Grenzen. Wem und was schenkt man seine kostbare Aufmerksamkeit? Hier der Erfahrungsbericht eines Management-Coachs:

Der Flüchtling

»Wenn ich in einem Unternehmen Interviews mit Führungskräften und Mitarbeitern führe, weil irgendwo gerade etwas gewaltig schiefläuft, dann ist es oft erstaunlich, wie unterschiedlich die Probleme wahrgenommen werden. Das zeigt sich, wenn man die unabhängig voneinander gegebenen Antworten gegenüberstellt:

Chef: »Ich fühle mich oft zu unrecht kritisiert. Schließlich leiste ich oft 60 Stunden die Woche und mehr. Ein Meeting jagt das nächste. Und dennoch habe ich für die Belange meiner Mitarbeiter immer ein offenes Ohr. Und sei es per Handy.«
Mitarbeiter: »Die Aufmerksamkeitsspanne unseres Chefs beträgt meist nur ein paar Sekunden. Zeit, die er braucht, um zu kapieren, um was es eigentlich gerade geht. Dann ruft meist schon der nächste Termin. Weg ist er, und ärgert sich auf dem Weg nach draußen noch, dass er wieder mal zu spät kommt.«

Chef: »*Leider summieren sich die Verspätungen im Laufe eines Tages.*«

Mitarbeiter: »*Dass gerade die von uns gewünschten Gespräche gerne verschoben werden, das fällt ihm oft nicht auf, uns dagegen schon.*«

Chef: »*Ich denke schon, dass ich meinen Mitarbeitern alles Wichtige mitteile. In einer knappen und kurzen Form, selbstverständlich. Deshalb wundere ich mich manchmal über die dauernde Nachfragerei.*«

Mitarbeiter: »*Seine Vorgaben sind oft kryptisch. Uns bleibt dann nichts anderes übrig, als weitere Informationen zu erkämpfen. Per Mail oder SMS. Schließlich schaut er am Ende immer haargenau drauf, was wir gemacht haben. Da entgeht ihm bei aller Hektik erstaunlicherweise nichts.*«

Chef: »*Ich will schon wissen, was meine Leute machen. Ich trage die Verantwortung, auch für ihre Fehler. Aber natürlich möchte und kann ich nicht in alles hineingezogen werden.*«

Mitarbeiter: »*Unsere Ergebnisse, die will er immer wissen. Wenn aber in unserer Mannschaft woanders der Baum brennt, wenn es Kompetenzgerangel gibt und wir auf ein klärendes Wort warten, dann heißt es nur ›Ihr schafft das schon‹, und weg ist er. Als sei er geradezu froh darüber, ins nächste Meeting verschwinden zu können. Was bei seinen Treffen mit den anderen Bossen so rauskommt? Keine Ahnung.*«

Chef: »*Da wird schon um Interessen gekämpft. Auch für mein Team. Und meist ein unglaublicher Druck von der Unternehmensleitung aufgebaut. Davon haben meine Mitarbeiter meist keine Vorstellung. Die stellen sich das so einfach vor.*«

Mitarbeiter: »Wenn er dann mal da ist und endlich die Zeit findet, mit uns zu sprechen, dann kommt es uns vor, als würde ein Fremder unseren Planeten betreten.«
Chef: »Ja, mein Team hat schon sein Eigenleben. Ich will und kann davon nicht immer ein Teil sein. Die Energie dafür habe ich nicht.«

Mitarbeiter: »Seine Kommentare zu unseren Projekten, zu unseren Leistungen wirken, als hätte er sich das Ganze nur in Kurzform auf einem Excel-Sheet angeschaut. Und mehr auch nicht.«
Chef: »Chef zu sein, das heißt für mich: Budgets vorgeben, Ziele bestimmen und die Einhaltung kontrollieren. Mehr ist bei meinem engen Zeitplan nicht drin.«
Markus S., Management-Coach

Der Druck, der durch Wettbewerb, Shareholder und die Ansprüche der eigenen Führung entsteht, kann gewaltig sein, wenn dieser ungebremst auf das mittlere und untere Management trifft. Meist selbst nicht in die Entscheidungen der eigenen Unternehmensführung eingebunden, sind sie es, die ehrgeizige Vorgaben von oben mit ihren Mitarbeitern umsetzen müssen. Und zwar so schnell wie möglich, ist doch Schnelligkeit im Markt zu einem wichtigen Wettbewerbsvorteil geworden. Man will als Erster mit seinen Produkten draußen sein.

Die Beziehungen von Mitarbeitern und Vorgesetzten werden durch diesen Druck aufs äußerste belastet. Eine Herausforderung auch für gute Chefs. Kritisch wird es, wenn Mitarbeiter erkennen, dass ihr Chef diesem Druck selbst nicht gewachsen ist. Dass ihr Chef eine Memme ist.

Wenn der eigene Chef sich nur um das Nötigste kümmert und ansonsten vor seiner Verantwortung zu fliehen scheint. Sich in Meetings versteckt. Und die inhaltliche und mensch-

liche Auseinandersetzung mit seinen Mitarbeitern auf Kurz-
kontakte, das Vorgeben von quantitativen Zielen und deren
Kontrolle beschränkt.

Die Mitarbeiter mit ihren Fragen und Interessen werden
von solchen Sozialallergikern als Zumutung empfunden. Als
eine zusätzliche Belastung zu den Vorgaben der Oberbosse,
der man sich nicht gewachsen fühlt.

Der Kuschel-Junkie macht mit seinen permanenten Entschuldigungen und seinem Mangel an klaren Anweisungen
die Situation nur noch schlimmer: in seiner Abteilung fehlt
es an Struktur. Die aber brauchen Mitarbeiter, um die oft
abstrakten Vorgaben der Ober-Bosse umsetzen zu können.

Und der Ego-Shooter? Dem geht es in einem solchen Klima
nur um eines: gewinnen um jeden Preis. Seine Abteilung
muss die Vorgaben einhalten, komme, was da wolle. Und so
wird er seine Mitarbeiter so lange terrorisieren und erpres-
sen, bis sie einen Weg finden, seine leidenschaftslos dahin ge-
bellten Anweisungen in die Tat umzusetzen. Adé, Feier-
abend.

Mit welchem Typ Memme wir es auch zu tun haben: Im
schweißtreibenden Klima des Hamsterrads treten ihre Schwächen in voller Pracht zutage. Das Getriebensein des eigenen
Chefs, es überträgt sich 1:1 auf die Mitarbeiter.

Meist ist die Zeitnot in einem Unternehmen Ausdruck dessen, was von oben nach unten vorgelebt wird. So dauert laut
Studien die Hälfte aller Amtshandlungen eines Vorstands
nicht länger als neun Minuten. Management heute, das heißt
vor allem, Entscheidungsprozesse und Kommunikation immer wieder zu unterbrechen. Der Aufbau einer belastbaren
Bindung von Boss und Mitarbeiter wird unter solchen Bedingungen zu einem beinahe unmöglichen Unterfangen.

Doch gerade in Ausnahmesituationen brauchen Mitarbeiter die Unterstützung ihrer Chefs. Menschlich und inhaltlich

nah dran zu sein, an den Mitarbeitern und dem alltäglichen Geschäft, ist ein entscheidender Faktor von Führungsarbeit, um den Druck von oben gemeinsam zu verarbeiten und zu kanalisieren. Es ist eine Führungsaufgabe, die in Memmen-Biotopen notorisch zu kurz kommt. Auch wenn die Wahrnehmung vieler Chefs eine andere ist.

So glaubten in einer Umfrage aus dem Jahr 2004, die Hubert K. Rampersad in seinem Buch »Personal Balanced Scorecard« zitiert, 83 Prozent der befragten Manager, dass sie für ihre Mitarbeiter da seien. Von denen glaubten das aber nur 34 Prozent. Immerhin 66 Prozent der Verantwortungsträger waren sich sicher zu wissen, was in ihrer Abteilung passiert. Das konnten wiederum nur 32 Prozent der Mitarbeiter bestätigen. Und die lehnen Chefs ab, die Jobs delegieren, ohne sich um den Fortgang der Aufgabe zu kümmern, so das Ergebnis einer Studie aus dem Jahr 2011, die die Unternehmensberatung Rundstedt unter der Überschrift »Chefs kümmert Euch um Eure Mitarbeiter« veröffentlicht hat.

Der Management-Experte Henry Mintzberg bringt es folgendermaßen auf den Punkt: »Heute wird zu viel auf der Informationsebene geführt.«

Aus der Abgeschirmtheit ihrer Büros managen Chefs Informationen, mit denen sie ihre Leute dazu bringen, bestimmte Ergebnisse zu erzielen – Management per Fernbedienung sozusagen. Dazu reicht die Vorgabe eines Budgets oder die Installation eines neuen Software-Systems. Das ist Management à la MBA, aber keine Mitarbeiterführung.

Geführt werden Mitarbeiter, indem man sie bei ihren Projekten unterstützt und motiviert. Wer Menschen führt und nicht nur managt, kümmert sich auch um ihr Befinden. Das hat nämlich unmittelbaren Einfluss auf ihre Arbeit. Ein Manager, wie ihn sich Mintzberg im Idealfall vorstellt, ist mittendrin. Führungskräfte in direkter Aktion, die »Verträge verhandeln, Projekte leiten, Brandherde bekämpfen«.

Eine Garantie dafür, dass es den Mitarbeitern unter solchen Chefs »in Action« besser geht, während sich das eigene Unternehmen immer schneller dreht, gibt es dennoch nicht. Denn hyperaktive Chefs lassen oft etwas Elementares vermissen: die Fähigkeit Prioritäten zu setzen, um für sich und ihre Mitarbeiter die Balance zu halten, nicht zuletzt zwischen Berufs- und Privatleben.

Kein Wunder: Um Prioritäten zu setzen, braucht man einen Überblick. Genau das, was einer Memme fehlt, die unentwegt in Panik ist. Sie ist vollauf damit beschäftigt, immer und überall nach Fluchtwegen zu suchen.

Die Überperformer

Seit ich als Geschäftsführer mit Ende Zwanzig zum ersten Mal in einer gehobenen Führungsposition ankam, gab ich immer Vollgas. So sehr, dass mir oft nicht auffiel, wenn meine Mitarbeiter hinter mir in einer Staubwolke zurückblieben. Je weiter ich aufstieg, desto mehr versuchte ich deshalb allen Ansprüchen an mich selbst gerecht zu werden. Solange und so sehr, bis es nicht mehr ging:

Unterwegs mit Highspeed
Als ich Bereichsleiter von 400 Mitarbeitern wurde, wollte ich ganz im Sinne des Konzerns Quartal um Quartal den Umsatz nach oben treiben. Das aber wollte ich mit einem von mir entwickelten Geschäftsmodell erreichen, bei dem wir uns noch intensiver um die Bedürfnisse unsere Kunden kümmern mussten.

Bereits vor meinem Dienstantritt waren die Mitarbeiter einem hohen Verkaufsdruck ausgesetzt gewesen. Ich wollte ihnen aber nicht nur ehrgeizige quantitative Ziele bieten. Ich wollte, dass sie für das, was sie jeden Tag taten, brannten. Dass sie sich für das, was wir gemeinsam vorhatten, genauso begeisterten, wie ich es tat. Und dafür gab ich alles.

Vor allem baute ich Beziehungen auf. Über meine Teamleiter hinweg suchte ich den direkten Kontakt mit möglichst vielen Mitarbeitern. Meine Tür stand nicht offen – ich hatte sie gleich ausgehängt und im Keller verstaut. Ich saß aber nicht da und wartete darauf, dass jemand in mein Büro trat, sondern ging aktiv auf meine Leute zu. Zeigte jedem mein persönliches Interesse.

Immer wieder berief ich Treffen ein, im kleineren wie im größeren Rahmen, stellte mich vor meine Leute und versuchte mich, ganz amerikanisch, an der großen Begeisterungswelle. Für jedes Projekt, für jeden Kunden. Tatsächlich schaffte ich es, mit einer offenen Art meine Mitarbeiter von Grund auf neu zu motivieren. Aber hinter jedem meiner netten Worte stand zugleich unmissverständlich der Wille, meine Mannschaft in einen Hochleistungsapparat zu verwandeln. Und dabei fühlte ich mich selbst für alles zuständig.

Sobald ich spürte, etwas könnte vielleicht in die falsche Richtung laufen, mischte ich mich ein. Kein Detail war mir zu klein. Das hatte seinen Preis. Bis zu 80 Stunden in der Woche war ich zwischen Mitarbeiterbetreuung, Kundenterminen und Treffen mit der Geschäftsführung unterwegs. Und darauf war ich auch noch stolz. Wenn ich etwa mit anderen Bereichsleitern darum wetteiferte, wer die meisten Meetings an einem Tag absolvierte und die meisten Nachrichten auf seiner Mailbox hatte.

Als ich an einem Freitagabend einen Workshop nach draußen verlegte und im Kreise meiner Mitarbeiter meine Geschäftsidee predigte, fiel mir nicht auf, wie es um uns herum langsam dunkel wurde. Erst der dezente Hinweis eines Kollegen machte mir klar, dass für meine Leute eigentlich schon längst das Wochenende begonnen hatte.

Ich trieb meine Mannschaft mit positiver, aber unnachgiebiger Energie vorwärts. Tatsächlich erreichten wir unter den argwöhnischen Blicken der anderen Bereiche unsere sehr ehrgeizigen Ziele. Dass ich darüber hinausschoss, merkte ich erst, als es zu spät war.

Der Zusammenbruch einer Mitarbeiterin, auch wenn es dafür andere Gründe gegeben haben mag, wurde mir angelastet. Ich musste meinen Hut nehmen. Es war, als hätte ich einen Wagen bis aufs Äußerste getunt und ihn dann in hohem Tempo gegen einen Baum gesetzt.

Zwei Chefkrankheiten trafen damals in einer, nämlich meiner Person, aufeinander: Zum einen die kümmernde Kuschel-Memme, die für ihre Mitarbeiter und Kunden allzeit bereit sein will. Die sich für alles zuständig fühlt und sich dabei selbst ausbeutet. Und die dieses Opfer auch noch für selbstverständlich hält. Aus echter Leidenschaft, aber auch aus dem Wunsch heraus, von Mitarbeitern und Kunden gemocht zu werden.

Zum anderen die überehrgeizige Karriere-Memme, die sich mit durchschnittlichen Erfolgen nicht zufrieden gibt, weil sie ihr persönliches Selbstwertgefühl zu sehr an den eigenen beruflichen Erfolg koppelt. Und deshalb auch noch stolz darauf ist, wenn die eigene Mailbox überquillt.

Das Gefühl, von der Firma gebraucht zu werden, kann für Führungskräfte schnell zu einer Droge werden. Eine, die dazu führt, dass ein Chef es nicht fertig bringt, loszulassen, sondern sich in seine Aufgabe geradezu verbeißt.

> Das Gefühl, von der Firma gebraucht zu werden, kann für Führungskräfte schnell zu einer Droge werden.

Alles in allem eine Mischung, deren Folgen es in sich haben.

In solch einem Fall flieht eine Führungskraft nicht vor der Aufgabe, sondern schultert sich so viel wie möglich auf, unfähig, richtig zu delegieren. Es mag Mitarbeiter im ersten Moment entlasten. Aber kein Mitarbeiter entkommt den ehrgeizigen Zielen, die jeden erfassen, der mit einem solchen Chef in Berührung kommt.

Getrieben von der eigenen Begeisterung wird der ohnehin vorhandene Druck eines zahlengetriebenen Unternehmens weiter forciert. Zwar mit einer positiven Energie, die auf gemeinschaftlichen Erfolg setzt und die Mitarbeiter würdigt und respektiert, die ihnen aber gleichzeitig alles abverlangt. Private und berufliche Leidenschaft vermischen sich bei dieser Art von Führung so sehr, dass am Ende die Balance nicht mehr stimmt. Bei mir, der Führungskraft, nicht. Aber ebenso wenig bei vielen meiner engagiertesten Mitarbeiter.

Auch das Gefüge innerhalb eines Unternehmens gerät aus der Balance, wenn die entfachte Energie die der anderen Abteilungen und Bereiche bei weitem übertrifft. Eine hochtourige Maschine innerhalb eines starren Unternehmensgebildes – hier gibt es nur ein entweder-oder. Entweder passt sich das Unternehmen dem aufstrebenden Bereich an. Oder der Bereich geht unter.

Das Opfer

Ob Überperformer oder Überforderte: Manager, die getrieben werden – sei es vom Wettbewerb, dem eigenen Vorstand oder von ihrer eigenen Sucht nach Boni und Erfolg – hinterlassen Spuren. Diese finden sich im Software-System, in dem die Überstunden der Mitarbeiter gebucht werden; in den Büros, in denen am späten Abend noch das Licht brennt. Und in den von Erschöpfung gezeichneten Gesichtern vieler Mitarbeiter. So wie in dieser Abteilung:

Atemnot

»Als ich nach meinem Studium die Stelle bei einem E-Business-Unternehmen bekam, ging für mich ein Traum in Erfüllung. Ich landete in einem Unternehmen, das berühmt ist für eine kreative Arbeitsatmosphäre und selbstbestimmtes Arbeiten. Als ich anfing, war ich bis in die Haarspitzen motiviert.

Ich dachte mir nicht viel dabei, als ich am ersten Arbeitstag erfuhr, dass kurz zuvor in meiner Abteilung die Hälfte der Leute gekündigt hatte und meine eigentliche Chefin gerade dabei war sich zu verabschieden. Neue Leute kamen und die eine verbleibende Mitarbeiterin übernahm die Aufgabe, unsere Jobs zu koordinieren. Zugleich war sie auch für meine Einarbeitung zuständig, da ich ihren Aufgabenbereich übernahm. Die eigentliche Leiterin unseres Bereichs, die zugleich weitere Teams an anderen Standorten in Deutschland führte, begrüßte mich sehr freundlich. Wenn ich Fragen habe, solle ich mich melden. Dann war sie auch schon wieder weg. Termine, Termine. Geht ja emsig zu hier, dachte ich mir. Sah nach einem guten Karriere-Sprungbrett aus, wie erhofft.

Mit der Welle, die mich dann überrollte, hatte ich nie und nimmer gerechnet. Bereits nach einer Woche fluteten täglich bis zu 200 E-Mails meinen Firmen-Account. Ich konnte nicht einmal meine To-do-Liste so schnell aktualisieren, wie die Anfragen reinkamen. Anfragen aus anderen Abteilungen, die Informationen oder meinen Rat brauchten. Dazu gab es meine Zielvorgaben von der Abteilungsleiterin, die einzig und allein aus Zahlen bestanden. Ab der zweiten Woche blieb ich fast jeden Tag bis 23 Uhr. Ich schrieb es meiner Unerfahrenheit zu. Sobald ich den Dreh raus hätte, ginge mir alles besser von der Hand, so meine Vermutung. Aber denkste. Es wurde einfach immer nur mehr.

Als ich meine Vorgängerin und neu eingesetzte Job-Koordinatorin fragte, was ich besser machen könne, gab sie mir Tipps. Auf die Frage, ob denn Überstunden die Regel seien, sah sie mich überrascht an. Was ich denn erwartet hätte? Das gehöre hier eben dazu. Ich wunderte mich, schließlich hatte ich den Eindruck, dass in allen anderen Abteilungen die Lichter längst aus waren, wenn wir das Gebäude verließen. Was waren wir denn, der Bereitschaftsdienst? Waren für meine Abteilung die Unternehmenswerte ausgesetzt worden, ohne dass man mir das gesagt hätte?

Als man mir riet, Prioritäten zu setzen, tat ich das. Aber in der Folge wurde der noch zu erledigende Berg einfach immer höher. Als einmal innerhalb weniger Minuten 30 E-Mails mit arbeitsintensiven Anfragen eingingen, hatte ich das Gefühl, um meinen Hals zöge sich eine Schlinge zu. Ich merkte, wie ich nach Luft rang. Eine Panikattacke. Es war der negative Höhepunkt, nachdem ich sowieso schon wochenlang kaum geschlafen hatte. Wenn das die viel gerühmte Arbeitsatmosphäre war, dann musste ich etwas falsch verstanden haben. Das hier war kein Karrieresprungbrett. Das war eine Trainingsanstalt für Workaholics.

Daraufhin vereinbarte ich ein Treffen mit meiner Bereichsleiterin. Ich sagte ihr, dass es so nicht weitergehen könne. Ich sähe kein Land mehr. Sie meinte nur, vielleicht würde es irgendwann besser werden. Jetzt müsse ich da jedenfalls erst einmal durch. Andernfalls … Sie sprach nicht weiter, aber ich verstand. Ich war am Boden. Gleichzeitig wuchs der Widerstand in mir: Das konnte es doch nicht sein – innerlich ausgebrannt, nur Monate nach dem Studium?

Auch die anderen Neuen in meinem Team stöhnten. Kollegen aus anderen Abteilungen und Standorten dagegen berichteten mir begeistert, wie entspannt und zugleich aufregend ihre Arbeit sei. Als sie mir von ihren Arbeitszeiten erzählten, meinte ich zuerst, sie sprächen von einem anderen Unternehmen.

Als mir klar wurde, dass ich im richtigen Unternehmen, aber in der falschen Abteilung gelandet war, suchte ich nach einem Ausweg. Aber daran hatte meine Oberchefin kein Interesse. Ich *spürte, dass ich meiner Gesundheit zuliebe keine andere Wahl hatte: Ich kündigte.«*

Peter B., Business Development

Ein Unternehmen kann noch so sehr von einem kollegialen wie ethischen Geist durchdrungen sein, letztlich kommt es auf den direkten Vorgesetzten an.

Chefs haben die Möglichkeit – im Guten wie im Schlechten – innerhalb ihres Zuständigkeitsbereichs ihre eigene Kultur zu etablieren. Mit eigenen Regeln und eigenen Erwartungen, die der eigentlichen Firmenkultur zuwider laufen können.

In diesem Fall hatte die Bereichsleiterin wahrscheinlich über Jahre hinweg auf Mitarbeiter gesetzt, die bereit waren ständig bis spätabends zu arbeiten. Alle anderen Mitarbeiter verabschiedeten sich schnell, kündigten oder wechselten in andere Abteilungen. Überstunden, die eigentlich eine Ausnahme sein sollten, wurden so zur Regel. Bei einem Unternehmen, das seinen Mitarbeitern ansonsten faire Arbeitsbedingungen bietet.

Vielleicht war die Chefin selbst auf diese Art aufgestiegen, unter Vorgesetzten, die dasselbe von ihr erwartet hatten. Und so hatte sie ihre ersten Jahre als Berufsanfängerin als einen steinigen Weg empfunden, bevor sie dann, aufgestiegen zur Bereichsleiterin, endlich den Lohn dafür einfahren konnte. Und nun erwartete sie, dass ihre Nachfolgerinnen es ihr gleichtaten.

Über zwei bis drei Mitarbeitergenerationen breitet sich auf diese Weise eine eigene Kultur innerhalb eines Unternehmensbereichs aus. Eine, in der Mitarbeiter von der Fülle ihrer Arbeit vor sich hergetrieben werden. Wo es keinen Damm und kein Halten gibt und nichts anderes erlaubt ist, als die beständig anbrandenden Wellen an E-Mails und Anfragen über dem eigenen Kopf zusammenbrechen zu lassen und kräftig zu rudern. Immer im Angesicht der Gefahr, irgendwann nicht mehr aufzutauchen und keine Luft mehr zu bekommen.

Dieses System funktioniert, solange sich immer wieder neue Führungskräfte wie die Job-Koordinatorin finden, die diesen Geist akzeptieren, verinnerlichen und schließlich vorleben. Es sind selbstausbeuterische Memmen, die hoffen, irgendwann dafür belohnt zu werden, wenn sie es nur lange genug schaffen, den Kopf über Wasser zu halten. Und steigen sie erst selbst nach oben, dann gibt man die Qualen an die nächste Generation unter sich weiter. Jetzt soll es sich schließlich für einen selbst lohnen. Aus der Mitarbeiter-Memme wird eine Chef-Memme. Und die züchtet sich Nachfolger-Memmen.

Dank der geleisteten Überstunden bleiben die Lohnkosten niedrig, was den Zahlen der Bereichsleiterin zugutekommt. Falls es einen Wert gibt, der in dieser Subkultur herrscht, dann wahrscheinlich nur den der persönlichen Wertabschöpfung: den eigenen Bonus.

Und so brennen eifrige Mitarbeiter, die sich zu Erfüllungsgehilfen eines solchen Systems machen, täglich übermotiviert ein Feuerwerk ab – solange, bis sie am Ende alles verbrannt haben, was an Energie in ihnen steckte.

Vollbremsung

Der im vergangenen Jahrzehnt entfachte Turbokapitalismus verbraucht eine ungeheure Menge an Energie. Unsere Energie: die von uns Mitarbeitern.

Natürlich stehen auch Vorstände unter Stress, stehen sie doch unter dem Druck der Öffentlichkeit und vor allem der Shareholder. Diesen Druck aber geben die Vorstände schnurstracks nach unten weiter. Ohne die Folgen, die dies mit sich bringt, selbst ausbaden zu müssen. Können sie doch selbst im Falle des Scheiterns gelassen bleiben: Meist wartet auf sie eine fürstliche Entlohnung. Wie das Beispiel des Vorstands von Hewlett Packard, Leo Apotheker, 2011 wieder einmal gezeigt hat. Innerhalb eines Jahres hat er mit seinem Strategiewechsel den Börsenwert von Hewlett Packard fast halbiert. Als er gehen musste, wurde er dafür auch noch mit fast zehn Millionen Dollar belohnt. Und die nächste Stelle als Geldvernichter wartet schon auf ihn.

Die Druckwellen aber, sie rasen meist noch durch das Unternehmen, wenn ihre Verursacher in der Chefetage sich längst verabschiedet haben. Als Erstes trifft diese Welle auf das mittlere Management.

Es ist eine kritische Stelle: Im Mittelbau kann eine von oben kommende Druckwelle brechen und an Kraft verlieren, bevor sie auf die Mitarbeiter trifft. Wird sie dort aber ungebremst nach unten durchgelassen oder sogar noch angeschoben, entlädt die Druckwelle ihre volle zerstörerische Wucht in den Reihen der unteren Hierarchieebenen.

Das mittlere Management steht in der Verantwortung. Von oben kommen die ehrgeizigen, nur an der Rendite orientierten Vorgaben. Nach unten aber sollen sie Menschen führen und für diese Ziele begeistern, die für alle Abteilungen vor allem eines bedeuten: eine ganze Menge Arbeit. Der Druck von oben, der Widerstand von unten. Erwartungen von allen Seiten. Nicht selten brechen auf das mittlere Management hohe Wellen von beiden Seiten ein.

Die Folge: Vor allem im mittleren Management finden sich die Kandidaten für den Absturz. Für den körperlichen und geistigen Zusammenbruch. Für den Burnout.

25 Prozent aller Führungskräfte sind dafür anfällig, so das

Resultat einer Studie, die das Instituts für angewandte Innovationsforschung an der Ruhr-Universität Bochum 2011 unter dem Titel »Innovation mit Risiken und Nebenwirkungen – Jeder vierte Manager ist vital erschöpft« veröffentlichte. Und das betreffe weit weniger die Chefs an der Spitze, welche die Ziele vorgeben, sondern wesentlich häufiger das mittlere Management, das die Vorgaben umsetzen muss. Und so wundert es nicht, dass nur 44 Prozent der deutschen Führungskräfte mit ihrem Arbeitspensum zurechtkommen, wie eine international vergleichende Umfrage des Online-Stellenmarktes StepStone 2007 unter der Überschrift »Jeder Vierte vor Burnout« ergab. Die deutschen Chefs, im internationalen Vergleich schneiden sie als trauriger Spitzenreiter ab.

Der Wirbel aus ewig drängenden E-Mails und Anrufen von Kunden, eigenen Vorgesetzten und Mitarbeitern: Wer sich diesem Ansturm widerstandslos ergibt oder sogar bereitwillig hingibt, weil er sich nur dann als Manager ernst genommen fühlt, kommt selten mit 40 Arbeitsstunden pro Woche aus.

Nach einer Studie der Unternehmensberatung Kienbaum verbringen deutsche Manager durchschnittlich 54 Stunden pro Woche im Büro. Weniger als ein Drittel nimmt sich die Zeit für eine tägliche Arbeitspause, zitierte der *stern* die Studie im April 2003 unter dem Titel »Deutsche Manager: Wenig Zeit für Kunden und sich selbst«.

Wenig Schlaf, wenig gesundes Essen, kaum Zeit für Familie, Sport oder Hobbys – dafür Arbeit und noch mehr Arbeit, für die es oft genug nicht mal die notwendige Anerkennung gibt.

»Jeder Dritte greift zu Alkohol oder Medikamenten, um durchzuhalten«, schätzte Jochen von Wahlert, Chefarzt der Helios Klinik für Psychosomatische Medizin in Bad Grönenbach im Allgäu, im Beitrag »Narzisst in der Kommandozentrale« von *Spiegel online* im Juli 2009.

Den meisten Managern, vor allem Männern, fehlt ein Zugang zu ihrer körperlichen und seelischen Gesundheit. Wenn es Stress gibt, laufen sie erst recht weiter bis zum Exzess. Probleme sollen mit noch mehr Einsatz behoben werden. Koste es, was es wolle. Koste es die eigene Gesundheit oder die der Mitarbeiter.

So geben Chefs auf allen Ebenen ein fatales Vorbild ab. Von oben nach unten wird die falsche Haltung vorgelebt. Wer sich bis zur Selbstzerstörung verausgabt und als Führungskraft nicht auf seine eigenen Bedürfnisse achtet, der achtet auch nicht auf die seiner Mitarbeiter. Und das hat Folgen.

Auf 43 Milliarden Euro beziffert das Dekra Arbeitssicherheitsbarometer 2011 die Kosten, die der deutschen Wirtschaft durch Ausfallzeiten jährlich entstehen. Anders als früher sind nicht mehr Arbeitsunfälle an technischen Geräten die wichtigste Ursache, sondern innere Kündigung und Burnout der Mitarbeiter.

Für eine echte und vor allem nachhaltige Verhaltensänderung braucht es bei vielen Managern erst einen heilsamen Schock, der die Perspektiven wieder gerade rückt.

Für eine echte und vor allem nachhaltige Verhaltensänderung braucht es bei vielen Managern erst einen heilsamen Schock, der die Perspektiven wieder gerade rückt. So einen Sinneswandel erlebte ich selbst nach meiner letzten Entlassung:

Aussteigen

Als ich das Unternehmen, in das ich fünf Jahre lang jede Woche mehr als sechzig Stunden investiert hatte, Hals über Kopf verlassen musste, spürte ich nach der ersten Wut und Gegenwehr nur noch eine große Leere. Als hätte jemand meinen auf Hochtouren laufenden Motor plötzlich abgewürgt. Ich saß zu Hause und drehte mich um mich selbst. *Keine Anrufe mehr, keine Bitten und keine Anfragen. Ich fühlte mich unendlich müde und verbraucht.*

Die Art, wie man mich vor die Tür gesetzt hatte, stand im krassen Gegensatz zu der Hingabe, mit der ich mich für den Erfolg des Unternehmens eingesetzt hatte. Diese Hingabe, das wurde mir jetzt klar, hatte ich mit dem Preis der Selbstaufgabe bezahlt. Der Aufgabe jeglichen Privatlebens. Dass meine Ehe in dieser Phase endgültig in die Brüche ging, es wunderte mich nicht.

Anstatt nach einer neuen Stelle Ausschau zu halten, kümmerte ich mich zum ersten Mal seit Jahren um mich selbst. Wie ein Unfallopfer, das erst wieder das Gehen lernen muss, begann ich mich selbst kennenzulernen. Ein Coach meinte zu mir, ich wirke, als hätte ich den Kontakt zu meinem Körper verloren. Endlich begann ich Sport zu treiben, Menschen zu treffen, das Leben zu genießen.

Als ich nach etwa acht Monaten wieder bereit war, eine Führungsposition einzunehmen, hatte sich meine Einstellung vollkommen verändert. Ich würde nicht mehr in das Hamsterrad zurückgehen. Ich wollte die Balance zwischen Privatem und Beruf. Und das hieß, mit Druck, dem von außen und dem selbst auferlegten, anders umzugehen.

Mir war klar: Erst wenn ich mich von dem Druck befreite, alles richtig machen zu wollen, würde ich als Führungskraft die richtigen Entscheidungen treffen können. Nur dann würde ich wirklich souverän werden. Ich beschloss in jeder Hinsicht loszulassen – bei den Erwartungen an meine Mitarbeiter und an mich selbst. Und das hat mich bis heute erfolgreicher gemacht, als ich zuvor je war.

Als Führungskraft Komponist und Dirigent zugleich zu sein – ja, das ist doch möglich. Wenn wir lernen, uns aufs Wesentliche zu fokussieren und uns nicht durch Unwichtiges die Sicht darauf versperren lassen.

3. Weggeduckt: Bosse mit Fluchtreflex

Die großen Reifeprüfungen von Chefs bestehen in unangenehmen Herausforderungen, bei denen sie sich nicht nur für sich selbst einsetzen müssen, sondern vor allem für ihr Team.

Ob ein Boss eine Memme ist oder nicht, das kann sich in einem einzigen Moment entscheiden. Immer dann, wenn es für das Team oder auch einzelne Mitarbeiter um viel geht. Manchmal sogar um alles oder nichts.

Gefragt ist in solchen Momenten ein klassischer Anführer, welcher der Gefahr die Stirn bietet, sich ihr stellt, sich selber und seine Mitarbeiter verteidigt. Oder sogar angreift – an der richtigen Front. Zeit für Helden.

Dabei müssen unsere Chefs in den meisten Fällen nicht einmal über sich hinauswachsen. Oft genug reicht es, wenn sie einfach nur ihren Job machen.

Wenn etwa in der Beziehung zum Kunden die Weichen gestellt werden und sich entscheidet, ob wir in Zukunft auf Augenhöhe oder weit darunter agieren. Wenn die Zentrale oder irgendein Ober-Boss unsere Arbeit sabotiert und wir darauf warten, dass unser Vorgesetzter eingreift. Aber auch wenn ein Projekt oder eine ganze Firma vor dem Abgrund steht.

In solchen Situationen drohen wir Mitarbeiter unter die Räder zu kommen und erwarten, dass unser Boss endlich Gesicht zeigt. Dass er sich gerade macht und für uns und unsere gemeinsame Sache eintritt. Auf das Risiko hin, dass er dabei selbst etwas abbekommt und am Ende vielleicht sogar in unserem Namen scheitert. Mag einem Boss in der Vergangenheit noch so viel misslungen sein – in einer solchen Situation kann sich eine Führungskraft in ein neues, gutes Licht rücken.

Oder den umgekehrten Weg gehen: sich nach einer seichten Zeit ohne Schwierigkeiten als das outen, was sie eigentlich schon immer war: eine rückgratlose Memme.

Ein einziger, kritischer Moment, in dem sich ein Boss entscheiden muss, ob er bereit ist, seiner Aufgabe als Chef gerecht zu werden.

Alles, was der Kunde will

Vor einigen Jahren reiste ich als Marketingberater für ein Unternehmen durch Europa, um einzelne Länderfilialen zu unterstützen. Dabei fiel mir auf, wie sehr manche Chefs den Kundenkontakt vollständig ihren Mitarbeitern überließen. Sie dirigierten vom Büro aus das Vorgehen der eigenen Armee, forderten Akquise-Erfolge und feierten die Umsatzgewinne. Und lobten so manches Produkt in den Himmel, von dem Mitarbeiter längst wussten, dass es bei den Kunden ein Rohrkrepierer sein würde.

Das eigene Team beim Kunden zu unterstützen und sich selbst in nicht immer einfachen Verhandlungen und Diskussionen zu behaupten, das schienen diese Bosse nicht nötig zu haben. Dabei sollte der gemeinsame Auftritt des Teams bei Kunden für jeden Chef eine Selbstverständlichkeit sein, Schärft er doch den Blick für die Realitäten.

Was nicht heißen soll, dass es damit getan wäre, das Gesicht immer mal wieder wohlwollend in die Kamera zu halten. Wer bei Kunden regelmäßig sein gut gelauntes Gesicht vorzeigt, der muss auch immer wieder aufs Neue beweisen, dass er ebenso über ein belastbares Rückgrat verfügt. Was man von folgendem Chef nicht gerade behaupten kann:

Der Kunde ist König
»Mein Chef hat ein Talent: Er kann auf andere Menschen wunderbar eingehen. Egal, wer ihm gegenübersitzt, er findet sofort

den Einstieg ins Gespräch. Er ist ein echter Strahlemann. Das mögen wir an ihm. Und das mögen auch die Kunden. Er beherrscht es, immer wieder neue Geschäfte anzubahnen oder bisherige Projekte auszubauen.

Problematisch wird die Sache nur, wenn es ans Eingemachte geht – an die harten Details, die Ergebnisse unterm Strich.

Wann genau soll ein Job von uns erledigt sein? Wie viel Unterstützung bekommen wir dabei vom Kunden? Und vor allem, wie viele Tage können wir für unsere Arbeit berechnen und was bringt uns der Job am Ende in die Kasse?

Leider zeigt unser Boss auch bei diesen Fragen mehr Verständnis und Mitgefühl für die Kunden, als unserem Team lieb sein kann. Die Liefertermine sind meist so knapp bemessen, dass wir regelmäßig in Zeitnot kommen und deswegen Nachtschichten einlegen müssen. Bedrückt sitzt er dann bei uns und versucht uns zu motivieren. Meistens behauptet er, der Kunde habe eben darauf bestanden. Klar tut er das. Jeder Kunde versucht das. Aber muss man aus Mitgefühl oder aus Angst, der Auftrag könnte einem noch flöten gehen, ohne Gegenwehr einknicken?

Und schaut man am Ende, was ein Job uns wirklich finanziell einbringt, dann sieht das Ganze auch nicht mehr rosig aus.

Jedes Mal gelobt unser Chef Besserung. Mittlerweile aber fürchten wir uns richtiggehend vor seinen Kundenauftritten.«

Miriam S., Vertriebsmitarbeiterin
bei einem Autozulieferer

Ein Chef, der im entscheidenden Moment der Verhandlungen gegenüber einem Geschäftskunden einknickt, macht sich damit zwar kurzfristig den Kunden zum Freund, intern aber mehr Gegner, als ihm lieb sein kann. Die Geschäftsleitung mag sich anfangs über den Abschluss freuen. Aber wehe, am Ende zahlt sich der Einsatz nicht aus!

Dabei sind es gerade die ehrgeizigen Vorgaben der Unternehmensführung sowie deren Motivationsmittel in Form entsprechender Provisionen, welche die Führungskräfte an der Kundenfront dazu verleiten, ihren Kunden alles zu versprechen, um auch ja jedes Geschäft schnellstmöglich an Land zu ziehen.

Der Chef im obigen Beispiel ist eine Kuschel-Memme. Unglücklicherweise kuschelt er ganz besonders mit den Kunden, was für seine Mitarbeiter zu einem echten Problem geworden ist. Und damit nutzt er, bewusst oder unbewusst, seine Mitarbeiter aus: Weil er zu feige ist, sich gegen die Kunden auch mal durchzusetzen, müssen seine Mitarbeiter noch dem unrealistischsten Zeit- und Kostenplan gerecht werden. Das Resultat: Stress, Überstunden und ein fortwährendes Wunschkonzert der Kunden.

Wenn der eigene Chef sich nicht selbstbewusst positioniert und stattdessen dem Kunden jeden Wunsch nicht nur von den Lippen abliest, sondern auch erfüllt, dann haben seine Mitarbeiter nicht die geringste Chance, selbst einmal Nein zu sagen.

Manchmal genügen schon kleine Nachlässigkeiten in der Kommunikation, um gegenüber einem Geschäftskunden an Autorität zu verlieren, wie der folgende Consultant aus leidvoller Erfahrung weiß:

Verdammter Konjunktiv

»Als Consultant einer großen Softwarefirma begleiten wir unsere Kunden bei der Umstellung ihrer Prozesse auf eine neue Software. Bei diesen Change-Projekten steht viel auf dem Spiel. Schließlich ändert die neue Firmensoftware nachhaltig die täglichen Arbeitsschritte vieler Mitarbeiter.

Wir haben es in der Regel mit weltweit agierenden Ölfirmen zu tun. Selbstbewussten Managern, die viel Verantwortung übernehmen und sich auch intern immer wieder beweisen müssen. Die erwarten, dass wir, ihre Dienstleister, ebenso auftreten.

Dass wir unser Produkt selbstsicher verkaufen. Sie wollen einen Partner auf Augenhöhe, der sie gut berät, ihnen auch mal die Richtung vorgibt. Genau das aber gelingt uns nicht auf Dauer.

Denn irgendwann, so mein Eindruck, kommt für unser Team jedes Mal der Zeitpunkt, wo der Kunde anfängt, uns zu sagen, wie es weitergeht. Ein Moment, wo die Beziehung zu unseren Ungunsten kippt.

Woran das liegt? Ehrlich gesagt, an unserem Projektleiter.

Manchmal sind es nur Kleinigkeiten. Wenn wir mit einem Kunden die nächsten Schritte besprechen und sich darüber eine Diskussion entwickelt. Anstatt klipp und klar zu sagen, dass der Vorschlag der Kundenseite nicht machbar ist, wird er einen halben Kopf kleiner in seinem Stuhl und verklausuliert seine Ablehnung. Ein Konjunktiv folgt dem nächsten: ›Man könnte doch‹, ›würde es nicht eher Sinn machen‹, ›nehmen wir mal an‹, und so weiter.

Am Anfang des Projekts hat das noch einen gewissen Charme. Der Kunde fühlt sich nicht überrannt, sondern wird mitgenommen. Aber spätestens wenn ein Projekt beginnt, in eine kritische Phase einzutreten, dann muss Tacheles geredet werden. Mir liegen die Worte dann immer auf der Zunge, aber damit würde ich natürlich meinen eigenen Boss bloßstellen.«

Friedrich M., Consultant

Wer innerhalb des Unternehmens nicht die Führung übernimmt, der tut es auch nicht nach außen: Kuschel-Chefs, die gegenüber ihren Mitarbeitern ihre Standpunkte und Erwartungen nicht klar benennen und durchsetzen können, die ihrem Gegenüber alles Recht machen wollen, drücken sich auch gegenüber Kunden davor, die eigenen Ansichten deutlich vernehmbar zu äußern und gegebenenfalls zu verteidigen. Die Angst vor persönlicher Ablehnung, die Scheu vor Konflikten stellt die Beziehung zu Kunden auf wackelige Beine.

Wer als Chef im Kundenkontakt nicht selbstsicher auftritt,

strahlt keine Kompetenz aus. Und wenn das Vertrauen in die Kompetenz schwindet, übernimmt irgendwann der Kunde das Kommando.

Aber es muss nicht immer die übervorsichtige, fast ängstliche Haltung einer Führungskraft sein, die das Verhältnis zu Kunden aus dem Gleichgewicht bringt. Auch das Gegenteil kann der Fall sein.

Wenn Chefs offen darauf spekulieren, dass die Nachteile schlecht und hastig ausgehandelter Verträge durch die Leistungen der Mitarbeiter wieder ausgeglichen werden und sie selbst am Ende davon umso mehr profitieren. Es sind egoistische Memmen, die für einen ordentlichen Bonus bereitwillig ihre Mitarbeiter opfern.

Die Ego-Shooter treiben es auch da gern noch ein Stück weiter als andere. Denn sie stellen nicht nur ihre Mannschaft generell als unfähig hin, sondern auch ihre Kunden. Ein Paradebeispiel aus der Logistikbranche erzählte mir diese entnervte Planerin:

Recht behalten um jeden Preis

»In unserem Team war keiner zu 100 Prozent von dem Konzept überzeugt, mit dem wir bei unserem Kunden antraten. Keiner außer unserem Chef jedenfalls. Es war ja auch auf seinem Mist gewachsen. Unsere Verbesserungsvorschläge hatte er wie immer großspurig abgelehnt. Er weiß ja immer alles am besten. Doch der Kunde sah das anders.

Nach unserer Präsentation hielt sich dessen Begeisterung in Grenzen. Nein, man sei damit noch nicht ganz zufrieden. In dem Moment merkte ich schon, dass unserem cholerischen Chef gleich der Hut hochgehen würde. Schließlich wollte er auch uns beweisen, dass seine Kompetenz unantastbar sei.

In spitzem Ton fragte er nach, woran es denn liege. Unsere Ansprechpartner nannten ihre Einwände, und in meinen Ohren klangen die alle sehr nachvollziehbar. Nicht aber für unseren Boss.

Ungeduldig hörte er zu, und ich ahnte schon, was kommen würde. In gereiztem Ton, als würde er mit einer Schar Kinder reden, belehrte er die anwesenden Experten. Meinen Kollegen und mir war es sichtlich peinlich. Doch unser Chef lief zur Hochform auf. Als sich die Kunden immer noch unwillig zeigten, wurde er trotzig. Manchen Leuten könne man eben nicht alles erklären.

»Lassen Sie uns einfach mal machen, dann wird alles gut«, meinte er nur.

Als der Kunde ruhig aber bestimmt darauf hinwies, dass sie einen alternativen Vorschlag von uns erwarteten, winkte er ab. Stand auf und antwortete nur: »Wir gehen.« Der Kunde war empört.

Die Schuld für das Desaster gab unser Boss dem beratungsresistenten Kunden und plötzlich auch noch mir, weil ich die Präsentation nicht richtig vorbereitet hätte. Dass es für uns nach diesem Auftritt später überhaupt nur weiterging, weil ich den Kunden dazu überreden konnte, sah er allerdings nicht.

Als wir am Ende dadurch auch das nächste Projekt eintüteten, heftete er sich vor der Geschäftsleitung diesen Erfolg glatt ans eigene Revers. Dabei blieb uns der Kunde nicht wegen, sondern trotz unseres Bosses treu. Wäre es schief gegangen, dann hätte er sicherlich mich oder ein anderes Teammitglied als Schuldigen oben angeschwärzt.«

Margrit I., Logistikplanerin

Ein Choleriker, der keine Ablehnung erträgt und schon gar nicht das Hinterfragen seiner überragenden Kompetenzen, von denen sein ansonsten fragiles Selbstbewusstsein abhängig ist. Genauso, wie diese Art von Chef auf der Karriereleiter nach oben flieht, um sicherzugehen, dass seine Kollegen unter ihm Platz nehmen müssen, rennt er bei Kunden mit aller

Macht nach vorn und gern auch mal gegen die Wand. Hauptsache, um keinen Preis klein beigeben. Für seine Mitarbeiter ist so eine Macho-Memme ein Garant für Mehrarbeit und Frustration. Und für Kunden, ein Grund sich zu verabschieden – wenn die Mitarbeiter seine Fehler nicht ausbügeln können oder wollen.

Wie so oft spiegelt auch in diesem Fall das Verhalten des Chefs die firmeninternen Verhältnisse. Verhältnisse, in denen für eine falsche Management-Entscheidung nicht oben Köpfe rollen, sondern meist ganz unten. Wo Erfolge von den Chefs verbucht werden und Niederlagen immer auf andere oder die Umstände abgewälzt werden. Wo nur die Zahlen stimmen müssen. Und Führungskräfte nicht die Bereitschaft und Kraft aufbringen, sich auf eine echte und ehrliche Beziehung mit ihren Mitarbeitern einzulassen.

Kopf einziehen: Wenn die Zentrale angreift

Als ich Ihnen von den »Sklaven des Misstrauens« im allmächtigen System des Memmen-Biotops berichtet habe, bin ich auch darauf eingegangen, auf welche Weise Firmenzentralen in die Arbeit der Niederlassungen eingreifen. Etwa, wenn ein neues System zur Angebotserstellung entwickelt wird, das allen Filialen als verbindlich vorgegebenen wird – und die Arbeit vor Ort ungemein erschweren kann.

Für die Führungskräfte in den Firmenfilialen ist so eine Situation aber auch eine Gelegenheit, Farbe zu bekennen und für die Interessen ihrer Teams einzutreten. Eben Chef zu sein. Doch aus Erfahrung weiß ich, dass man weder als Mitarbeiter noch als Chef auf die Courage und Unterstützung durch die betroffenen Führungskräfte zählen darf:

Das neue Angebotssystem

Kaum war die neue Software zur Erstellung der Angebote installiert, wurde klar, dass diese unsere Arbeit regelrecht sabotierte. Das neue Formular konterkarierte durch seine vorgegebenen Standards die Interessen unserer Kunden. Bei einer Krisensitzung mit meinen Mitarbeitern hielt ich mit meiner Meinung nicht hinterm Berg. Ich stellte klar: Es geht um uns und unser Geschäft. Wir würden sofort alle Schwachstellen recherchieren und sie der Zentrale mitteilen. Und zwar schonungslos.

Am selben Tag besprach ich mich mit den Geschäftsführern der anderen europäischen Länder. Auch sie waren stinksauer. Als ich einen Tag später eine gemeinsame Mail an die Zentrale abschicken wollte, nahm ich an, dass meine europäischen Kollegen sich mir anschließen würden. Aber Fehlanzeige. Das war ihnen zu heikel!

Ich tat es allein. Meine Mitarbeiter wies ich an, im Interesse des Unternehmens die neuen Vorgaben zu ignorieren und bei Angebotsabgaben auf gewohnte Weise vorzugehen: »Screw it! Do it the old way.«

Die Reaktion meiner europäischen Kollegen zeigt: Während normale Mitarbeiter ihren Unmut über die Zumutungen der Zentrale untereinander offen kundtun können, befinden sich die betroffenen Führungskräfte in einer Zwickmühle. Eigentlich müssten sie in ihrer Funktion die von der Zentrale beschlossene Maßnahme im Sinne der Führung umsetzen und dafür bei ihren Mitarbeitern werben. Eine undankbare Aufgabe, aber eben die Aufgabe eines Managers.

Die Mitarbeiter, die ihre Abteilungen am Laufen halten, erwarten jetzt aber etwas anderes.

Zunächst einmal ein offenes Ohr, wenn sie zu ihrem Chef rennen und ihre ganze Empörung über die offenkundige Ignoranz der Firmenbosse gegenüber ihrem täglichen Tun bei ihm abladen. Da man sich als Team versteht, erwarten die Mitarbeiter, dass die Führungskraft diese Empörung teilt.

Führungskräfte sollten ihren Mitarbeitern ihre ehrliche Meinung mitteilen. Auch wenn Sie die ganze Unternehmensleitung verfluchen müssen, sollten sie damit nicht hinterm Berg halten, sondern Gesicht zeigen. Und es wagen, die richtigen Schlüsse zu ziehen – im Sinne ihrer Mitarbeiter und ihrer Kunden.

Als Mitarbeiter erwarten wir, dass unser Chef sichtbar Position bezieht. In diesem Fall bedeutet das: Es ist der Job des Vorgesetzten, der Zentrale klar und deutlich mitzuteilen, was an den Außenstellen des Imperiums schief läuft. Dass man uns die falschen Werkzeuge geliefert hat, dass die Instrumente nicht zur Aufgabe passen, dass die Strategie kontraproduktiv ist. Eine Aufgabe, die es in sich hat, aber elementares Führungsverhalten darstellt.

> Als Mitarbeiter erwarten wir, dass unser Chef sichtbar Position bezieht.

Für mich ist die Sache eindeutig: Die Einmischung der Zentrale in die inneren Angelegenheiten meiner Mannschaft ist eine hervorragende Gelegenheit, meiner wichtigsten Aufgabe als Chef nachzukommen. Nämlich für die Sache meines Teams ohne Wenn und Aber einzutreten. Sie in Schutz zu nehmen vor den Zumutungen einer wirklichkeitsfremden Firmenpolitik. Das sind die Momente, in denen eine Führungskraft Profil gewinnen kann und muss. In denen die Mitarbeiter ihr Urteil fällen: Haben wir es mit einem Helden oder einer Memme zu tun?

Verrat: alles oder nichts

Ein Chef, der vorm Kunden einknickt. Ein anderer, der die Schuld für eine verpatzte Präsentation seinen Mitarbeitern gibt. Eine erfolgreiche Meuterei gegen die Anmaßungen der Zentrale. Das alles ist nichts gegen die Situationen, in denen wir Mitarbeiter das Gefühl haben, dass es um alles oder nichts geht. Dass wir ohne den Beistand unseres Chefs auf ganzer Linie scheitern werden. Wie diese Kommunikationsberaterin, die im Angesicht des Scheiterns von ihrem Boss völlig im Stich gelassen wurde:

Ein Fähnlein im Wind

»Als unsere Agentur den Auftrag bekam, herrschte die absolute Euphorie. Der Bürgermeister hatte beschlossen, die Vorzüge unserer Stadt der bundesweiten Öffentlichkeit zu präsentieren. Und wir sollten die Imagekampagne inszenieren. Ein Volltreffer für unser Team.

Mit vollem Elan gingen wir an die Entwicklung eines Imagefilms. Unser direkter Ansprechpartner, der Vertreter der Abteilung Stadtmarketing, war begeistert von dem Drehbuchentwurf. Das würde ein Höhepunkt der Kampagne werden. Und tatsächlich entstand in enger Abstimmung mit unserem Kunden ein außergewöhnlicher Film mit Ecken und Kanten.

Ich fieberte der Premiere entgegen: Der Film sollte vor weiteren Verantwortlichen sowie einigen Honoratiren der Stadt vorab in einem Kino gezeigt werden.

Der Abend begann gut. Die Herrschaften standen in kleinen Gruppen zusammen, hatten sich offenbar viel zu erzählen und tranken ordentlich. Leider dauerte es deshalb auch länger als geplant, bis der Film endlich gezeigt werden konnte. Einige der Anwesenden zeigten sich schon erbost und waren kurz davor einfach zu gehen.

Bis es schließlich losging, war die Stimmung schon merklich gedämpft. Ein ungünstiger Moment für einen mutigen Film. Als es im Saal wieder hell wurde, fiel der Applaus verhalten aus.

Die Zuschauer waren kaum aufgestanden, da begann bereits die Diskussion. Auf der einen Seite ein Vertreter einer weiteren

Agentur, zuständig für etliche Werbemaßnahmen der Stadt. Auf der anderen Seite mein Chef und ich. Und mittendrin unser irritierter Kunde vom Stadtmarketing.

Der Leiter der anderen Agentur, berühmt für ihre Kreativität, sah sofort seine Chance, das ganze Filmprojekt nach seinen Vorstellungen neu aufzurollen. Dem Kunden sah man die Unsicherheit an, die die Reaktionen ausgelöst hatten. Ich schaute auf meinen Boss neben mir und erwartete, dass er etwas erwiderte. Dass er alle Parteien beruhigte und empfahl, eine Nacht darüber zu schlafen. Schließlich war er von dem Projekt aus vollem Herzen überzeugt, wie er immer wieder betonte.

Doch was machte der Mann? Er hielt seine Nase in den Wind, nahm Witterung auf, sah den selbstsicheren Vertreter der anderen Agentur und kippte um, ohne der zum Teil haarsträubenden Kritik auch nur einmal widersprochen zu haben. Ja, man werde sehr gern gemeinsam mit der anderen Agentur einen neuen Anlauf machen, hörte ich ihn sagen. Ich konnte es nicht fassen. Er beerdigte unsere Arbeit, ohne mit der Wimper zu zucken. Als ich ihn anstarrte, flüsterte er mir nur zu: »Vergiss den Film«. Einen Film, in den seine Mitarbeiter drei Monate Arbeit investiert hatten, und auf den er selbst eben noch zum Platzen stolz gewesen war. Wir fühlten uns verraten.«

Britta S., Kommunikationsberaterin

Es gibt in unserem Arbeitsleben Aufgaben und Projekte, in die wir unser Herzblut investieren. Für die wir alles geben, weil wir überzeugt davon sind. Vor allem, wenn ein vor Begeisterung übersprühender Chef uns zu Überzeugungstätern macht.

Wenn derselbe Chef aber beim leisesten Anflug von Kritik vor unseren ungläubigen Augen mit wehenden Fahnen die Seiten wechselt, wirft er nicht nur unsere gemeinsame Arbeit auf den Müllhaufen, sondern vernichtet auch jegliches Vertrauen in seine Integrität. Unser Glaube an seine Aufrichtigkeit und Zuverlässigkeit nimmt in diesem Moment irreparabel Schaden.

Die Illoyalität der Führungskräfte, ihre Flucht vor der Verantwortung wird als Verrat an der gemeinsamen Sache empfunden. Die Memme ist entlarvt, und sein Ansehen im Team wird sich nicht mehr so leicht erholen.

Das Nonplusultra in Sachen Flucht und Verantwortungslosigkeit habe ich in einem kleinen Unternehmen erlebt, wo ich es am wenigsten erwartet hätte.

Zwei junge Firmengründer hatten mich überzeugt, meine Stelle bei einem großen Konzern aufzugeben und als Vorstand zu ihrem Startup-Unternehmen zu wechseln. Was ich dort erlebte, übertraf noch meine kühnsten Erfahrungen mit Memmen-Bossen:

Abgehauen

Als ich an meinem ersten Arbeitstag durch die aktuellen Projekte klickte, fühlte sich meine Entscheidung noch besser an. Ich war überzeugt: Hier entstand die neue Internet-Welt.

Die Atmosphäre in unserem weitläufigen Großraumbüro auf St. Pauli war entspannt und zugleich energiegeladen. Alle Mitarbeiter, mich eingeschlossen, hatten selbst Geld in das Unternehmen investiert. Jeder wusste also, für wen und was er arbeitete, und tat es gerne.

Nach sechs Wochen fand ich allerdings etwas, das mir weit weniger gefiel. Unsere Zahlungseingänge gingen seit kurzem stark zurück. Die Folge: Unsere Liquidität schwand dahin.

Nur ein paar Tage später verschärfte sich die Situation. Unser wichtigster Investor, eine Venture-Capital-Firma, war am Ende. Statt der vereinbarten sechs Millionen erhielten wir nur noch die Hälfte. Als ich das erfuhr, blieb mir kurz die Luft weg. Die Schlinge zog sich schnell enger. Wir mussten umgehend handeln. Jetzt brauchten wir dringend Unterstützung.

Gemeinsam ging die Führungsetage zur Bank. Die zwei Gründer, der zweite Vorstand, eines der Aufsichtsratsmitglieder und ich.

Wir stellten den Bankern den Sanierungsplan vor, das große Potenzial unseres Unternehmens und seine Aussichten. Sie waren bereit, die Finanzierungslücke zu schließen. Es gäbe da eine Bedingung, die noch zu erfüllen sei. Nichts Großes. Die beiden Gründer sollten nur ihr Firmendarlehen, das sie sich zurückgeholt hatten, wieder einzahlen. Als Zeichen dafür, dass sie selbst an unseren Sanierungsplan glauben würden.

Firmendarlehen? Zurückgeholt? Das hörte ich zum ersten Mal!

Es ging um keine große Summe. Die Banker wollten lediglich sehen, dass die beiden Gründer selbst noch hinter ihrer Firma und dem Sanierungsplan standen.

Ich schaute die beiden an.

»Nein, das haben wir nicht vor.«

Die Antwortet verschlug mir die Sprache. What the hell! Was sollte das? Ich warf den beiden einen irritierten Blick zu. Es war nicht zu fassen: Sie wollten das Darlehen nicht wieder einzahlen. Es ging um eine lächerlich kleine Summe im Vergleich zu dem, was die beiden sich wahrscheinlich schon durch ihre Firma in die Tasche gesteckt hatten. Ein paar Sekunden, dann explodierte die Wahrheit in meinem Kopf. Sie hatten sich entschlossen, ihre Firma gegen die Wand fahren zu lassen. Einfach so. Und mit ihr alle Mitarbeiter. Ich hatte mit vielem gerechnet, aber damit? No way!

Angesichts der Weigerung Farbe zu bekennen war die Bank nicht bereit, uns bei der Sanierung des Unternehmens zu helfen. Ich wusste, ich würde von meinem Geld, meiner privaten Großinvestition, nichts mehr wiedersehen. Die beiden jungen Gründer hatten das Geld ihrer Mitarbeiter gestohlen, um ihre eigenes Kapital in Sicherheit zu bringen. Das Unternehmen stand vor der Insolvenz. Vor dem Nichts.

Als ich am nächsten Morgen die Mitarbeiter zusammenrief und das Wort Insolvenz aussprach, hatte das die Wirkung eines Dammbruchs. Der trotzige Kämpfergeist der vergangenen Tage, der uns als Team noch mehr zusammengeschweißt hatte, verflüchtigte sich von einer Sekunde auf die nächste.

Die Angst, die vorher nur unterschwellig zu spüren gewesen war und von der Motivation aller Mitarbeiter im Zaum gehalten worden war, gewann innerhalb eines Moments die Oberhand. Die beiden Gründer aber, die uns alles eingebrockt hatten, waren nicht auffindbar. Monate später, als die Staatsanwaltschaft wegen Veruntreuung gegen sie ermittelte, erfuhr ich, dass die beiden kurz nach dem Banktermin abgehauen waren. Sie versteckten sich auf den Bahamas. Es war wie in einem schlechten Krimi.

Wenn ein Unternehmen gegen die Wand knallt, löst das bei den Ratten auf der Brücke des Memmen-Mutterschiffs eine sprichwörtliche Reaktion aus: den Fluchtreflex. Nichts wie runter vom sinkenden Schiff. Das dachten sich nicht nur die beiden Gründer, sondern nach dem desillusionierenden Treffen in der Bank auch die Mitglieder des Aufsichtsrats sowie der zweite Vorstand.

Dass man als Kapitän an Bord zu bleiben hat, kommt den Memmen in den Chefpositionen nicht in den Sinn.

Aber warum soll ein Kapitän überhaupt an Bord eines sinkenden Schiffes bleiben und es als letzter verlassen? Als eine Art heroischen Akt der Selbstbestrafung für begangene Fehler?

Nein. Der Kapitän bleibt, weil auf dem Schiff noch Menschen sind und noch etwas zur ihrer Rettung getan werden kann.

Diesen Menschen zu helfen, ohne davon in irgendeiner Weise selbst profitieren zu können, das ist wohl die anspruchsvollste, aber auch die selbstverständlichste Aufgabe einer Führungskraft.

Ich blieb, obwohl ich in meiner kurzen Zeit als Vorstand für den Niedergang nicht verantwortlich war und all meine investierten Ersparnisse verloren waren. Ich bekämpfte den Fluchtreflex in mir, indem ich mir selbst ein neues, ehrgeiziges Ziel vorgab: meine verbleibenden Mitarbeiter ans rettende Ufer zu bringen. Und das hieß in diesem Fall: Für jeden von ihnen eine Stelle in einer anderen Firma zu finden. Denn eine Insolvenz ist keinesfalls ein Todesurteil, das sofort vollstreckt wird.

Gemeinsam mit dem Insolvenzverwalter ging ich die Bücher durch, zahlte die Gläubiger aus und betreute mit meinen Mitarbeitern weiterhin die Kundenprojekte. Ich ging erst, als es nichts anderes mehr zu tun gab, als die Tür zu unseren Büroräumen als Letzter hinter mir abzuschließen.

4. Fazit: Mut zum Scheitern

Anfang 2010 warf ich bei einem Besuch in den USA einen Blick in den Lokalteil einer Tageszeitung. In einem kurzen Artikel wurde die Lage indisch-stämmiger Geschäftsleute in einer Ostküsten-Stadt geschildert, die sich in den vergangenen Jahren mit kleinen Gemüse- und Tabakläden selbstständig gemacht hatten. Ein großer Teil von ihnen musste den eigenen Laden recht bald wieder aufgeben. Was auch immer die Gründe dafür waren, klar ist, sie sind bei ihrem ersten Anlauf gescheitert. Knapp zwei Jahre später aber wagten viele von ihnen den nächsten Anlauf. Zum Teil mit neuen Geschäftsideen.

Der Redakteur folgerte daraus, dass die indischen Gründer das erste Mal nicht Pech gehabt haben, sondern das Glück, die beste Erfahrung gemacht zu haben, die einem das Unternehmertun überhaupt schenken kann: einmal richtig zu scheitern, um beim nächsten Mal die Sache bewusster, besser anzupacken. Es sei eine Erfahrung, die jeder erfolgreiche amerikanische Unternehmer mindestens einmal mache. Das klang nicht nach Worten des Trostes, sondern nach einer Selbstverständlichkeit.

Wie wäre wohl die Reaktion auf den Neubeginn der indisch-stämmigen Macher in Deutschland ausgefallen? Ein deutscher Redakteur hätte in dem Artikel wahrscheinlich überlegt, wie wohl am besten das Risiko zu minimieren sei. Oder wie man den armen Gründern von staatlicher Seite aus helfen könne, damit sie solch eine beängstigende Erfahrung gar nicht erst machen müssten.

Was diese Geschichte mit den Folgen des Memmentums zu tun hat? Eine ganze Menge.

Was die Negativ-Beispiele in diesem Teil des Buches und alle Memmen-Bosse eint ist die Angst vor dem Scheitern.

Aus dieser Angst resultiert die große Mutlosigkeit der Führungskräfte, die wir als Mitarbeiter täglich erleben und ausbaden müssen. Sie ist der Grund, warum Angreifer von außen unsere Teams ohne Gegenwehr überrennen können. Warum mehr Energie in die Postenverwaltung fließt als in neue Ideen. Warum die Arbeit in unseren Abteilungen eher der einer Notaufnahme in der Bronx gleicht als einem normalen Arbeitsumfeld. Warum Kunden oft mit uns machen können, was sie wollen. Warum ganze Firmen mit Tausenden von Mitarbeitern in der Krise von einem Tag auf den nächsten ohne Führung dastehen.

Die große Mutlosigkeit lässt die Memmen-Egos zittern, gefährdet unentwegt den Unternehmenserfolg und macht Mitarbeitern den Alltag zur Holle. Auf den Schultern viel zu vieler Chefs scheinen nicht nur Überstunden zu lasten, sondern vor allem die Schwere ihrer Verantwortung. Und sie drohen täglich darunter einzuknicken.

Oft habe ich den Eindruck, dass diese Verantwortungsträger genau deshalb beeindruckend viel dafür tun, sich ihrer Last zu entledigen. Chefs, die ihre Aufgaben nur verwalten, um den halbwegs befriedigenden Status Quo zu sichern. Die keine eigenen Ideen verwirklichen, sondern nur vom Druck ihrer eigenen Vorgesetzten angetrieben werden. Die sich im Angesicht der Bedrohung nicht vor ihr Team stellen. Regelrecht gelähmt vor Angst wollen sie eines in ihrer Karriere bitte niemals erleben müssen: das eigene, vollkommene Scheitern.

Aber kann man einfachen Führungskräften dafür einen Vorwurf machen, wenn sich das eigene Top-Management seiner Verantwortung nicht stellt und aus jeder Niederlage herauszuwinden versucht?

Männer wie Hartmut Mehdorn, ehemaliger Chef der deutschen Bahn, leben das Memmentum auf hohem Niveau vor. Als herauskam, dass seine Mitarbeiter ausspioniert wurden, stellte er sich hin und behauptete, er habe von nichts gewusst. Sein einziges Ziel: den eigenen Kopf aus der Schlinge zu ziehen.

Oder die Vorstände der Hypo Real Estate, der deutschen Bank, die bis 2008 massiv in amerikanische Ramschhypotheken investiert hatte. Ihre eigene Schuld und die des ganzen Systems an der Pleite eingestehen? Von wegen. Stattdessen forderten sie noch Kompensation, weil man ihnen den bequemen Chefsessel unterm Hintern weggezogen hatte, als es schon längst zu spät war. Sie hätten sich vor aller Augen hinstellen und sich freimütig zu ihrer Schuld an der Krise bekennen können. So hätten sie zumindest noch einen Rest an Größe bewiesen. Aber nichts da.

Selbstbewusstes Scheitern setzt voraus, dass man bereit ist, das Risiko eigener, mutiger Entscheidungen einzugehen. Und zwar so bewusst einzugehen, dass man dieses Risiko als zentralen Teil seiner beruflichen Laufbahn betrachtet und für sich annimmt. Und dann, wenn es passiert, offen und ehrlich sich und allen anderen seine Niederlage und die Verantwortung dafür eingesteht.

Seit ich vor mehr als 20 Jahren meine Karriere in Deutschland begann, war das Risiko zu scheitern immer Teil meines privaten und vor allem beruflichen Lebens. Ich ging nach Deutschland mit nichts anderem als einem High School-Abschluss in der Tasche, begann als Verkehrsladeplaner im Blaumann auf dem Frankfurter Flughafen und arbeitete mich ohne Universitätsabschluss, aber mit dem Glauben an mich und meine Möglichkeiten, in Führungspositionen hoch.

Dabei erlitt ich immer wieder Schiffbruch. Drei Mal warf man mich in hohem Bogen raus. Und zwar jeweils aus hohen Managerpositionen. Der Fall war jedes Mal tief und schmerzlich. Und nie war ich dabei unschuldig. Drei Mal erlebte ich absolute Niederlagen. Drei Mal hatte ich das Gefühl, mit einem Schlag alles verloren zu haben.

Doch eines baute mich immer wieder auf und bestärkte mich in meiner Art zu führen: Gegen die drei unliebsamen Aktionen, die meinen Rauswürfen vorausgingen, standen 300 unbequeme Entscheidungen, die durchgingen. 300 Auflehnungen gegen das Memmentum, die nicht geahndet wurden. Und so sieht die Realität aus meiner Erfahrung aus: Die große Angst vor den Konsequenzen, die Führungskräfte fürchten, wenn sie aus der Reihe tanzen, ist unbegründet. Nur in 1 Prozent der Fälle passiert tatsächlich etwas. In 99 Prozent der Fälle dagegen macht es sie einfach nur zu besseren Chefs.

Und mit dieser Überzeugung ging es für mich jedes Mal weiter. Ich stand wieder auf, lernte aus den Niederlagen und wurde erfolgreicher als je zuvor. Für mich ist das eine Erfolgsgeschichte, die ich bereitwillig erzähle und dabei die Schattenseiten nicht ausspare. Denn diese Lebensabschnitte sind es, die mich definieren und meine Identität als Führungskraft ausmachen. Allerdings scheint das Scheitern in Deutschland, so habe ich in vielen Gesprächen den Eindruck gewonnen, nicht zur Vita einer erfolgreichen Führungskraft gehören zu dürfen.

Je höher man aufsteigt auf der Karriereleiter, desto weniger ist das Scheitern akzeptabler Bestandteil der eigenen Biografie. Desto weniger wird darüber gesprochen. Das eigene Versagen, eine schmähliche Entlassung in der Vergangenheit – das ist nie passiert. Es könnte womöglich den Respekt und den Status kosten. Niederlagen gelten nicht als fruchtbare Erfahrungen, die eine Führungskraft lernen und reifen lassen, sondern als schwerwiegender Makel, den es zu vertuschen gilt. Diese Einstellung deutscher Führungskräfte unterscheidet sich massiv von dem, was ich aus meiner alten Heimat kenne, den USA.

Die Kultur des erfolgreichen Scheiterns gibt es dort schon immer – so wie es im Beispiel der indisch-stämmigen Händler ersichtlich wird. Wer am Boden liegt, bekommt seine zweite Chance. Er darf vor aller Augen wieder aufstehen, bekommt dafür ein anerkennendes Schulterklopfen und darf klüger als zuvor weitermachen. Das gehört zum amerikanischen Traum. Vom Tellerwäscher zum Millionär – wer schafft das schon, ohne zwischendurch zu stürzen?

Womit wir wieder bei unseren Memmen-Bossen wären. Die versuchen nämlich tagein, tagaus die Naturgesetze des Business außer Kraft zu setzen. Sie wollen maximalen Erfolg bei null Risiko. Aber so funktioniert das nun einmal nicht – nicht, ohne dass andere Schaden nehmen. Ihre Mitarbeiter, zum Beispiel. Oder auch die Wirtschaft im Ganzen. Nicht selten am Ende auch sie selbst, trotz aller Abwehrstrategien.

Memmen-Bosse täten gut daran, das unternehmerische Risiko des Scheiterns zu verinnerlichen. Was spricht dagegen, als Angestellter ein wenig Unternehmergeist an den Tag zu legen?

In aller Deutlichkeit: Wir alle dürfen scheitern! Nein, wir alle sollten unbedingt einmal scheitern! Das Scheitern erst verleiht uns die Fähigkeit zu führen. Und die innere Sicherheit, dabei Risiken eingehen zu können. Denn erst die eigene Erfahrung zeigt, dass Scheitern nicht halb so schlimm ist, wie es sich in den Köpfen der Memmen festgesetzt hat – weil ihnen diese Angst im Biotop anerzogen wird.

> Das Scheitern erst verleiht uns die Fähigkeit zu führen.

Nur durch das eigene Scheitern können Bosse den Mut entwickeln, ihren kreativen Gestaltungsdrang auch gegen Widerstände auszuleben, anstatt sich hinter den Drohungen und Vorgaben der eigenen Führungsspitze zu verstecken. Und mit breiter Brust vorzutreten, wenn es gilt, für ein Projekt und die eigenen Mitarbeiter Farbe zu bekennen.

Das erfolgreiche Scheitern: es ist das Erkennungsmerkmal der Helden.

TEIL VIER

Weg mit den Memmen

Sie gehen uns auf die Nerven. Sie treiben uns in den Wahnsinn. Sie erschöpfen uns bis in den emotionalen oder gar in den pathologischen Burnout. Was sollen wir nur mit ihnen machen, unseren Memmen in den Chefetagen?

Leider gibt es gegen die große Feigheit kein Patentrezept. Wie auch? Meist sind wir Mitarbeiter heute noch in der schwächeren Position. Können uns häufig nur helfen, indem wir unseren Chef ignorieren oder den Abflug machen. Oder versuchen, selbst so schnell wie möglich aufzusteigen, um unsere schwächlichen Chefs hinter uns zu lassen und weiter oben einen besseren Job zu machen als sie. Doch kaum stehen wir strahlend ein Stück höher auf der Karriereleiter, merken wir, dass die Luft dort kaum besser ist. Weil über uns, auf der nächsten Ebene, wiederum nur die nächste, vielleicht sogar noch bedeutend schlimmere Memme auf uns wartet. Eine frustrierende Vorstellung.

Also einfach in ein anderes Unternehmen wechseln? Warum nicht. Sollte sich Ihnen die Gelegenheit bieten, könnte der Neubeginn Ihnen zu mehr Freiheit und Lebensqualität verhelfen. Aber eine Garantie, dass am anderen Ufer alles grüner ist, gibt es nicht. Denn nicht jede Memme ist – etwa im Vorstellungsgespräch bei einer neuen Firma – gleich erkennbar. Memmen sind nicht zuletzt deshalb gefährlich, weil sie so verschieden sind und viele von ihnen sich zudem meisterlich tarnen.

Also haben wir keine Wahl? Müssen uns wohl oder übel mit ihren Schwächen arrangieren?

Keineswegs. Es gibt Mittel und Wege, um unser persönliches Memmen-Dilemma zu unseren Gunsten zu wenden.

Doch am Anfang steht die Erkenntnis, dass Sie es überhaupt mit einer Memme zu tun haben – und mit welcher Sorte. Bevor Sie grundsätzliche Schritte und Veränderungen für sich selbst einleiten, müssen Sie schließlich ganz genau wissen, wem Sie da gegenübertreten. Ist Ihr Chef eine Memme? Wenn ja, was für eine? Und ist diese Memme noch zu retten? Der Memmen-Test im nächsten Kapitel soll Ihnen dabei helfen, Ihren gar nicht so eindimensionalen Chef so gut wie möglich zu entschlüsseln.

Wenn Sie diese nicht eben anspruchslose Aufgabe gemeistert haben und Ihren Chef im Alltagsgeflecht von Arbeit, Zwischenmenschlichkeit und der über uns kreisenden Vorstandsallmacht besser einordnen können, dann müssen wir uns, so wie zuvor im zweiten Teil dieses Buches, Ihrem Unternehmen widmen. Weil die Ursache des Memmentums in den seltensten Fällen bei der Führungskraft allein liegt. Mit ihrer Schwäche wird sie leicht infiziert, in Unternehmen, in denen der gemeine Memmen-Virus durch die Gänge schleicht. In denen niemand Interesse daran zeigt, die Krankheit zu diagnostizieren, geschweige denn zu kurieren.

Aber was macht man als Mitarbeiter in einem solchen Unternehmen, in dem dieser Virus Einzug gehalten und sich eingenistet hat? Und was machen Sie, wenn Sie selbst eine Führungskraft sind, die im Memmen-Biotop zu ersticken droht – oder zumindest auf dem Weg zur Anpassung ist? Wegrennen und nicht zurückschauen? Oder alles auf eine Karte setzen? Der Held werden, der loszieht auf die riskante, aber innerlich erfüllende Suche nach dem Gegenmittel? Der in die Augen seiner Mitarbeiter schaut und sieht, dass dort menschliche Bedürfnisse schlummern, die eine Quelle ungeahnter Energie und Produktivität sein könnten?

Für solch ein großes Vorhaben, braucht es auch im kleinsten Team einen Bond'schen Kofferraum mit ein paar Spezialwaffen. Als Held müssen Sie gut gerüstet sein, um sich dem Kampf zu stellen. Und Sie brauchen den besonderen Schutz von innen, den Rückhalt Ihres Teams, um sich gegen Angriffe von außen wehren zu können.

Sie brauchen »Energized Leadership«. Und das sollen Sie bekommen.

1. Wie viel Memme steckt in Ihrem Boss?

Keine Memme ist wie die andere. Oft ist nicht einfach zu unterscheiden, wen genau wir da vor uns haben. Kuschel-Junkie und Ego-Shooter lassen sich leicht auseinanderhalten. Beim Sozialallergiker wird es schon schwieriger, ähnelt er mit seiner Menschlichkeitsphobie in kritischen Situationen doch sehr dem Ego-Shooter.

Wirklich stereotyp ist kaum ein Chef. Viele Führungskräfte vereinen unterschiedliche, zum Teil widersprüchliche Seiten in sich. Ein Karrierist, der an seinen Mitarbeitern hängt? Ein Menschenfreund mit Helden-Appeal? Ein eigentlich vorbildlicher Chef, der in kritischen Momenten auf die dunkle Seite der Macht wechselt?

Der folgende Test hilft Ihnen dabei herauszufinden, welche Facetten Ihren Chef so besonders machen. So besonders schwierig, aber vielleicht auch so besonders gut.

Und auch, falls Sie selbst mit einer Führungsaufgabe betraut sind und diesen Test als Selbsttest durchführen: Versuchen Sie ehrlich zu antworten. Ihr Ergebnis dient der Selbsterkenntnis: Sind Sie selbst eine Memme oder auf dem Weg dazu?

Mein Boss im Memmen-Test

Kreuzen Sie bei jeder Frage jeweils eine der drei Antwortmöglichkeiten an.

Wenn Sie von Ihrem Chef ein Feedback bekommen, dann
A) erfahre ich seine Meinung – im Guten wie im Schlechten.
B) ist immer alles halb so wild, selbst wenn es Kritikpunkte gibt.
C) bekomme ich entweder Schweigen oder Kritik.

Wenn sich mal ein Konflikt anbahnt, dann
A) bleibt es dennoch fair.
B) wird dieser um jeden Preis vermieden.
C) rette sich vor meinem Chef, wer kann.

Im täglichen Miteinander zwischen mir und meinem Chef
A) ist ein herzlicher, aber auch ehrlicher Umgang die Regel.
B) soll in erster Linie immer alles harmonisch bleiben.
C) wird der Abstand selbst beim emotionalsten Gespräch gewahrt.

Wenn ein Projekt besonders wichtig ist, dann
A) delegiert mein Chef vieles, weil er uns vertraut.
B) kümmert sich der Boss um jedes Detail.
C) übt der Chef maximalen Druck aus.

Wenn mal etwas schief geht, dann macht unser Chef folgendes:
A) Er übernimmt die Verantwortung »ohne Wenn und Aber«.
B) Er versteckt sich hinter seiner Arbeit.
C) Er wäscht seine Hände auf jeden Fall in Unschuld.

Im persönlichen Kontakt hat man den Eindruck, mein Chef
A) verstellt sich nicht, lässt aber auch seine Launen nicht einfach am Team aus.
B) ist immer lieb und nett, als hätte er kein anderes Gesicht.
C) verhält sich so, wie es für ihn gerade von Vorteil ist

Wenn er etwas wichtig findet, dann
A) begeistert er uns Mitarbeiter dafür.
B) will er uns Mitarbeiter dazu überreden oder bittet uns höflich darum.
C) fordert er es ohne Rückfragen ein.

Wenn etwas schnell zu entscheiden ist, dann
A) trifft er die Entscheidung und nimmt das Risiko auf seine Kappe.
B) sichert er sich vorher bei uns Mitarbeitern ab.
C) trifft er die Entscheidung nur dann selbst, wenn das Risiko für ihn nicht zu hoch ist.

Wenn in unserem Unternehmen nur Chefs erster Klasse reisen dürfen, dann
A) verzichtet er selbst freiwillig darauf.
B) tut er es aus Angst, sonst nicht ernst genommen zu werden.
C) nimmt er das Privileg ganz selbstverständlich in Anspruch.

Wenn nur der Chef als Bonus eine teure Uhr geschenkt bekommt, dann
A) verkauft er sie und wir machen mit dem Erlös gemeinsam einen drauf.
B) nimmt er sie dankend an und entschuldigt sich dafür bei seinem Team.
C) nimmt er sie ganz selbstverständlich an und legt sie in jedem Meeting gut sichtbar auf den Tisch.

Wenn ein wichtiger Job erledigt werden muss, dann
A) vertraut er uns, bietet aber seine Hilfe an.
B) wird er ganz nervös.
C) erledigt er ihn selbst oder gibt es vor und gibt hinterher damit an.

Wenn besonders viel Arbeit auf den Tischen der Mitarbeiter liegt, dann
A) motiviert er uns und verspricht uns eine tolle Feier nach Beendigung.
B) arbeitet er selbst noch mehr als alle anderen.
C) findet er das völlig normal und macht extra Druck.

Wenn ein Termin den nächsten jagt, dann
A) werden bei uns die abgesagt, die weder für Kunden noch Mitarbeiter wichtig sind.
B) wird auf sein Bitten versucht, alle einzuhalten, auch wenn es nicht zu schaffen ist.
C) verschieben sich in unserem Team nur die Termine, um die wir Mitarbeiter gebeten haben.

Wenn wir Mitarbeiter für etwas um Erlaubnis bitten, dann
A) sollen wir in den meisten Fällen selbst entscheiden.
B) sagt er zu allem Ja, auch wenn ein Nein fürs Team besser wäre.
C) ist das selbstverständlich, der Chef will alles wissen und entscheiden.

Wenn ich eine herausragende Idee habe, dann
A) macht er für mich und meine Idee den Weg nach oben frei.
B) lobt er mich, traut sich aber nicht, seine Vorgesetzten damit zu belästigen.
C) bügelt er die Idee direkt ab oder verkauft sie als die seine.

Wenn ich Mist baue, dann
A) spricht er offen darüber und gibt mir eine neue Chance.
B) spricht er darüber ohne die Kritik klar zu äußern.
C) macht er mich vor versammelter Mannschaft zur Sau und droht Konsequenzen an.

Wenn die Führung etwas entscheidet, das dem Team schadet, dann
A) wehrt er sich vehement dagegen und riskiert etwas für sein Team.
B) klagt er bei uns darüber und schweigt nach oben.
C) lässt er es an uns aus, und wir müssen es geradebiegen.

Wenn die Chef-Etage die Weihnachtsfeier absagt, dann
A) veranstaltet er auf eigene Kosten eine Feier.
B) veranstaltet er eine Feier, und jeder muss sich daran beteiligen.
C) akzeptiert er es umstandslos, und es kümmert ihn nicht.

Wenn ein Projekt auf der Kippe steht, dann
A) gibt er gemeinsam mit uns Mitarbeitern alles.
B) gibt er alles und bittet uns, ihn nicht im Stich zu lassen.
C) holt er ungeachtet der Umstände noch das Letzte aus uns heraus.

Wenn es Druck von oben gibt, dann
A) bremst er diesen Druck ab, um sein Team zu schützen.
B) gibt er den Druck weiter und entschuldigt sich dafür.
C) gibt er den Druck nicht nur an uns weiter, sondern forciert ihn noch.

Mitarbeiter bewertet er
A) nach ihren Ergebnissen und nach dem Gesamtbild als Teil des Teams.
B) vor allem nach ihren persönlichen Eigenschaften.
C) nur nach ihren Ergebnissen.

Langfristig will unser Boss
A) die Vision umsetzen, die wir gemeinsam entwickelt haben.
B) vor allem nicht zu schlecht abschneiden.
C) so schnell wie möglich aufsteigen.

Mein Boss glaubt
A) an uns und sich selbst.
B) an uns und nicht genug an sich selbst.
C) nur an sich selbst.

Wenn es kritisch wird, dann
A) tritt unser Chef in den Vordergrund.
B) duckt sich unser Chef weg und beschwichtigt.
C) ruft er nach dem verantwortlichen Mitarbeiter.

Die Auswertung

Welchen Buchstaben haben Sie am häufigsten angekreuzt? Welchen am zweithäufigsten? Lesen Sie sich die Auflösungen gut durch, denn in Ihrem Chef steckt von ersterem sehr viel und von letzterem immer noch genug, um auch die zweithäufigste Antwort höchst relevant zu machen.

Die häufigste Antwort bestimmt den Grundtyp von Boss, mit dem Sie es zu tun haben. Die zweithäufigste Antwort zeigt seine Tendenz: Möglicherweise ist er eine Memme mit Potenzial zum Helden – oder aber im Moment noch tragbar, jedoch auf dem Weg zum Memmen-Boss.

Die folgende Auswertung verrät es Ihnen:

Typ A: mein Boss, ein Held mit Schattenseiten?
Entweder ist Ihr Boss ein exzellenter Schauspieler oder wirklich so toll. Letzteres würde ich Ihnen wünschen und von Herzen gönnen. Ihr Chef scheint vieles, wenn nicht sogar alles richtig zu machen. Der Arbeitsalltag mit ihm ist ausgeglichen und macht oft genug richtig Spaß. Nach getaner Arbeit gehen Sie meistens zufrieden nach Hause, weil Sie das Gefühl haben, Ihre Kraft und Energie sinnvoll eingesetzt zu haben.

Wahrscheinlich hat Ihr Boss, wie jeder Mensch, aber auch ein paar Macken. Wenn Sie den Buchstaben B am zweithäufigsten angekreuzt haben, dann ist Ihr Chef ein wirklich netter Typ. Einer, der sich manchmal selbst dazu überwinden muss, Unangenehmes auszusprechen. Keine Frage, Ihr Chef trägt Züge des Kuschel-Junkies in sich, aber er weiß damit umzugehen. Vielleicht, weil Sie als Mitarbeiter es ihm leicht machen?

Wenn Ihr Boss ein Typ A/C ist, steckt hingegen ein anderes Profil in ihm. Starker Ehrgeiz und ein Hang zur Kontrollsucht sind nicht zu verleugnende Facetten seiner Persönlichkeit. Eigentlich will er immer an erster Stelle stehen. Meistens aber hält er sein ausgeprägtes Ego zurück – seinen Mitarbeitern und dem Erfolg des Teams zuliebe. Gut so! Allein deswegen ist Ihr Boss schon ein kleiner Held.

Typ B: meistens ganz nett, aber nicht mit Sicherheit
Bei der Beschreibung des Kuschel-Junkies in Teil Eins hatten Sie sicherlich ein Aha-Erlebnis. Aber die wenigsten Chefs entsprechen in ihrem Naturell 1:1 diesem Profil.

Der Typ B/A entspricht im Wesentlichen dem Typ A/B. Nur ist in diesem Fall leider der heldenhafte Teil der Chef-Persönlichkeit weniger stark ausgeprägt. Aber das kann ja noch werden: Potenzial ist vorhanden.

Unangenehmer kann ein B/C-Chef sein. Eigentlich hätte er gern engeren Kontakt zu seinen Mitarbeiter, traut sich aber nicht, aus sich herauszugehen. Oder es handelt sich um einen kuscheligen Chef, der in der Krise Seiten von sich offenbart, die gelinde gesagt richtig fies sind. Dann haben Sie es mit einem Memmen-Chef zu tun, der seine Mitarbeiter eigentlich in sein Herz schließen will, aber bei der leisesten Ablehnung oder beim kleinsten Widerwort zum cholerischen Machtmenschen mutiert. Die Sehnsucht nach Nähe und der gleichzeitige Drang über allen zu stehen vereinigen sich in seiner Person – wenn Sie in seinem Team glücklich werden wollen, brauchen Sie Nerven wie Drahtseile.

Typ C: ein Ekel, das auch anders kann

Die Beschreibung des Ego-Shooters in Teil Eins dürfte bei Ihnen eine Gänsehaut erzeugt haben. In seiner ganzen Pracht zieht sich der Ego-Shooter durch viele Geschichten in diesem Buch. Doch die meisten Exemplare dieser Spezies zeigen in der freien Wildbahn ein nicht ganz so eindeutiges Verhaltensmuster.

Beim Typ C/B überwiegt der Egoismus. In den seltenen Momenten, in denen dieser Typ Boss sein Bedürfnis nach Nähe und Gemeinschaft kundtut, stiftet er damit mehr Verwirrung als Hoffnung auf Besserung. Was sollen Sie als Mitarbeiter schon erwarten, wenn Ihr Chef alle Schaltjahre einmal Überraschungs-Ei spielt und ein nettes Gesicht aufsetzt? Wahrscheinlich werden Sie es sogar für einen der vielen Tricks halten, mit denen er sie auch sonst so gern vorführt. Frustration auf allen Seiten.

Das Ergebnis C/A darf Sie dagegen vorsichtig hoffnungsvoll stimmen. Je öfter Sie A angekreuzt haben, desto besser ist die Prognose. Ihr Chef scheint sich ab und an richtig Mühe zu geben. Dennoch ist Vorsicht geboten: Möglicherweise sind seine besseren Momente auch nur dem Drängen der Personalabteilung geschuldet.

Zum Schluss noch der Ausnahmefall:

Sollten Sie in etwa gleich oft A, B und C angekreuzt haben, dann gibt es bei Ihrem Chef wohl eines so gar nicht: eine bestimmte Tendenz. Aber genau dann ist er in unserem Sinne weder Memme noch Held. Sondern einfach nur ein ziemlich normaler Typ mit ein paar Stärken und ein paar Schwächen. Auch er hat Sie sicher schon des Öfteren auf die Palme gebracht. In diesem Fall nörgeln Sie jedoch auf hohem Niveau – schließlich wissen Sie jetzt, was Ihnen stattdessen hätte blühen können.

Sechs Tipps für memmengeplagte Mitarbeiter

Auch Mitarbeiter ist nicht gleich Mitarbeiter. Vielleicht gibt es in Ihrem Team jemanden, der sich an den Macken Ihres Memmen-Bosses viel weniger zu stören scheint als Sie – oder Sie kommen ganz gut klar, sehen aber andere Kollegen jeden Tag gehörig unter Ihrem Chef leiden. Wie gut ein Team funktioniert, hängt nicht allein von seinem Chef ab.

Der wichtigste Ratschlag deshalb zuerst: Egal, was Ihr Chef Ihnen vorleben mag – seien Sie selbst keine Memme! Jedes Team gewinnt durch einen Helden – oder besser noch, einen gemeinsamen Helden-Spirit –, auch wenn der Boss selbst kein Heldenpotenzial hat.

Vor allem aber muss kein Team in der Tatenlosigkeit verharren, wenn es mit einem Horror-Chef konfrontiert ist. Deshalb möchte ich Ihnen nachfolgend sechs Tipps geben, wie Sie und Ihre Kollegen die Zusammenarbeit mit der Memme besser bewältigen oder sogar Ihren Boss beim Aufstand gegen das System unterstützen können. Je nachdem, wie Ihr Boss und Sie selbst im Umgang mit Ihren Mitmenschen gestrickt sind, können Sie sich an unterschiedlichen Tipps orientieren.

Tipp 1 für Pokerfaces: ruhig Blut
Ob Macho- oder Jammer-Memme – innere Ruhe ist den meisten Memmen fremd. Beide Typen sind unsicher. Und beide macht das in hohem Maße zu dem, was sie sind.

Jammer-Memmen neigen dazu, im Angesicht einer Herausforderung in Schockstarre zu verfallen oder sich nur ganz bedächtig vorwärts zu tasten. »Nur nichts überstürzen« lautet ihr Motto. Macho-Memmen agieren umso heftiger. Wie kann ich als Mitarbeiter jeweils richtig reagieren?

Vereinfacht gesagt: indem Sie sich genau entgegengesetzt verhalten. Und sich dabei Ihrerseits nicht beirren lassen.

Machen Sie einer lahmarschigen Jammer-Memme ruhig mal ein bisschen Dampf. Legen Sie ihm die Unterlagen, auf denen Sie eine Unterschrift brauchen, in die Mitte seines Schreibtischs. Und besuchen Sie ihn in seinem heiligen Büro in regelmäßigen Abständen, um ihn daran zu erinnern, dass auch er seinen Part zu leisten hat. Seien Sie keine Memme: Hier ist es Ihre Aufgabe, Ihren Chef ein bisschen zu erziehen.

Verbreiten Sie dabei aber nicht Ihrerseits Panik. Tun Sie so, als sei Ihr Begehren das Selbstverständlichste auf der Welt. Er oder sie soll sich nicht hetzen – aber auch nicht alles schleifen lassen. Schließlich dürfen Sie sich das auch nicht erlauben. Dennoch: Vermeiden Sie Aggressivität, auch wenn Sie Ihrem gemächlichen Chef gern mal in den Hintern treten möchten. Der Mangel an Zuneigung lenkt ihn sonst zusätzlich von seiner Arbeit ab.

Der Hektik, dem Druck, dem Alles-muss-sofort-erledigt-werden einer Macho-Memme begegnen Sie taktisch am besten mit einer gehörigen Portion Gelassenheit. Vergreift sich Ihr unerträglicher Boss im Ton, dann schreien Sie nicht zurück, verfallen Sie aber auch nicht ins Jammern. Auch wenn es Ihnen schwerfällt: Bleiben Sie souveräner und professioneller, als Ihr Boss es Ihnen vorlebt!

> Der Hektik, dem Druck, dem Alles-muss-sofort-erledigt-werden einer Macho-Memme begegnen Sie taktisch am besten mit einer gehörigen Portion Gelassenheit.

Fordert er Unmögliches, dann reden Sie nicht um den heißen Brei herum, sondern sagen Sie ihm mit fester Stimme, dass Sie Ihr Bestes geben werden, dieser Job aber bis zum geforderten Zeitpunkt nicht zu erledigen ist. Flippt er dann aus, bleiben Sie gelassen und machen ihm ein realistisches Gegenangebot. Nehmen Sie ihm den Wind aus den Segeln. Seine Masche funktioniert nicht zuletzt deshalb, weil er gewöhnt ist, damit durchzukommen. Brechen Sie mit diesem ungesunden Muster.

Bekommen Sie am Freitagnachmittag noch eine boshafte E-Mail, in der Ihnen allerlei vorgeworfen wird, dann überreagieren Sie nicht. Ignorieren sollten Sie die Nachricht allerdings auch nicht. Schreiben Sie zurück, dass Sie sich am Montag gern in Ruhe mit ihm zusammensetzen und gemeinsam sicher eine Lösung finden werden. So nehmen Sie den Druck aus der Situation und bieten keine Angriffsfläche. Bis Montag sieht Ihr Chef die Sache wahrscheinlich sowieso schon wieder anders.

Auch wenn Sie anfangs Irritation bei der Memme auslösen: Irgendwann, und mag es auch ein bisschen länger dauern, wird Ihr Boss Sie ernst nehmen. Er wird seine Grenzen Ihnen gegenüber begreifen und respektieren. Das wird Zeit brauchen, aber wenn bei ihm noch nicht Hopfen und Malz verloren ist, werden die positiven Erfahrungen auch Ihren Macho-Chef beeindrucken.

Schwieriger wird es, wenn Sie in den Augen Ihres Bosses ein willenloses Opfer sind und bleiben, das sich jederzeit von ihm in die Enge treiben lässt. Was können Sie tun, wenn Sie selbst ein eher unsicherer Typ Mensch sind? Zunächst einmal gilt auch dann: Seien Sie keine Memme!

Bevor Sie Ihrem bellenden Chef antworten, holen Sie erst einmal kräftig Luft. Antworten Sie in kurzen, klaren Sätzen. Glätten Sie Ihre Gesichtszüge und reduzieren Sie die Emotionen in Ihrer Sprache so weit wie möglich. Werden Sie so nüchtern, dass Ihre trockene Art wie ein Beruhigungsmittel wirkt, im besten Fall für Sie beide. Eine ewig um sich selbst kreisende Memme hat so eine Pille jedenfalls dringend nötig.

Werden Sie zum Taktiker: Setzen Sie Ihren klaren Verstand dort ein, wo eine Memme aus ihrer Schwäche heraus vor emotionaler Überforderung den sprichwörtlichen Wald nicht mehr sieht.

Tipp 2 für Chef-Flüsterer: ganz Ohr sein
Wünschen Sie sich oft, dass Ihr Chef endlich die dringend erforderliche professionelle Hilfe bekommt?

Unternehmen, denen etwas an ihren Mitarbeitern liegt, verordnen ihnen vielleicht nicht gleich eine Psychotherapie, aber sie halten es für wichtig, ihre Führungskräfte zu unterstützen. Das Angebot dafür reicht vom Mentoren-Programm über Managementberater und Abenteuerworkshops in der Wildnis bis hin zum Mentalcoach. Hilfsleistungen, die am Ende auch den Mitarbeitern der gestärkten Führungskraft zugutekommen. Was jedoch tun, wenn es in Ihrem Unternehmen solche professionellen Hilfen nicht gibt, Ihr Chef aber ganz offensichtlich ein unausgeglichenes, niedergeschlagenes Nervenbündel ist?

Dann müssen eben Sie einspringen!

Niemals, nicht auch das noch, werden Sie jetzt stöhnen. Aber die Lösung ist oft überraschend einfach: Lassen Sie Ihren Chef einfach mal reden, und zeigen Sie dabei echtes Interesse und Anteilnahme. Etwas, das vielen Memmen ungeheuer schwer fällt. Und das sie, wenn auch nicht sichtbar, berührt und öffnet.

> Lassen Sie Ihren Chef einfach mal reden, und zeigen Sie dabei echtes Interesse und Anteilnahme.

Jede Memme hat ein Problem, trägt ein Päckchen an seelischem Ballast mit sich herum. Das sollen Sie natürlich nicht schultern müssen. Aber geben Sie Ihrem geplagten Chef die Möglichkeit, ein wenig davon abzuwerfen. Geben Sie ihm das Gefühl, auf Verständnis zu stoßen.

Eine Macho-Memme etwa hetzt mit Vorliebe über Intrigen, denen sie sich (grundlos) ausgesetzt sieht. Hetzen Sie nicht mit, geben Sie aber zu verstehen, dass Sie die Situation Ihres Chefs durchaus für schwierig halten. Differenzieren Sie ohne abzubügeln. Das lindert bei ihm die Wahnvorstellung, von Feinden umgeben zu sein.

Sitzen Sie einfach als aufmerksamer Zuhörer auf Ihrem Stuhl, während Ihr Chef vor Ihnen gefühlt auf der Psychiater-Couch liegt und aus dem Nähkästchen plaudert. In diesen Momenten kehren sich die Machtverhältnisse definitiv um. Wenn Ihr Boss sich danach besser fühlt, dann ist das auch gut für Sie. Und wer weiß: Vielleicht punkten Sie mit einem Ratschlag, der ihm seine missliche Lage erleichtert.

Haben Sie einen Sozialallergiker vor sich, dann verringern Sie konsequent den Abstand. Holen Sie ihn aus seiner Isolation. Denn der anfängliche Eindruck könnte täuschen: Vielleicht will der Mann oder die Frau gerade das. Machen Sie es ihm oder ihr ein wenig einfacher. Seien Sie aufgeschlossen, wo Ihr Boss zugeknöpft bleibt. Lachen Sie auch da, wo er vor lauter Verbissenheit steif zu werden droht. Und geben Sie Ihrem Boss dabei vor allem das Gefühl, dass er zum Team gehört – egal, wie wortkarg er sich auch verhalten mag.

Tipp 3 für Manager-Talente: Führen Sie Ihren Manager!
Seelische Probleme Ihres Bosses lassen sich sicherlich nicht so einfach lösen. Wichtiger für den Arbeitsalltag ist es, die Symptome der Memmen-Krankheit zu kurieren. Was manche dauerhaft überforderte Memme braucht, ist ein Manager, der ihr unter die Arme greift.

»Was für eine Zumutung! Dafür werde ich nicht bezahlt«, mögen Sie jetzt einwenden. Und Sie haben Recht: Für das Ausbügeln der Memmen-Defizite werden Sie nicht entlohnt. Nicht sofort. Aber das Defizit jedes Memmen-Bosses schreit innerhalb des Teams förmlich nach einem Ausgleich. Machen Sie sich unersetzlich! Es könnte sich lohnen.

Zu nette Chefs etwa brauchen Mitarbeiter, die ihnen pragmatisch unter die Arme greifen. Einen Assistenten, der bereit ist, die Dinge beim Namen zu nennen und auch mal hart bleibt, wenn es erforderlich ist. Einen, der im Team genug Achtung genießt, um das Tempo forcieren zu können oder für einen gerechten Urlaubsplan zu sorgen, wenn mal wieder alle gleichzeitig in die Ferien wollen.

So ein Tandem startet manchmal richtig durch: weil die Stärke des Einen die Schwäche des Anderen auszugleichen vermag. Im besten Fall steigen Sie mit Ihrem Boss, den sie – mehr oder weniger offen – managen, zusammen auf.

Auch bei einer harten Macho-Memme kann der Tandem-Trick funktionieren. Gleichen Sie seine Defizite aus, nämlich die fehlenden Soft Skills. Indem sie etwa seine harten Vorgaben mit ausgleichenden Maßnahmen flankieren. Erinnern Sie Ihn an Geburtstage seiner Mitarbeiter, organisieren Sie seine Aufträge für das Team verträglich.

Erkennt Ihr Boss, dass das Team durch Ihr Zutun erfolgreicher wird, dann wird man nicht auf Sie verzichten wollen. Machen Sie sich unentbehrlich!

Was aber, wenn Sie dazu nicht imstande sind, und dennoch nicht kündigen wollen oder können?

Dann müssen Sie abwarten. Ich sage Ihnen auch, warum: Die Verweildauer von Chefs, vor allem der fiesen, nimmt mit steigender Position ab. Gerade an der Unternehmensspitze und auf den oberen Managementebenen. Wer einer Firma lange treu bleibt, das sind die Mannschaften weiter unten, die mit ihrem Job nicht nur Ego-Ziele, sondern auch Integrität und Teamloyalität verbinden. Sie sehen über die Jahre oft viele Chefs kommen und gehen. Aus manchen Alpträumen, in die man sich schon gefügt hatte, erwacht man eines Tages ganz unerwartet.

Tipp 4 für Weitblicker: Vertrauen in die Demografie
Der Faktor Zeit spielt noch auf andere Weise eine entscheidende Rolle, nämlich in Form des demografischen Wandels.

Erkennt Ihr Boss, dass das Team durch Ihr Zutun erfolgreicher wird, dann wird man nicht auf Sie verzichten wollen. Machen Sie sich unentbehrlich!

Die Tatsache, dass in Deutschland immer weniger Menschen geboren werden und die nachwachsenden Generationen nicht so zahlreich sind wie der Arbeitsmarkt es erfordert, führt dazu, dass Mitarbeiter für die Unternehmen immer kostbarer werden. Manche Unternehmen sprechen bereits vom *war for talents* – dem Krieg um Talente.

Damit kehren sich die Machtverhältnisse in den Firmen langsam, aber sicher um: Nicht der Mitarbeiter muss sich der Firma anbieten, sondern die Firma ihren potenziellen Mitarbeitern. Das ist in manchen Branchen schon heute Realität.

Wenn Sie in einer Branche arbeiten, die händeringend nach Kandidaten für ihre leeren Bürostühle sucht, stehen Ihnen womöglich Zeiten bevor, in denen Sie sich Ihren Arbeitsplatz nach Ihren Prioritäten aussuchen können.

Wenn Sie also demnächst in einem Vorstellungsgespräch sitzen und Ihren potenziellen Arbeitgeber vor sich haben, dann drehen Sie ruhig einmal den Spieß um. Fragen Sie nach den Qualitäten Ihres Chefs in spe. Welche Unternehmenskultur wird Ihnen geboten? Wie stellt sich der zukünftige Boss gute Führung vor? Welche Unterstützung steht Ihnen zur Verfügung? Gerade als junger Angestellter werden Sie in einer von Überalterung betroffenen Arbeitswelt von Tag zu Tag wertvoller.

> Nutzen Sie Ihren steigenden Wert als Mitarbeiter, und gehen Sie selbstbewusst damit um!

Nutzen Sie Ihren steigenden Wert als Mitarbeiter, und gehen Sie selbstbewusst damit um!

Tipp 5 für kühle Rechner: die Kosten des Memmentums aufzeigen

Wenn Sie unter einem nervigen Memmen-Boss leiden, dann lohnt sich manchmal auch ein Gang zur Personalabteilung.

Sie meinen, dort hört Ihnen niemand zu? Vielleicht haben Sie Recht. Vielleicht aber auch nicht.

Fast alle Personalabteilungen, die mit der Aufgabe befasst sind, für ihr Unternehmen neue Talente an Land zu ziehen, beschäftigen sich seit geraumer Zeit mit einem Thema namens *Employer Branding*.

Das bedeutet, das Unternehmen für Arbeitnehmer als erstrebenswerten Arbeitsplatz herauszustellen. Eine Unternehmensmarke soll, wie eine Waschmittel- oder Zigarettenmarke auch, ein verlockendes Versprechen an die Kundschaft sein und ihr Kaufinteresse wecken. In diesem Fall sind die begehrten Arbeitskräfte die Kunden. So jedenfalls die Hoffnung der Personaler.

Machen Sie den Verantwortlichen im Unternehmen klar, dass ein Image-Schaden droht, wenn sie den Memmen-Chefs im Unternehmen nicht Einhalt gebieten. Denn eines ist sicher: Über schlechte Chefs reden Mitarbeiter. Und das nicht nur in der Mittagspause und vor den Kaffeeautomaten in den Bürofluren.

> Machen Sie den Verantwortlichen im Unternehmen klar, dass ein Image-Schaden droht, wenn sie den Memmen-Chefs im Unternehmen nicht Einhalt gebieten.

Die unzufriedenen Mitarbeiter verbreiten die schlechten Botschaften heute in die Welt. In Zeiten von Facebook und diversen anderen digitalen Plattformen zum Austausch von Erfahrungen und Erlebnisberichten aus der Memmen-Welt ensteht ein Imageschaden schneller, als die Personalabteilung eine Stellenanzeige schalten kann. Je kleiner die Branche, desto wahrscheinlicher ist es, dass der Ruf eines Arbeitgebers in Windeseile und zugleich langfristig ruiniert wird. Das will kein Arbeitgeber.

Tipp 6 für Mutige: so ehrlich, dass es weh tut

Um es gleich vorauszuschicken: Persönlich favorisiere ich den im Folgenden beschriebenen Weg mit Memmen umzugehen und lege Ihnen diesen Tipp deshalb besonders ans

Herz. Denn Memmen-Chefs machen es uns nie einfach. Also machen Sie es umgekehrt auch Ihren Chefs nicht zu einfach.

Überraschen Sie Ihren Peiniger mit etwas, das er aus seinem Alltag nicht gewöhnt ist: absoluter Ehrlichkeit.

Memmen-Chefs, so viel ist klar, sind Meister darin, sich aus schwierigen Situationen geschickt herauszuwinden. Umso wichtiger ist es, sie auf frischer Tat zu ertappen und genau in diesem Moment zur Rede zu stellen. Wenn es sein muss auch vor versammelter Mannschaft. Als Mitarbeiter können und müssen Sie sich das manchmal erlauben, weil Sie in einer schlechteren Position sind als ein Chef, der Sie bewusst vor Ihren Kollegen runterputzt. Er hat die Wahl, wann und wie er Kritik vorbringt. Sie als Mitarbeiter dagegen genießen diesen Luxus oft nicht.

Wenn ein Ego-Shooter vor Ihrem Team eine Ansprache hält und es dabei für nötig erachtet, in herablassender Art einen Kollegen bloß zu stellen, dann ist es Zeit aufzustehen. Und zwar sofort, anstatt erst Tage später einen Beschwerdebrief in einen ominösen Kummerkasten einzuwerfen. Nein, in diesem Moment müssen Sie Ihre Stimme erheben und Ihrem Boss in klaren Worten vermitteln, dass sein Verhalten inakzeptabel ist. Sie sollten dabei nicht brüllen. Sie müssen es nur klar und deutlich feststellen.

Diese schonungslose Ehrlichkeit funktioniert auch in anderen Situationen und bei anderen Memmen-Typen. Haben Sie den Eindruck, dass Ihnen ein Sozialallergiker aus dem Weg geht, dann gehen Sie zu ihm und sagen es ihm ins Gesicht. Ohne Weichspüler, gerade heraus. Zeigen Sie Ihre Gefühle – seien Sie bestimmt, ohne aggressiv zu werden.

Der Grund, warum diese Ehrlichkeit so entwaffnend wirkt, ist folgender: Sie bewegen sich endlich auf Augenhöhe mit Ihrem Boss. So, wie es eigentlich immer der Fall sein sollte, wenn die Beziehung zwischen Führungskraft und Mitarbeiter von Respekt und Wertschätzung geprägt ist.

Was aber tun, wenn eine fiese Macho-Memme Sie wie den letzten Dreck behandelt und Sie unter der Gürtellinie beleidigt? Ich finde, auch da sollten Sie auf Augenhöhe bleiben. Geben Sie es ihm mit gleicher Münze zurück. Und achten Sie in diesem Fall ausnahmsweise mal nicht auf Ihre Wortwahl. Ihr Chef soll endlich mal spüren, wie es ist, so behandelt zu werden. Schlagen Sie zurück. Dann kapiert Ihr Boss endlich, wo die Grenzen des Erträglichen liegen. Ein heilsamer Schock für einen Menschen, der schlechtes Benehmen als sein Vorrecht ansieht.

Für all das brauchen Sie definitiv Mut. Sie gehen ein Risiko ein. Im besten Fall aber sind Ihre Kollegen ähnlicher Meinung und bereit, ihre Meinung zu sagen. Meist braucht es nur einen, der den Anfang macht. Dann gehen Sie gemeinsam vor. Wechseln Sie sich ab in Ihren »Chef-Ansprachen«. Nehmen Sie Ihren Macho-Chef von allen Seiten in die Mangel. Kollektiver Mut lässt keiner Memme einen Spielraum mehr.

Und wenn Ihr Team nur aus Jasagern besteht, die sich in ihr Schicksal gefügt haben und es an jeder Unterstützung bei dieser Vorgehensweise mangeln lassen? Wenn Ehrlichkeit in Ihrem Team weder Chef- noch Kollegensache ist? Dann sollten Sie ernsthaft darüber nachdenken, wie alt Sie an diesem Arbeitsplatz noch werden wollen – oder können.

Die bisherigen Tipps sind geeignet, um die unmittelbare Beziehung zu Ihrem Boss aktiv zu beeinflussen. In Teil Zwei haben wir allerdings festgestellt, dass die Person Ihres Memmen-Chefs leider noch nicht das Ende vom Lied ist. Vielmehr ist sie oft nur die Spitze des Eisbergs im Memmen-Biotop.

Was also tun, wenn Ihr Unternehmen den Memmen-Chefs diesen Spielraum erst gibt und ihr Verhalten womöglich noch begünstigt? Finden Sie im nächsten Kapitel heraus, in welcher Art Firma Sie gelandet sind und welcher Geist dort umgeht. Und entdecken Sie einen Weg, wie Sie sich als Mitarbeiter dieser Firma – und zwar auch und gerade als Führungskraft Ihres eigenen Teams – gegen böse Geister wehren und Ihr Team mit positiver Energie aufladen können.

2. Mit Mumm:
Wie Sie aufrecht Karriere machen

Was tun, wenn Sie als Mitarbeiter oder Führungskraft den Eindruck bekommen in einem Unternehmen zu sitzen, in dem Sie über kurz oder lang Ihre guten Vorsätze über Bord werfen müssen? Oder sich sogar schon bei der Unterwanderung Ihrer eigenen Ideale ertappt haben?

In welcher Situation Sie sich als Mitarbeiter oder Führungskraft befinden, hängt neben Ihren persönlichen Voraussetzungen vor allem von Ihrem Alter und Ihrer Berufserfahrung ab.

Vielleicht gehören Sie selbst schon zu den erfahrenen Führungskräften. Sie haben bereits einiges erreicht und wahrscheinlich mehr als eine Firma von innen gesehen. Sie haben sich hochgearbeitet. Für die Position ganz oben hat es letztendlich nicht gereicht – vielleicht einfach nur deshalb, weil Sie nicht skrupellos genug sind. Mittlerweile ist deshalb möglicherweise sogar Ihr Vorstandschef jünger als Sie selbst.

Überlegen Sie, ob Sie einfach ihren Stiefel weitermachen und die restlichen Berufsjahre absitzen sollten? Vielleicht wollen Sie es aber auch noch einmal wissen und nehmen dafür ein letztes Mal Anlauf. Denken Sie darüber nach, wie Sie selbst aus der Routine herauskommen und in ihrem Team etwas bewegen können. Und wie sich die Blockaden, die Ihnen im Unternehmen in den Weg gestellt werden und die Sie fast schon für normal halten, überwinden lassen.

Einige Jahre jünger und mittendrin in der Aufstiegsphase sind die aufstrebenden Führungskräfte. Viele von ihnen sind noch im unteren Management und führen im direkten Kontakt kleine Teams mit einer Handvoll Mitarbeiter. Wenn Sie zu dieser Gruppe gehören, ist Ihnen die eine oder andere idealistische Vorstellung wahrscheinlich bereits abhandengekommen. Öfter als es Ihnen lieb war haben Sie klein beigegeben oder von oben eins auf den Deckel bekommen. Nicht zuletzt, weil Ihnen Ihre eigenen Vorgesetzten viel mehr Steine in den Weg legen, als Sie anfangs erwarteten.

Fragen Sie sich manchmal, ob Sie Ihre Arbeit eigentlich noch so machen, wie Sie es selbst für richtig halten? Und wie sehr Sie dieser Job verändert hat und bestimmt auch immer weiter verändern wird?

Den nächsten Karriereschritt fest eingeplant, schauen Sie sich mit genau diesen Fragen im Kopf nach neuen Möglichkeiten um. Bei Ihrem jetzigen Arbeitgeber und auch anderswo. Mein Rat: Sehen Sie ganz genau hin, worauf Sie sich als Nächstes einlassen.

Bleibt noch die große Gruppe der ambitionierten Mitarbeiter. Darunter Berufseinsteiger, frisch von der Uni oder kurz nach der Ausbildung, die erwarten, in nicht allzu ferner Zeit selbst einmal Personalverantwortung zu übernehmen. Wenn Sie sich hier einordnen, haben Sie wahrscheinlich hohe Ansprüche an sich selbst und die Art, wie Sie Menschen führen wollen. Das spiegelt sich auch in der Wahl Ihres Arbeitsplatzes wider. Von Anfang an soll es das richtige Unternehmen sein. Eines, das Ihnen den Freiraum bietet, sich selbst zu entfalten. Das Sie nicht klein hält, sondern groß macht.

Woran aber können Sie erkennen, ob ein Unternehmen ein Ort des selbstbestimmten Arbeitens ist oder eben eines, in dem jeder Mitarbeiter und damit auch jeder Memmen-Chef gezwungen scheint, ängstlich-verbissen Richtung Chefetage zu blicken?

Ob junger Aufsteiger oder alter Hase: In jeder Karrierephase ist es wichtig sich klar zu machen, ob und wie sehr ein Unternehmen mit dem Virus des Memmentums verseucht ist.

Ist das eigene Unternehmen bereits ein voll entwickeltes Memmen-Biotop? Deuten erste Anzeichen auf eine Entwicklung in die falsche Richtung hin und darauf, dass sich an den wichtigen Schaltstellen des Unternehmens Memmen eingenistet haben? Oder ist das Unternehmen genau das, als was es auf den ersten Blick erscheint: ein Traum für jeden Arbeitnehmer?

Herauszufinden, wie sehr ein Unternehmen oder auch nur die eigene Abteilung vom Geist der Memmen durchdrungen ist, dabei soll Ihnen der folgende Memmen-Test für Ihr Unternehmen helfen.

Memmen-Biotop oder Paradies: Ihr Unternehmen im Test

Die folgenden 25 Fragen geben Ihnen die Möglichkeit zu bewerten, wo auf der Memmen-Skala Ihr neuer oder zukünftiger Arbeitgeber zu verorten ist. Kreuzen Sie an, inwieweit Sie einer Aussage zustimmen. Maximale Zustimmung drücken Sie durch eine 5 aus, maximale Ablehnung durch eine 1. Auch wenn ein erschreckendes Ergebnis Sie zum Überdenken Ihrer Arbeitssituation zwingen könnte – antworten Sie unbedingt ausnahmslos ehrlich!

1. Sie stehen auf dem Firmenparkplatz. Wer darf wo parken? Es herrscht freie Platzwahl, nur für die Kunden gibt es reservierte Plätze.

Stimme überhaupt nicht zu   1 2 3 4 5   Stimme völlig zu

2. Am Empfang: Wie werden Besucher und Bewerber behandelt? Entspannt. Jeder kümmert sich, nicht nur der Empfang.

Stimme überhaupt nicht zu   1 2 3 4 5   Stimme völlig zu

3. Auf den Gängen: Welchen Eindruck machen die Vorbei-laufenden? Freundlich. Es wird laut gegrüßt und gerne gelacht.

Stimme überhaupt nicht zu   1 2 3 4 5   Stimme völlig zu

4. Im Raucherzimmer, am Kaffeeautomat, am Kopierer: Wie ist die Stimmung? Egal, ob ein Chef anwesend ist oder nicht: Es wird offen geredet.

Stimme überhaupt nicht zu   1 2 3 4 5   Stimme völlig zu

5. Büros und Schreibtische: Wie schaut es dort aus? Unter-schiedlich. Hier Poster, da Pflanzen, jeder nach seiner Fasson.

Stimme überhaupt nicht zu   1 2 3 4 5   Stimme völlig zu

6. Team-Meetings: Wer redet? Munterer, produktiver Aus-tausch. Jeder kommt zum Zug. Der Chef moderiert.

Stimme überhaupt nicht zu   1 2 3 4 5   Stimme völlig zu

7. Die Unternehmenswerte: Gelebt oder nur gedruckt? Die stehen in einer Broschüre, aber die braucht keiner, wir haben sie ja verinnerlicht.

Stimme überhaupt nicht zu   1 2 3 4 5   Stimme völlig zu

8. Es stehen harte Zeiten bevor. Wie verkündet die Füh-rung die Botschaft? Vollversammlung. Der Ober-Boss stellt sich vor die Mitarbeiter und erklärt.

Stimme überhaupt nicht zu   1 2 3 4 5   Stimme völlig zu

9. Internet und soziale Netzwerke: Wie viel Freiheit herrscht? Das ist jedem selbst überlassen. Wir sind ja keine kleinen Kinder.

Stimme überhaupt nicht zu   1 2 3 4 5   Stimme völlig zu

10. Umgang mit der Öffentlichkeit und den Medien: Wie lautet die Devise? Offene Tür. Wir haben nichts zu verbergen.
Stimme überhaupt nicht zu   1 2 3 4 5   Stimme völlig zu

11. Neue Ideen und Veränderungen: Wo nehmen sie ihren Anfang? Unterschiedlich. Die beste Idee gewinnt, und die kann von jedem kommen.
Stimme überhaupt nicht zu   1 2 3 4 5   Stimme völlig zu

12. Begegnung mit dem Vorstand im Aufzug: Wie ist die Atmosphäre? Nicht anders als mit dem Kollegen aus dem Büro nebenan.
Stimme überhaupt nicht zu   1 2 3 4 5   Stimme völlig zu

13. Ein Fehler passiert. Was kommt dann? Gesucht wird die Ursache des Problems, nicht der Schuldige.
Stimme überhaupt nicht zu   1 2 3 4 5   Stimme völlig zu

14. Die Zufriedenheit der Mitarbeiter: Was weiß die Führung darüber? Sie weiß alles, schließlich sagt hier jeder seine Meinung.
Stimme überhaupt nicht zu   1 2 3 4 5   Stimme völlig zu

15. Wie flexibel werden die Arbeitszeiten gehandhabt? Hauptsache, ich erfülle meine Aufgaben.
Stimme überhaupt nicht zu   1 2 3 4 5   Stimme völlig zu

16. Grad der Selbstständigkeit: Wie weit dürfen Sie gehen? Wenn ich nicht mehr weiter weiß, frage ich meinen Chef.
Stimme überhaupt nicht zu   1 2 3 4 5   Stimme völlig zu

17. Geschäftsreisen: Welche Führungsebene darf was? Das hängt nicht von der Position ab, sondern vom Kunden.
Stimme überhaupt nicht zu   1 2 3 4 5   Stimme völlig zu

18. Interne Arbeitsprozesse: Wie streng sind die Abläufe reguliert? Wir haben definierte Arbeitsschritte, aber die werden ständig angepasst.

Stimme überhaupt nicht zu   1 2 3 4 5   Stimme völlig zu

19. Feiern in der Krise: Ist das möglich? Egal, wie es läuft: Weihnachtsfeiern werden bei uns nie abgesagt.

Stimme überhaupt nicht zu   1 2 3 4 5   Stimme völlig zu

20. Entlassungen: Wo schlägt der Blitz zuerst ein? Bei denen, die nicht zu uns passen.

Stimme überhaupt nicht zu   1 2 3 4 5   Stimme völlig zu

21. Privilegien: Wie zeigt man seinen Status? Schwer zu erkennen. Daran hängt hier niemand.

Stimme überhaupt nicht zu   1 2 3 4 5   Stimme völlig zu

22. Umgang der Führungskräfte miteinander: Viele Chefs in einem Raum = Vollblockade durch Machtspiele? Klar gibt es Diskussionen, aber die verfolgen ein Ziel: den Unternehmenserfolg.

Stimme überhaupt nicht zu   1 2 3 4 5   Stimme völlig zu

23. Interner Wettbewerb: Was gönnt man der anderen Abteilung? Alles. Schließlich sind wir dauernd im Austausch und profitieren voneinander.

Stimme überhaupt nicht zu   1 2 3 4 5   Stimme völlig zu

24. Die Firmenspitze ändert wichtige Arbeitsprozesse. Wie reagieren Sie? Nicht notwendig, da ich rechtzeitig dazu befragt wurde.

Stimme überhaupt nicht zu   1 2 3 4 5   Stimme völlig zu

25. Befehlskette: Wie viel Impulse von oben kommen bei Ih-

nen an? Das ist keine Einbahnstraße: Es geht auch viel in die andere Richtung.

Stimme überhaupt nicht zu   1 2 3 4 5   Stimme völlig zu

Die Auswertung

Bitte zählen Sie die Punkte zusammen, die Sie für Ihr Unternehmen vergeben haben. Vielleicht bemerken Sie schon an dieser Stelle: Wer sich die Zeit nimmt, sich bewusst mit seiner Firma zu beschäftigen, der kann sich schnell fragen: Wo bin ich denn hier gelandet?

Sie werden es gleich wissen. In welcher Art Unternehmen Sie jede Woche vierzig Stunden und mehr verbringen, zeigt Ihnen die folgende Auswertung unseres kleinen Tests.

93 bis 125 Punkte: das memmenfreie Paradies
Herzlichen Glückwunsch! Wahrscheinlich ist Ihnen schon beim Beantworten der Fragen aufgefallen, dass Sie in einem richtig guten Unternehmen gelandet sind.

Ihre Firma besitzt ein stabiles Fundament. Dieses Grundgerüst besteht aus positiven Werten. Und damit meine ich nicht monetäre Werte, obwohl die unter solchen Voraussetzungen vermutlich ebenfalls sehr ansehnlich ausfallen. Werte wie Aufrichtigkeit, Respekt, Glaubwürdigkeit und Vertrauen werden bei Ihrem Arbeitgeber von der Unternehmensführung tatsächlich gelebt und nicht nur in Imagebroschüren abgedruckt. Als Mitarbeiter oder Führungskraft haben Sie das Gefühl, dass Sie mit dem, was sie tun, nicht im Widerspruch zu sich selbst handeln.

Dennoch ist Ihr Unternehmen keine harmoniesüchtige kleine Welt, in der man niemandem auf die Füße treten darf. Manchmal kracht es, und dann wird über inhaltliche Positionen diskutiert. Dabei werden aber keine Schuldigen gesucht, sondern Lösungen. Und wenn Sie mal eine gute Idee haben, nimmt sie auch ihren Lauf im Unternehmen. Wenn sie sich bewährt, lassen sich Ihre Kollegen auf allen Ebenen und quer über alle Abteilungsgrenzen hinweg davon inspirieren.

Zwischen Innen- und Außenwahrnehmung gibt es in Ihrer Firma keinen Widerspruch. Kunden werden genauso geachtet wie die eigenen Mitarbeiter.

Und weil sich die Führung nicht nur für Zahlen begeistert, sondern für Menschen, hören Sie Kritik wie auch Lob gleichermaßen. Beides soll Sie weiterbringen. Man plant mit Ihnen über den nächsten Quartalsabschluss hinaus.

Eine Weihnachtsfeier fällt in Ihrem Unternehmen so gut wie nie aus. Selbst oder gerade dann, wenn es mal nicht so gut laufen sollte.

59 bis 92 Punkte: verbesserungswürdig

Es ist (noch) nicht wirklich zum Wegrennen, aber auch nicht optimal. Die Frage ist: Ist Ihr Unternehmen auf dem Weg der Besserung, oder auf direktem Weg zum Memmen-Biotop? In letzterem Fall besteht dringender Handlungsbedarf.

Sicher besitzt Ihr Unternehmen Werte. Doch im Laufe der letzten Jahre, während der Shareholder Value zum alleinigen Gott der Unternehmensführung avanciert ist, sind diese Unternehmenswerte nach und nach unter einer dicken Staubschicht versunken. Wenn Sie aber das Gefühl haben, dass es seit einer Weile mit dem Unternehmen bergab geht, werden sie allerdings wohl nicht mehr so gelebt, wie die Imagebroschüre das den Job-Anwärtern verspricht. An vielen Stellen des Unternehmens scheinen sie in Vergessenheit geraten zu sein. Möglicherweise, weil die Umsätze nicht mehr stimmen, und/oder es an der Spitze nach langer Zeit der Konstanz schwerwiegende personelle Veränderungen gegeben hat. Vielleicht sind neue Chefs am Ruder, die nicht mehr für die alte, bewährte Kultur einstehen, sondern den raschen Wandel erzwingen wollen. Die angestrengt auf die Quartalsergebnisse schauen und bei jedem Druck von der Shareholder-Seite ihren Führungskräften die Daumenschrauben anziehen, was die wiederum auf Sie übertragen. So kommt das ganze Gebäude der Integrität ins Wanken. Unsicherheit macht sich breit. Und wenn die ganz oben nicht einmal an sich selbst und ihr Unternehmen glauben, wer soll dann an Sie glauben?

Aber noch ist es nicht zu spät: Ein harter Kern von treuen Mitarbeitern ist zum Glück noch auf allen Hierarchiestufen zu Hause. Höchste Zeit, dass die sich zusammenraufen und dem Laden wieder den richtigen Geist einhauchen.

25 bis 58 Punkte: die Memmen-Katastrophe

Ihr Unternehmen scheint ein hoffnungsloser Fall zu sein. Aus allen Poren des Firmenorganismus riecht man den Angstschweiß. An der Spitze regiert die blinde Hektik – ein Change-Projekt jagt das nächste und macht am Ende alles nur noch schlimmer. Sie als Mitarbeiter nehmen die Aktionen schon längst nicht mehr ernst. Scheinen sich doch die eigenen Vorgesetzten nur noch an ihren Chefposten festzukrallen und vor jeder Salve an Vorgaben, die von oben kommt, in Deckung zu gehen. Es gilt die Devise: Die eigenen Pfründe sichern und nur nichts riskieren. Nur nicht fallen. Wer erst mal am Boden liegt, auf den wird von den anderen Angsthasen-Chefs auch noch eingetreten. Achtung, hohe Ansteckungsgefahr! Als ambitionierter Chef glaubt man in solch einem Klima der Verzagtheit zu ersticken.

Das Unternehmen scheint im Kern verdorben zu sein. Was ist zu tun? Die ganze Bude abreißen? Das übernimmt, wenn es so weitergeht, über kurz oder lang der Markt beziehungsweise die Konkurrenz. Kernsanierung? Das könnte die

Rettung sein, wenn der ganze Laden von Grund auf erneuert wird. Und von Grund auf, das heißt: von der Basis. Eine Machtübernahme durch die wenigen Willigen. Schwierig, aber nichts ist unmöglich. Führungskräfte auf jeder Ebene können sich selbst und ihre Mitarbeiter erfolgreich wappnen gegen das Memmentum um sie herum.

Was Sie als Führungskraft dafür tun können und müssen? Einiges. Bevor ich Ihnen den fünfstufigen Prozess des Energized Leadership vorstelle, möchte ich Ihnen eine Strategie erläutern, die sich bei meiner Arbeit bewährt hat: Entwickeln Sie ihren Verantwortungsbereich zu etwas Eigenständigem. Bauen Sie eine Art Schutzraum für sich und Ihre Leute, eine Box, in der Ihr Team sich frei nach eigenen Vorstellungen bewegen kann. Dann füllen Sie diese Box mit einer Ladung hochexplosiver Energie. Wenn Sie jetzt meinen, dass ich spinne: Das Ganze hat weder mit einem Sprengsatz für die Arbeitsmoral noch mit einer unberechenbaren Wundertüte zu tun – obwohl diese Art zu führen durchaus wahre Wunder bewirken kann.

Die Box: Wie Sie Ihr Team
vor dem Memmentum schützen

Als Chef im unteren und mittleren Management sein eigenes Ding zu machen – ja, das ist möglich. Als Führungskraft mögen Sie jetzt den Kopf schütteln und sich denken: Die Vorgaben von oben nehmen uns doch jede Luft zum Atmen. Wo bitte bleiben uns in dem täglichen Irrsinn die Zeit und der Raum für eigene Ideen?

Meine Antwort darauf: Ob als Chef eines fünfköpfigen Teams, als Abteilungsleiter mit drei Dutzend Mitarbeitern oder als Manager eines großen Unternehmensbereichs – auch Sie haben die Möglichkeit, Ihren Verantwortungsbereich gegen den dunklen Geist des Systems zu behaupten. Und sogar mehr als das, wie Sie auf den nächsten Seiten erkennen werden.

Ihrem Team eigene visionäre Ziele zu setzen, mit Ihren Mitarbeitern eine eigene Philosophie und ein eigenes Verständnis von Zusammenarbeit zu entwickeln und eine gemeinsame positive Haltung aufzubauen – dazu sind Sie als Führungskraft fähig, wenn sie denn bereit dazu sind und den nötigen Mut aufbringen.

Wie sehr sich Ihr Team dabei vom Rest des Unternehmens abgrenzen und seinen eigenen Weg gehen muss, das hängt vom Grad des Memmentums im gesamten Unternehmen ab.

In einer Firma, deren Chefetage frei ist von Memmen, beinhaltet diese Eigenständigkeit keinerlei Abgrenzung. Im Gegenteil. Wie im gesamten Unternehmen sind auch in Ihrem Verantwortungsbereich die Grenzen zu anderen Abteilungen durchlässig. Denn werden überall im Unternehmen dieselben positiven Werte gelebt, dann braucht es keinen Schutzwall gegen Egoismus, Duckmäuserei und Bewegungslosigkeit.

Dennoch sollte Ihr Team auch unter solchen Bedingungen mit einer eigenen Identität ausgestattet werden. Denn selbst in einem idealen Unternehmen gibt es Wettbewerb: einen Wettlauf darum, wer die positiven Werte des Unternehmens im täglichen Geschäft am besten umsetzt und weiterentwickelt. Die Werte eines Unternehmens zur größtmöglichen Entfaltung zu bringen – das ist das ehrgeizige Ziel jeder Führungskraft und ihrer Mitarbeiter.

Je mehr ein Unternehmen jedoch vom Memmentum bereits durchdrungen ist und die Memmen-Bosse die Herrschaft übernommen haben, desto mehr kommt es für Sie als Führungskraft darauf an, den eigenen Bereich zu stärken.

In einem Unternehmen, das sich in einem Übergangsstadium befindet, in dem der Ausgang der Entwicklung noch offen ist, kann Ihr Team zu einem Vorbild werden, das andere im Unternehmen inspiriert. Sich auf die ursprünglichen Werte zu besinnen und dem Unternehmenskern, der immer mehr in Vergessenheit zu geraten droht, wieder Leben einzuhauchen – das muss Ihr Ziel sein. Eine treibende Kraft gegen die klammheimliche Memmisierung Ihres Unternehmens.

In so einem Fall muss Ihr Team keine abgeschottete Gemeinschaft Andersgläubiger sein. Stattdessen sollten Sie Allianzen mit gleichgesinnten Führungskräften und Teams suchen.

Was aber, wenn ein Unternehmen von seiner Spitze bis zur Basis vom Memmen durchsetzt ist?

Dann ist es geradezu Ihre Pflicht als mutige Führungskraft, Ihr Team deutlich abzugrenzen. Ihre Situation schreit nach der Box: Ziehen Sie rund um ihr Team imaginäre Wände hoch. Das Ziel ist ein Schutzraum für Ihre Mitarbeiter, innerhalb dessen Ihre Leute vor den Zumutungen der Memmen-Unkultur geschützt sind und wieder frei atmen und selbstbestimmt aktiv werden können.

> Begründen Sie eine eigene Teamkultur, die nicht nur intern Außergewöhnliches zustande bringt, sondern auch nach außen Wirkung zeigt: weil Sie mit ihren Kunden so umgehen, wie auch Ihre Mitarbeiter miteinander umgehen – mit Respekt und der Bereitschaft, Besonderes zu leisten.

Selbst ein kleines Team kann sich zu einer eigenen Welt innerhalb eines Unternehmens entwickeln. Eine Art Subkultur, die eigenen Werten folgt. In der Mitarbeiter nicht als Kostenfaktoren definiert, sondern untereinander besonders intensive und intakte Beziehungen gepflegt werden. In der man sich Ziele setzt, die weit über die eines zahlenorientierten, quartalsgetriebenen Unternehmenssystems hinausgehen.

Begründen Sie eine eigene Teamkultur, die nicht nur intern Außergewöhnliches zustande bringt, sondern auch nach außen Wirkung zeigt: weil Sie mit ihren Kunden so umgehen, wie auch Ihre Mitarbeiter miteinander umgehen – mit Respekt und der Bereitschaft, Besonderes zu leisten.

Ein solches Team steht in einem Memmen-Biotop vor einer besonderen Herausforderung: Es bewegt sich in einer feindlichen Umgebung, nämlich in einem Unternehmen, in dem so gut wie jedes andere Team und jede andere Führungskraft nicht für Mut, Respekt und Innovationskraft eintreten, sondern für misstrauische Kontrolle und Verteidigung des Status Quo. Ein Team, das sich diesem Memmen-Stil widersetzt und selbstbewusst seinen eigenen Kurs fährt, fällt auf und provoziert zwangsläufig die Gegenreaktion der Machthaber. Deren Wahrnehmung ist vorprogrammiert: Ihr Team ist eine Keimzelle für die Revolution gegen alle herrschenden Memmen.

Um dem Druck nach Anpassung zu widerstehen, reicht es deshalb nicht nur, um das eigene Team herum scharfe Grenzen zu ziehen und diese als Führungskraft mutig nach außen zu behaupten. Entscheidend ist noch etwas anderes: Der Schutzraum, die Box, in der sich eine Führungskraft und ihre Mitarbeiter bewegen, muss mit Gegendruck gefüllt werden, damit die Wände nach außen stabil sind. Und dieser Gegendruck kann nur aus einem erwachsen: einer unglaublichen Menge an Energie.

Eine Energie, die das Team erst in die Lage versetzt, jeden Tag aufs Neue mit voller Kraft voranzuschreiten und dem dunklen Memmen-Geist im Rest des Unternehmens die Stirn zu bieten.

Als Führungskraft haben Sie die Möglichkeit, ja die Pflicht, Ihrem Team diese Energie einzuflößen.

Wie verwandelt man sein eigenes Team in ein Kraftzentrum gegen das Memmentum, in ein Epizentrum der unternehmensweiten Veränderung?

Im Folgenden beschreibe ich Ihnen einen fünfstufigen Prozess. Einen Prozess, der bei der Persönlichkeit der Führungskraft beginnt und letztlich das gesamte Team auf ein neues Niveau katapultieren kann.

1. Stufe: Glauben – an sich, das Team und den gemeinsamen Sinn

Die Anlage zur Memme, noch bevor das System in ihren Kopf eingedrungen ist, liegt zu einem bedeutenden Teil in der Persönlichkeit der Führungskraft selbst. In den Schwächen ihres Charakters. Das kann die mangelnde Durchsetzungsfähigkeit liebesbedürftiger Jammer-Memmen genauso sein wie die verletzte Seele fieser Macho-Memmen.

Um andere Menschen zu führen, müssen Sie sich als Führungskraft Klarheit über Ihre eigene Persönlichkeit verschaffen. Über Ihre Stärken, aber auch über Ihre Schwächen. Dieses kritische Selbstbewusstsein ist die Grundlage für eine positive Sicht auf die eigenen Möglichkeiten. Der gesunde, realistische Glaube an sich selbst ist ein erster Schritt dahin, sich als Mitarbeiter oder als Führungskraft gegen das Memmentum zu immunisieren.

Zugleich bestimmt dieser Glaube, wie wir mit anderen Menschen interagieren, wie positiv wir zwischenmenschliche Beziehungen gestalten können. Es ist eine alte Weisheit: Wer sich selbst nicht liebt, kann auch andere nicht lieben. In Abwandlung dieser Weisheit ist es erst Ihr Glaube an sich selbst, der Ihnen als Führungskraft die Freiheit und die Stärke gibt, auch an Ihre Mitarbeiter und deren Möglichkeiten zu glauben.

Wer dazu fähig ist, wird erfolgreich führen können – weil ein solcher Chef im Gegensatz zu einer Memme sich selbst und den eigenen Mitarbeitern eine ganze Menge Gutes zutraut. Und weil daraus die Gewissheit folgt, gemeinsam etwas Außergewöhnliches erreichen zu können.

Ich glaube als Chef an mich selbst und an mein Team. Und an den Sinn von dem, was wir tun und erreichen wollen.

Die Sinnhaftigkeit unserer Arbeit, der Ziele, die wir uns als Team setzen – nur wenn ich als Chef daran glaube, kann ich meine Mitarbeiter davon überzeugen. Es sind die Führungskräfte, die Mitarbeitern nicht nur den Glauben an sich selbst vermitteln, sondern auch den Glauben daran, warum sie in einem Unternehmen ein bestimmtes und kein anderes Ziel mit ihrer Arbeit verfolgen.

> Die Sinnhaftigkeit unserer Arbeit, der Ziele, die wir uns als Team setzen – nur wenn ich als Chef daran glaube, kann ich meine Mitarbeiter davon überzeugen.

Und im besten Fall verfolgen Sie, ob als Mitarbeiter oder als Chef, nicht nur Ziele, sondern eine Vision. Eine, an die Sie selbst von ganzem Herzen so sehr glauben, dass Sie mit Ihrer Begeisterung Ihre Kollegen oder Mitarbeiter anstecken. Ohne diesen Glauben an die gemeinsame Sache entsteht der Wille zur Leistung nur durch monetäre Anreize – ein schwacher Ersatz, der auf Dauer niemals ausreicht.

Denn Geld ist kein Surrogat für echte Werte.

Dem einen oder anderen Leser wird das vielleicht zu metaphysisch klingen. Glaube, was heißt das schon in Zeiten, in denen sich fast alles mit wissenschaftlicher Rationalität und gerade in der Wirtschaftswelt mit Zahlen begründen lässt. Das Problem ist nur: Wenn es um Menschen und deren Emotionen geht, wissen wir eben nichts mit absoluter Sicherheit. Nicht, wozu wir selbst und andere imstande sind. Keine Zahl aus einem Bewertungsprogramm kann wiedergeben, wozu ein Mensch fähig ist, wenn man ihm oder ihr die richtige, mit Sinn behaftete Aufgabe gibt. Und wenn sich seine oder ihre persönlichen Fähigkeiten mit denen anderer zu etwas Neuem, etwas Größerem verbinden.

Ihre positive Grundhaltung, Ihr Glaube an die Möglichkeiten Ihrer Führungspersönlichkeit und Ihres Teams und das Ziel, das Sie gemeinsam mit Ihren Leuten erreichen wollen, bildet die erste Energiestufe. Es ist das innere Reservoir an Energie, das vom Chef aus auf alle anderen übergreifen kann. Als Boss sind Sie eine Art Aufladestation für die Akkus Ihrer Mitarbeiter.

Das schaffen Sie nur, wenn Sie selbst von Energie erfüllt sind.

2. Stufe: Werte teilen

Ein Mensch, der an etwas glaubt, will diesem Glauben in der Regel auch Ausdruck verleihen. In seinen Gesten, mit seinen Handlungen.

»Ich glaube an Dich« ist eine schöne Botschaft. Aber sie hilft einem Mitarbeiter nur weiter, wenn sie mit Greifbarem flankiert und mit Rückhalt untermauert wird. Mit Werten, die Ihr Verhalten als Kollege oder als Führungskraft gegenüber jedem Einzelnen in Ihrem Team, aber auch der Mitarbeiter untereinander sichtbar bestimmen.

Gemeinsam gelebte Werte bilden das stärkste Band zwischen Führungskraft und Mitarbeitern – ein Band, das das alltägliche Miteinander umrahmt, stärkt und mit Energie auflädt.

Dieses Band der Werte muss von Ihnen als Chef aktiv geschaffen werden. Erst recht, wenn in Ihrem Team – wie heute in großen Unternehmen üblich – Menschen mit unterschiedlichem kulturellen Hintergrund aufeinandertreffen. Im offen Dialog muss die Gruppe entscheiden, wofür sie stehen will und wofür nicht. Was Werte wie Respekt, Wertschätzung, Ehrlichkeit, Integrität und Vertrauen für sie konkret bedeutet. Und welche Unwerte man ablehnt. Wie Google, die »don't be evil« zu ihrem Credo erhoben haben.

Der gemeinsame Weg der Selbstfindung als Gemeinschaft, an dessen Ende eine Art Vertrag stehen kann, ist Teil des Gründungsprozesses eines Teams. Ein Dokument etwa, das alle Beteiligten unterschreiben. Oder ein Symbol, das für die gemeinsam vertretenen Werte steht.

Geteilte Werte sind der perfekte Impfstoff gegen das Memmen-Virus im Rest des Unternehmens. Sie bewirken das starke Gefühl, sich miteinander auf Augenhöhe zu bewegen und mehr zu teilen als nur die Arbeit. Werte sind der feste Orientierungspunkt für jeden im Team.

> Geteilte Werte sind der perfekte Impfstoff gegen das Memmen-Virus im Rest des Unternehmens.

Stehen die geteilten positiven Werte im Gegensatz zur tatsächlichen Kultur und den Unwerten Ihres Unternehmens, dann entfalten sie innerhalb eines Teams ihre Kraft umso stärker.

Doch Werte wie Vertrauen und Respekt zu leben bedeutet für eine Führungskraft auch von Anfang an voranzugehen, ohne sofort eine Gegenleistung zu erwarten. Denn nach der Verständigung auf eine Basis an Werten braucht es Zeit, bis die gemeinsame Ausrichtung das Verhalten jedes Mitarbeiters bestimmt.

Nicht umsonst spricht man bei Vertrauen von einem Vorschuss, den vor allem ein Chef seinen Mitarbeitern gewähren soll. Meines Erachtens ist es ein sehr, sehr langfristiges Investment. Ich vertraue jemandem, wenn ich an ihn oder sie glaube. Und dieses Vertrauen entziehe ich nicht beim ersten oder zweiten und auch nicht beim dritten Fehlverhalten dieser Person. Wenn ich sehe, dass ein Mensch aus seinen Fehlern lernt, dann ist es richtig, diese Fehler zu begehen.

Führungskräfte müssen bereit sein, etwas von sich zu geben, ohne es sofort in vollem Umfang zurückzubekommen.

Nach Werten zu leben und zu handeln, die Ihnen selbst wichtig sind – das hat nichts mit einem Tauschgeschäft zu tun.

Ein großes Problem gerade für Memmen-Chefs.

Memmen haben darin keine Ausdauer, weil ihnen der Glaube an sich selbst und andere fehlt. Wenn ihre Anweisungen nicht umgehend umgesetzt werden, beginnt der Zweifel schnell an ihren vermeintlichen Überzeugungen zu nagen.

Werde ich nicht respektiert, obwohl ich den anderen meinen Respekt erweise? Ich vertraue Euch, warum vertraut Ihr mir nicht?

So ziehen sie ihr Vertrauen, dass sie kurze Zeit zuvor bereitwillig gegeben haben, langsam, aber stetig wieder zurück.

Für die Schlimmsten unter den Memmen, die von vornherein einen zweifelhaften Charakter mit in ihre Führungsposition gebracht haben, sind Werte wie Respekt und Vertrauen lediglich Werkzeuge ihres Aufstiegs. Ihr hungriges Ego erwartet sie von anderen wie selbstverständlich, ohne zu einer Erwiderung bereit zu sein.

Trifft eine solche Macho-Memme auf ein neues Team, in dem Werte von allen hochgehalten werden, wird er sich hüten müssen – denn die Mitglieder des Teams werden ihre Werte gegen Angriffe von außen verteidigen.

3. Stufe: fachliche Exzellenz und emotionale Intelligenz kombinieren

Fachliche Kompetenz ist in vielen Unternehmen das oberste Auswahlkriterium auf der Suche nach Führungskräften. Die soziale Kompetenz der Chefs steht weit weniger im Fokus vieler Einstellungs- und Beförderungsgespräche, wird dafür aber umso mehr von Mitarbeitern geschätzt und ersehnt.

Zu einem Energieschub für ein ganzes Team kommt es, wenn eine Führungskraft beide Kompetenzen kombiniert.

Sich mit der fachlichen Seite Ihres Geschäfts auszukennen,

mit der Technik, mit Ihren Produkten und den notwendigen Prozessen, das verschafft Ihnen als Führungskraft genauso Anerkennung wie als Mitarbeiter. Aber die Wirkung dieses Wissens verpufft, wenn Ihnen als Boss die Mittel fehlen, um aus Wissen herausragende Ergebnisse zu produzieren. Die dafür notwendige Fähigkeit ist emotionale Intelligenz.

Der Begriff emotionale Intelligenz beschreibt im Kern Empathie: die Fähigkeit, die Gefühle anderer Menschen wahrnehmen und verstehen zu können, um auf dieser Basis erfolgreich zu kommunizieren.

Emotionale Intelligenz bezieht sich aber auch auf die eigenen Emotionen, die eine Führungskraft – oder ein Mitarbeiter – einschätzen können muss, um die negativen Gefühle auszugleichen und die positiven zu verstärken.

Was aber passiert, wenn eine Führungskraft fachliche Exzellenz und emotionale Intelligenz kombiniert?

Ein Beispiel: Ein Boss vermittelt seiner Belegschaft das technische Know-how zu einem Produkt, sagen wir einem Stahlträger. Die Technik hinter diesem Stahlträger ist herausragend effektiv und besonders wirtschaftlich. Seine Leute aber bringen dieses Produkt trotz aller Vorzüge nicht erfolgreich genug an die Kundschaft. Denn dafür braucht es einen Funken, der überspringt.

Und das kann den Mitarbeitern nur ein Boss vermitteln, der die emotionalen Bedürfnisse seiner Mitarbeiter genauso kennt und beachtet wie die seiner Kunden. Der es schafft, eine Begeisterung zu wecken, die über die technischen Details hinausgeht. Ein empathischer Chef zielt auf Herz und Verstand – seiner Mitarbeiter wie auch seiner Kunden. Denn wenn in der Vorstellung der Mitarbeiter aus einem Stahlträger zum Beispiel ein Lebensretter wird, der für einen neuen Grad an Sicherheit steht, dann erreicht diese emotionale Botschaft auch die Kunden. Schließlich sehen die ein Produkt im besten Fall durch die Augen des Verkäufers.

Dauerhafte Kundenbindung entwickelt sich aus einer Kombination der Vorzüge eines Produkts und dem geschickten Umgang mit Emotionen. So wie aus herausragendem technologischen Wissen auch nur dann Innovation wird, wenn sie mit Mut einhergeht. Und Prozesse erst dann in Höchstleistungen resultieren, wenn sie von motivierten Mitarbeitern durchgeführt werden.

Motivierte Mitarbeiter, die für das brennen, was sie mit ihrem Fachwissen erschaffen können, und denen die eigenen Kunden am Herzen liegen – das ist die Beschreibung eines unschlagbaren, energiegeladenen Teams.

4. Stufe: alles miteinander verbinden

Für viele Führungskräfte ist mit Stufe 3 schon das Maximum des Machbaren erreicht. Motivierte Mitarbeiter, Erfolg beim Kunden. Hört sich ja auch toll an. So kann man es lassen. Doch es gilt noch eine Stufe höher zu klettern, wenn das Modell nachhaltig funktionieren soll!

Wie in einem neuronalen Netz, dessen Leitungen und Synapsen vom Strom der Informationen glühen, geht es in Stufe 4 darum, der Interaktivität aller Beteiligten eine neue Intensität zu verleihen. Den Austausch zu forcieren zwischen Ihnen als Führungskraft und Ihren Mitarbeitern, zwischen Ihnen als Mitarbeiter und Ihren Teamkollegen, zwischen den Abteilungen eines Bereichs und so weiter. Dafür reichen Videokonferenzen nicht aus. Sie brauchen die Zeit für gemeinsame Treffen. Sie brauchen echte Gespräche statt Führung per SMS. Für Sie als Chef heißt das, da zu sein und sich überall zu involvieren, ohne Ihren Mitarbeitern bei jedem Arbeitsschritt kontrollierend auf die Finger zu schauen.

Diese persönliche Involvierung ist auch notwendig, um alle vorherigen Stufen immer wieder zu integrieren. Denn bei Energized Leadership greifen die Stufen ineinander und werden ständig aufs Neue aktiviert. Ändert sich hinten etwas, muss vorn angepasst werden und umgekehrt. Das bedeutet für Sie als Boss gegenzusteuern, wenn Ihr Team bei einer schwierigen Aufgabe den Glauben an sich selbst zu verlieren droht. Zu überprüfen, ob unter Stress Werte wie Respekt und Vertrauen in Vergessenheit geraten. Und sich immer wieder die Frage zu stellen: Wie kann ich meinem Team mit meiner fachlichen Kompetenz weiterhelfen? Wie meine Leute für Produkte und Kunden und den Sinn unseres Tuns dauerhaft begeistern? Dass Sie sich diese Fragen als Mitarbeiter genauso stellen müssen, versteht sich von selbst.

Um das nächste Energielevel zu erreichen, investiere ich als Chef viel von meiner Persönlichkeit. Dabei geht es mir sowohl um eine fachliche wie auch menschliche Verbundenheit, um eine inspirierende Partnerschaft und um persönliche Nähe.

In Deutschland werden Emotionen im Job gern in der Schreibtischschublade versteckt. Die Trennlinie zwischen Privatem und Beruflichem wird sehr viel strenger gezogen als etwa in den USA. Doch unseren Emotionen freien Lauf zu lassen heißt nicht automatisch, sich an den Job zu verkaufen oder gar Büro und Zuhause nicht mehr auseinanderhalten zu können.

Es geht darum, den eigenen Arbeitsplatz von emotionalen Hemmschwellen zu befreien, die jegliche Gefühlsäußerung verhindern. Ich spreche dabei nicht von amerikanischen Cheerleader-Ritualen à la Walmart und Co. Nein, es geht um authentische, ungefilterte

> Es geht darum, den eigenen Arbeitsplatz von emotionalen Hemmschwellen zu befreien, die jegliche Gefühlsäußerung verhindern.

Freude und die Bereitschaft, diese auch zu zeigen, wenn der Moment dafür gekommen ist.

Stellen Sie sich einen Chef vor, der sich bei einer Erfolgsmeldung, die das ganze Team betrifft, eben nicht in seinem Büro hinter einer scheuen E-Mail versteckt oder beim Triumphmarsch durch die Abteilungen nur sich selbst feiert. Sondern einen Boss, der als Erstes jedem einzelnen Mitarbeiter gratuliert. Der, wenn ihm danach ist, auf den nächstbesten Tisch steigt und einen lauten Jubelschrei ausstößt. Und der sein Geld in die Hand nimmt, um für seine Mannschaft eine Feier zu schmeißen. Denn als Teammitglied haben Sie das genauso verdient wie als Chef!

Als Mensch nahbar zu sein, einem Kollegen die Hand auf die Schulter zu legen, wenn es angebracht erscheint, Gefühle zu zeigen – Freude genauso wie den Frust über ein vergeigtes Projekt – das ist etwas, das viele Chefs aus einer übervorsichtigen Haltung heraus ablehnen oder das sie schlichtweg überfordert.

Dabei ist der Lohn für diese Authentizität und Offenheit enorm: Der Zusammenhalt der Mitarbeiter untereinander und mit dem Chef zu einer Einheit, die vor Power nur so strotzt. Die eine Identität besitzt. Und die auf die ultimative Herausforderung geradezu lauert, um mit voller Power und Leidenschaft loszulegen. Die Energie, die aus dem leidenschaftlichen Zusammenhalt eines solchen Teams erwächst, ist unschlagbar. Ich weiß es, denn ich habe es erlebt.

5. Stufe: durch Herausforderungen beschleunigen

Für ein derart gestärktes, energiegeladenes Team ist eine externe Herausforderung in etwa so, als würde man ein Streichholz an eine Fackel halten. Eine Kampfansage eines Wettbewerbers, den man drauf und dran ist einzuholen und zu überholen. Ein lukrativer Kunde, den es zu gewinnen gilt, und zwar mit einem Riesenkraftakt. Eine negative Geschäftsentwicklung, die unumkehrbar scheint – nichts ist unmöglich. Klingt wie ein lahmer Trainerspruch? Dann haben Sie noch nie wirklich Menschen geführt!

In dem Moment, wenn sich das Fenster öffnet und eine Gelegenheit aufzieht sich zu beweisen, steht hinter so einem Chef eine schlagkräftige, eingeschworene Truppe, die bereit ist, selbstständig loszustürmen und über sich selbst hinauszuwachsen. Der äußere Impuls löst eine Kettenreaktion aus, auf die jeder im Team nur zu warten scheint. Weil die Herausforderung die ultimative Chance ist, als Gemeinschaft das Maximum zu erreichen.

In solchen Momenten müssen Sie als Chef Ihre Einheit auch mal zügeln. Sonst besteht die Gefahr, dass die Energiefackel an einem Stück herunterbrennt. Das Dosieren der Teamenergie ist die dringlichste Aufgabe jedes Chefs, der es geschafft hat, seine Leute auf dieses Niveau zu heben.

Die Herausforderungen, die es als Team anzunehmen gilt, können – gerade in einem Memmen-Biotop – aber auch interner Natur sein. Eine Unternehmensführung zum Beispiel, die Budget entzieht, sinnlose Abläufe vorschreibt oder auf jede erdenkliche Art und Weise droht, Ihr Team zu sabotieren.

Wer als Chef das Feuer in seinem Team entfacht hat, der muss auch sein Wächter sein. Und das heißt: Wenn es zischt und dampft und gefährlich brodelt, dann haben Sie als Chef gefälligst an vorderster Front zu stehen und den Kampf gegen die Gegner Ihres Teams mit vollem Risiko auszufechten. Gelegenheiten dazu wird es innerhalb einer gegensätzlichen Unternehmenskultur reichlich geben. Und als Mitarbeiter haben Sie das gute Recht, diese Haltung von Ihrem Vorgesetzten einzufordern.

Ein Held, der in einem Memmen-Unternehmen eine High-

> Wer als Chef das Feuer in seinem Team entfacht hat, der muss auch sein Wächter sein.

Energy-Einheit aufbaut, macht sich überall Gegner: bei den neidischen Chef-Kollegen genauso wie bei der skeptischen Unternehmensführung. Sie alle fühlen sich im schlimmsten Fall provoziert.

Denn ein solches Team entwickelt ein Eigenleben, das nicht jedem in den Kram passt. Es schert aus dem memmenhaften Einerlei des Biotops aus. Es widersetzt sich, und stellt seine eigenen Regeln auf, wenn das Unternehmen als Ganzes vor sich hin dümpelt und andere Teams orientierungslos umhertreiben.

Jede hier beschriebene Energiestufe ist für sich genommen bereits eine Provokation gegen das Memmen-Establishment.

Der Glaube an sich selbst. Werte, die gelebt und nicht nur gegenüber der unwissenden Öffentlichkeit oder naiven Bewerbern propagiert werden. Eine soziale und fachliche Kompetenz, die Menschen von einem Produkt begeistern will und deshalb erfolgreicher ist als der Rest des Unternehmens. Eine Truppe, die sich das Feiern nicht verbieten lässt, selbst wenn in allen anderen Abteilungen Weihnachts- und Geburtstagspartys ausfallen. Und die sich letztlich jeder Herausforderung stellt, auch innerhalb der morschen Firmengemäuer.

Wenn Sie vorhaben, Ihr Team derart aufzuladen, sollten Sie sich vorher darüber im Klaren sein, was die Konsequenzen für Sie und Ihre Mitarbeiter sein könnten. Gehen Sie nicht naiv gegen eine Vorstandsmacht an. Sondern machen Sie sich klar, worauf Sie und Ihr Team sich einlassen. Damit Sie auf Ihrem Weg immer die richtigen und nicht immer gleich die dramatisch heroischsten Entscheidungen treffen. Schließlich sind Sie immer in der Verantwortung für eine ganze Gruppe von Menschen. Bleiben Sie besonnen, denn: Was passiert mit einem abgegrenzten Team, das noch dazu bald durch Erfolge aus der Masse herausragt?

Das kommt auf das Unternehmen an. In einer Firma, die

vom Memmen-Geist noch nicht völlig durchsetzt ist, inspiriert ein solches Team unter Umständen andere Verantwortungsträger. Dort greift eine andere mutige Führungskraft diesen Geist vielleicht auf und verbreitet ihn. Weil sie merkliche Verbesserungen in wichtigen Bereichen spürt. Weil die Umsatzzahlen stimmen und die Mitglieder dieser Abteilung immer so freundlich grüßen. Das ist eine schöne, wünschenswerte Variante.

In einem Unternehmen aber, in dem Memmen auf allen Ebenen das Sagen haben, sind Konflikte auf Dauer unvermeidlich. Egal, wie vorsichtig der Chef eines High-Energy-Teams auch handelt, über kurz oder lang wird er oder sie vielleicht gegen eine Mauer krachen. Eine Mauer aus Verleumdungen und Intrigen der Chef-Welt um ihn herum. Dann wird sich der Memmen-Schreck vor den Ober-Bossen für seinen unorthodoxen Führungsstil und seinen Rebellengeist verantworten müssen. Falls alles schief läuft, wird der mutige Boss die Firma sogar verlassen müssen, sein Team wird zerfallen und die Memmen-Schar wird sich über die Bestrafung des Übeltäters freuen und die Hände reiben. Denn er hat es gewagt, an den bestehenden Verhältnissen zu rütteln. Nun stehen sie unter Umständen noch fester auf ihrem zurückeroberten Territorium.

Eine schlimme, schwer erträgliche Niederlage, die in vielen Fällen auch noch mit hoher Wahrscheinlichkeit zu erwarten ist.

Was schließen wir daraus?

Dass wir es nicht wagen sollten, ein memmenhaftes Unternehmen mit neuen Ideen und neuer Kraft zu infiltrieren? Dass wir lieber den Kopf gesenkt lassen, die acht Stunden am Tag und damit einen großen Teil unseres Lebens einfach absitzen und uns mit dem Gehaltsscheck entschädigen lassen sollten?

Ich halte dagegen: Wollen wir jeden Tag vergessen, wer wir sind, und welcher Menschlichkeit wir bedürfen?

Ich glaube, es ist jedes Risiko wert, aufzustehen. Nicht nur für uns selbst, sondern auch für die verzweifelten Kollegen und Mitarbeiter, die unter einem Ego-Shooter zu leiden haben. Die die Inspiration von uns Mutigen brauchen, um für sich selbst einzustehen.

Für mich ist das keine Wahl. Wir müssen aufstehen und dem Memmentum die Stirn bieten. Als Chefs, weil wir es uns selbst und unseren Teams schulden. Als Mitarbeiter, weil wir unseren Bossen, den Memmen, sonst freie Bahn lassen. Wir müssen es tun. Nicht zuletzt, um all den frustrierten Kollegen und den noch nicht völlig verzagten Führungskräften in den Memmen-Biotopen zu zeigen, dass es eine Alternative gibt. Und zwar eine, die es in sich hat.

3. Die Revolution der Helden

Überall, wo ich hinschaue, gehen dieser Tage Menschen auf die Straßen. Aus Occupy Wallstreet erwuchs Occupy Deutschland. Tausende protestieren lautstark gegen das ungerechte, allmächtige Finanzsystem, das sich auf unsere Kosten bereichert und uns direkt in die Krise geführt hat. In der arabischen Welt begehren seit Monaten die Völker auf und riskieren dabei kollektiv ihr Leben. Auf- und Umbrüche allerorten. Auch wenn die Hintergründe und Ursachen grundverschieden sein mögen: Was sich offenbart, ist der Drang nach einem urmenschlichen Bedürfnis der Selbstbestimmung. Gegen eine verantwortungslose Führung, die nicht für die Menschen handelt, sondern gegen sie.

Umso erstaunlicher ist es, dass ein Bereich der deutschen Gesellschaft bisher von wirklicher Demokratisierung frei geblieben ist. Und zwar der vielleicht elementarste Bereich, wenn es um das Wohlergehen von Millionen von Menschen in Deutschland geht. In der Welt der Wirtschaft herrschen nach wie vor die alten, verkrusteten Verhältnisse. Oben wird entschieden, unten wird gehorcht.

Die vermeintliche Mitbestimmung der Arbeitnehmer? Ein Witz!

»Die da oben machen doch was sie wollen« – der Satz des sogenannten »kleinen Mannes«, der ursprünglich seine Ohnmacht gegenüber dem politischen System ausdrückte, ist aus Sicht vieler Arbeitnehmer noch heute brandaktuell. Was erleben wir denn jeden Tag am Arbeitsplatz? Selbstherrliche Vorstände, die den Kurs nach ihren eigenen Interessen ausrichten. Die ihre Mitarbeiter entlassen, die Unternehmensbereiche schließen, verlagern und umstrukturieren, wie es ihnen gerade passt, und sich dabei selbst noch bereichern. Hauptsache, die Boni sind gesichert und die Großaktionäre und Investoren vermeintlich beeindruckt.

Von ihren Mitarbeitern und ihren Führungskräften dagegen wünschen sich die Ober-Bosse vor allem eine Fähigkeit: reibungsloses Funktionieren. Entsprechend einem großen Plan, von dem der »kleine Mann« nichts wissen muss.

Ihre Unternehmen und deren hierarchische Kontrollsysteme bauen darauf auf, dass die Führungskräfte der mittleren und unteren Ebenen genau das tun, was die Ober-Bosse ihnen von oben vorgeben – mag es auch noch so sinnlos sein und nicht selten sogar der Vorstandsetage selbst Schaden zufügen.

Die Personalabteilungen der Unternehmen haben genaue Vorgaben bei der Suche nach den optimalen Kandidaten für solch ein System. Eingestellt werden Führungskräfte, deren Vita so weiß und glatt gebügelt ist wie ein ordentliches Tischtuch. Präferiert werden Menschen ohne Esprit, ohne Ecken und Kanten. Kurzum: die perfekten Memmen. Kein Wunder – ihr Job ist das Jasagen. Spontaneität ist unerwünscht.

Und diese Memmen führen dann Menschen. Durch die Brille des gesunden Menschenverstands betrachtet ein Desaster: Dass sie nicht über genügend Lebenserfahrung verfügen, schlimm genug. Dass sie jeder unangenehmen beruflichen Erfahrung aus dem Weg gehen, bedenklich. Dass sie den Ober-Bossen nicht widersprechen und sich nicht für ihre Mitarbeiter einsetzen – unerträglich.

Warum nehmen wir diesen Zustand widerstandslos hin? Warum wehren wir uns nicht dagegen, dass eine Memme oder eine ganze Memmen-Firma keinerlei Interesse daran hat, eine positive Arbeitsatmosphäre zu schaffen? Wir sind das Volk! Es geht uns nicht nur darum, möglichst viel Geld zu verdienen. Wir verbringen so viel wertvolle Lebenszeit mit unserer Arbeit – da wollen wir doch den Sinn dahinter erkennen und Mensch sein dürfen bei unserer gemeinsamen Mission!

Und ich wundere mich auch nach 25 Jahren in Deutschland noch immer darüber, dass dieser Zustand ausgerechnet hier so lange Bestand hat.

Was mich anfangs an deutschen Chefs nervte, ringt mir heute oft genug Bewunderung ab: Deutsche Abteilungen funktionieren tatsächlich oft wie Uhrwerke. Täglich sehe ich die fachliche Präzision, die hier am Werke ist, die Struktur in den Prozessen und die Disziplin bei der Zielerreichung.

Was ich dagegen sehr selten erlebe, ist das, was mir am »American Way of Life« gefällt, und was ich meinem Team hier in Deutschland jeden Tag zu vermitteln versuche: die Macht der Motivation, die in meinen Augen die vordringliche Aufgabe jeder Führungskraft ist.

Warum, unter den großartigen Voraussetzungen der deutschen Wirtschaft, diese Mutlosigkeit bei den wichtigsten Entscheidungen und Aspekten der Führungsarbeit?

Ich glaube, es liegt daran, dass unsere Bosse selbst in ihrem ganzen langen Berufsleben ganz einfach das Wichtigste selbst nie erlebt haben: wie man Mitarbeiter motiviert, und welche Energie diese Motivation freisetzen kann.

Den meisten Chefs geht es insgeheim nämlich nicht anders als ihren Mitarbeitern. Im Schutz ihrer Büros träumen sie heimlich den großen Mitarbeiter-Traum: Von ihrem eigenen Chef ernst genommen zu werden. Sich einbringen zu können. Respekt für ihre Leistungen zu bekommen. Ihre Menschlichkeit nicht verstecken zu müssen. Den Rückhalt der Kollegen zu spüren, wenn es brenzlig wird. Und sich gemeinsam mit dem Team freuen zu können, wenn es Erfolge zu feiern gibt.

All das wünschen sich Bosse genauso wie ihre Mitarbeiter. Doch sie schaffen es nicht, den Rückschluss zu ziehen: dass sie ihren eigenen Leuten genau das verwehren, was sie selbst von ihren Chefs nicht bekommen. Sie merken gar nicht, dass sie selbst die *Butthole*-Memme sind, die sie insgeheim hassen.

Und genau deshalb möchte ich Sie, als Mitarbeiter wie als Chef, ermutigen: Entscheiden Sie nach Ihrer Intuition und nicht nach einem vorgegebenen Prozessplan. In 99 Prozent der Fälle haben wir aus meiner Erfahrung ohnehin keine ernsthaften Konsequenzen zu befürchten, wenn wir mutige Entscheidungen treffen. Und wenn Sie mich fragen, ob es das Risiko wert ist, lautet meine Antwort: definitiv! Fahren Sie Ihre Karriere zwischendurch ruhig mal gegen die Wand. Das Scheitern kann Ihnen helfen, Ihr Rückgrat zu stärken!

Nein, ich bin nicht verrückt. Aber ich denke, ein paar Brüche machen aus einem zweiseitigen Lebenslauf erst eine Identität. Eine Identität, die uns die Fähigkeiten verleiht, selbst Menschen zu führen. Denn dazu braucht es einen authentischen, mutigen Charakter, und auch ein paar Narben auf der Seele. Holen Sie sich Ihre Schrammen im Kampf gegen das Memmentum – jenes in Ihrem Unternehmen, und vielleicht ja auch Ihr eigenes. Ein Memmentum, das die Memmen ganz oben in den Vorstandsetagen zu verantworten haben.

Nach ein paar geschlagenen Schlachten, wenn Sie einmal Blut geleckt haben, ist es nämlich gar nicht mehr so schwer, dafür aber umso erstrebenswerter. Sie werden nämlich anfangen, an Ihrem Traum zu wachsen. Was in amerikanischen Unternehmen zum guten Ton gehört – das »Yes, we can!«, die Bereitschaft zu großen Träumen – gewinnt auch in Deutschland zunehmend an Bedeutung. Allein schon die demografischen Verschiebungen sorgen dafür, dass wir in Zukunft stärker die Wahl haben als bisher. In einigen Branchen hat dieser Prozess bereits begonnen.

Nie hat es eine bessere Zeit für den Mut zu Heldentaten gegeben als heute.

Und es wird höchste Zeit für uns und unsere Unternehmen. Wir alle haben schließlich ein Interesse am Erfolg. Ob Führungskraft oder einfacher Angestellter: Wir alle sind in unseren Unternehmen Mitarbeiter. Wir alle sind auch Teil des Systems und wissen deshalb, woran es krankt. Wir spüren, was das Memmentum in unseren Teams anrichtet. Und ich glaube, es ist unsere Aufgabe als Mitarbeiter, unseren Memmen-Bossen dabei zu helfen, diesen Virus auszukurieren.

Geben wir ihnen die Möglichkeit, wichtige Erfahrungen zu sammeln. Ihre glattgebügelten Lebensläufe um ein paar Facetten zu bereichern. Durch unseren Widerstand, unsere Ehrlichkeit, unsere eigene Identität. Seien wir selbst keine Memmen. Wir sollten endlich offen unsere Meinung sagen. Unsere Chefs dazu zwingen zu fighten – in unserem Sinne. Denn: Um gegen den dunklen Geist des Systems zu bestehen, brauchen wir Vorgesetzte, die kämpfen können. Wir brauchen Helden, damit wir gemeinsam den Kampf gegen die Memmen in den Vorstandsetagen – und auf allen Ebenen darunter – aufnehmen können.

Das Memmen-Monopoly feiger Bosse ist mir zutiefst zuwider: *I hate that bullshit.* Bei diesem zynischen Spiel spiele ich nicht mit. Deshalb habe ich mich selbst schon vor Jahren aus diesem Zirkus befreit und mir geschworen, dass ich es anders machen werde. Heute führe ich so, wie ich es im Sinne des Unternehmens und im Sinne meiner Mitarbeiter für richtig halte. Und wenn wir auf Widerstand stoßen, dann kämpfe ich gegen die Memmen an – so lange, bis sich etwas verändert. Oder bis ich die Schlacht verliere. Das ist mir schon dreimal passiert, und bestimmt wird es mir wieder passieren. Davon lasse ich mich nicht mehr entmutigen: Man muss Schlachten verlieren können, um Kriege zu gewinnen. Die Freiheit ist mir das wert.

Doch meine eigene Freiheit reicht mir nicht. Meinen Mitarbeitern zu zeigen, wie Selbstbestimmung sich anfühlt – auch das ist mir nicht genug.

Ich bin eine Anti-Memme. Und ich weiß, dass wir in der Mehrzahl sind. Ich will, dass wir gemeinsam Gerechtigkeit einfordern. Hier und heute kündige ich den Memmen an, dass ihre Zeit endlich ist. Ich glaube fest daran, dass der Kampf gegen das System sich lohnt. Das ist die Überzeugung, aus der ich dieses Buch geschrieben habe.

Denn ich kenne sie gut, unsere Bosse, die Memmen. Noch besser aber kenne ich meine Mitarbeiter. An sie glaube ich. Deshalb können wir es mit jeder Memme aufnehmen. Und das tun wir auch.

Genau jetzt, in diesem Moment.

DANKSAGUNG

I would like to thank my two soulmates, Torben and Thanh, Ihr habt mir bei meinem »Menschwerden« so sehr geholfen.

Another special thanks is for my ghost and shadow, Thorsten, ohne dich wäre so viel Gutes niemals möglich gewesen.

And a big thanks to all of you that believe in Patrick and his way.

minh oi
cam on nhieu
anh yeu em

Don't forget: Schreibt uns Eure Memmen-Stories und macht den Memmen-Test auf www.mein-boss-die-memme.de.

Der Wahnsinn hat nicht nur Methode – er sitzt auch im Chefsessel

Martin Wehrle · **Ich arbeite in einem Irrenhaus**
Vom ganz normalen Büroalltag
284 Seiten · Klappenbroschur
€ [D] 14,99 · € [A] 15,50
ISBN 978-3-430-20097-4

Die deutschen Unternehmen haben sich von Tretmühlen in Klapsmühlen verwandelt.
Ungelernte Führungskräfte dilettieren auf den Chefsesseln. Meetings mutieren zu
Machtkämpfen. Immer mehr Arbeitsabläufe enden in einem Irrgarten der Sinnlosig-
keit. Und die Mitarbeiter gebrauchen ihren Kopf vor allem zu einem Zweck:
zum Kopfschütteln über die haarsträubenden Zustände.
Martin Wehrle zeichnet ein schonungsloses und witziges Panorama des Irrsinns
im deutschen Büroalltag – Wiedererkennungswert garantiert.
Wie verrückt ist Ihre Firma?
Finden Sie es heraus im großen Irrenhaus-Test.

Econ

Die Wiederentdeckung einer vergessenen Tugend

René Borbonus · **Respekt!**
Wie Sie Ansehen bei Freund und Feind gewinnen
304 Seiten, Klappenbroschur
€ [D] 18,00 · € [A] 18,50
ISBN 978-3-430-20110-0

Egoismus und Intoleranz greifen in unserer Gesellschaft zunehmend um sich.
Ob im Kampf um den Arbeitsplatz oder bei familiären Auseinandersetzungen –
immer mehr Menschen verfolgen rücksichtslos die eigenen Interessen. Doch wer
beruflich und privat langfristig etwas erreichen will, der muss seinen Mitmenschen
mit Respekt begegnen. René Borbonus zeigt, wie man mit Selbstbeherrschung,
Konfliktfähigkeit und Überzeugungskraft auch in schwierigen Situationen besteht.

Nur wer lernt, mit anderen respektvoll umzugehen, wird am Ende selbst Respekt
und Anerkennung gewinnen – und so leichter seine Ziele erreichen.

Econ